结构声学原理

主　编　纪　刚
副主编　谭　路　潘雨村　吕晓军
谢志勇　周其斗

华中科技大学出版社
中国·武汉

内 容 简 介

《结构声学原理》以“声波在媒质中传播原理”为基本理论基础，探讨结构振动与声波在媒质中的传播及相互作用问题。教材首先以波动分析为基本理论，从波动分析方法入手，给出了声波在各种单一固体媒质中的传播分析，进而阐述有限媒质中的波传播问题，揭示了振动理论和波动理论的关系，从而实现振动观点与波动观点的统一；然后阐述多媒质中波的相互作用处理方法；最后，对船舶与海洋工程专业所关注的水下结构声传播理论进行阐述，解释了水下结构辐射噪声的原理。整个教材使用简单的结构形式作为案例，以解析推导辅助数值结果方便读者验证，从而便于读者透彻理解结构声学产生、传播的基本理论，为实际复杂结构的深入分析奠定基础。

本教材可作为高等院校研究生的教材，也可供专业研究和工程技术人员参考。

图书在版编目(CIP)数据

结构声学原理/纪刚主编. —武汉：华中科技大学出版社，2023.6
ISBN 978-7-5680-9406-1

Ⅰ.①结… Ⅱ.①纪… Ⅲ.①结构振动-声学 Ⅳ.①O327 ②O42

中国国家版本馆 CIP 数据核字(2023)第 096940 号

结构声学原理　　纪　刚　主编
Jiegou Shengxue Yuanli

策划编辑：张少奇
责任编辑：罗　雪
封面设计：廖亚萍
责任监印：周治超
出版发行：华中科技大学出版社(中国·武汉)　电话：(027)81321913
武汉市东湖新技术开发区华工科技园　邮编：430223
录　　排：华中科技大学惠友文印中心
印　　刷：武汉开心印印刷有限公司
开　　本：787mm×1092mm　1/16
印　　张：11.5
字　　数：296 千字
版　　次：2023 年 6 月第 1 版第 1 次印刷
定　　价：45.80 元

前言 QIANYAN

《结构声学原理》教材可用于“结构声学原理”课程，该课程是船舶与海洋工程专业硕士研究生的选修课程。该教材以“声波在媒质中传播原理”为基本理论基础，探讨结构振动与声波在媒质中的传播及相互作用问题。

目前国内诸多学者在阐述结构声学问题时多采用振动观点：将固体视作孤立对象，通过力学关系研究对象的振动特征。“将固体视作孤立对象”的做法在研究结构以极低频振动时是适用的，因此从实用角度出发，国内教材多采用振动学观点阐述结构声学理论。然而，海洋结构本质上面临的是固体结构同无限海水相互作用的问题，在现实问题中，结构振动频率多在声频，那么无视固体结构同无限海水的相互作用将带来预报、分析中的极大误差，按照振动观点无法解释、分析现实海洋结构中出现的各类问题，因此必须采取波动分析全面阐述声波在固体及海水中的传播原理，进而为工程分析研究提供有力支撑。

目前市面相关教材可分为两类：一类以“振动分析”为主要内容，采取了振动观点讨论有限固体中的振动，适用于振动控制专业的技术人员；另一类以“声学基础”为主要内容，是水声工程专业的专业基础课教材。“声学基础”类教材在理论声学层面的论述更为详尽，侧重于数学物理的理论推演，由于声学问题本身就是多学科交叉问题，因而涉及面较广，案例会涵盖振动、环境声学、声呐等更多的领域，由此也带来研究领域不聚焦的问题。就目前状况看，船舶与海洋工程专业硕士研究生要掌握必备的海洋结构声学研究知识，就必须对两类教材“通学”，这在学时有限、专业背景课程设置有限的情况下是难以实现的。为此，“结构声学原理”课程组决定编写出版《结构声学原理》教材。

“结构声学原理”课程于2012年开始建设，长期以来使用国外教材、文献作为教学素材。课程组于2016年完成了讲义编写，经过6年使用，学生反映较好。在院校教育改革中，“结构声学原理”课程被纳入船舶与海洋工程专业研究生培养方案和教学计划，每年都有学生选修该课。由于各级教学领导机构对教材和知识的更新也提出了要求，因此编写并出版该教材也是研究生教学迫在眉睫的问题。

编　者

2023年3月

目录 MULU

第1章

流体与固体结构中的波

1.1 波的描述

1.1.1 结构声学

本课程重点讨论弹性结构中的声频振动所产生的声学现象。弹性结构以薄板、薄壳的形式为主，这些结构的典型特征为：厚度比表面尺寸小得多。这些结构通常以表面法向振动为主，因而表面能有效推动与之接触的流体，从而高效地辐射、传递与激发噪声。研究这类问题的学科统称为“结构声学”。

振动在弹性系统中是以机械波的形式传递的。为了能理解结构声学机理，就需要给出时域扰动下媒质中的波动本质。为此，本章先讨论简谐波运动的数学描述，然后给出媒质中典型自由波的形式和特征，最后，我们将从波的观点给出能量在媒质中的传播表述。

1.1.2 一维空间中简谐行进波的数学表达

1. 简谐变量的复数表达

对空间中的某点，若其某个物理量随时间是简谐变化的，则该物理量可表达为：

$$g(t)=A\cos(\omega t+\phi) \tag{1-1-1}$$

式中：A 为实数，代表振动的幅值；t 是时间变量；ω 为圆频率；ϕ 代表相位。

简谐变化的物理量也可以用复数表达：

$$g(t)=\mathrm{Re}\{\tilde{B}\mathrm{e}^{\mathrm{j}\omega t}\} \tag{1-1-2}$$

式中：$\mathrm{Re}\{\cdot\}$代表取实数；$\tilde{B}$ 是复数 $A\exp(\mathrm{j}\phi)=a+\mathrm{j}b$ 的幅值，且满足：

$$\begin{cases}A=a^2+b^2,\quad a=A\cos\phi,\\ b=A\sin\phi\\ \phi=\arctan(b/a)\end{cases} \tag{1-1-3}$$

采用复数表达的简谐时变量 $g(t)$描述的是振动，它可用图 1-1-1 所示的复平面内以角速度 ω 绕原点旋转的矢量 $\tilde{B}$ 来形象理解，图中矢量 $\tilde{B}$ 在实数轴上的投影就是函数 $g(t)$。

简谐变量的特征包括周期 T 和频率 f（或圆频率 ω），它们的关系为：

$$\begin{cases}T=\dfrac{2\pi}{\omega}=\dfrac{1}{f}\\ \omega=\dfrac{2\pi}{T}\end{cases} \tag{1-1-4}$$

2. 简谐行进波的复数表达

简谐行进波是简谐振动沿直线的传播。

考虑一个沿 x 轴传播的简谐行进波，如图 1-1-2 所示，在空间某点产生的简谐扰动将向远

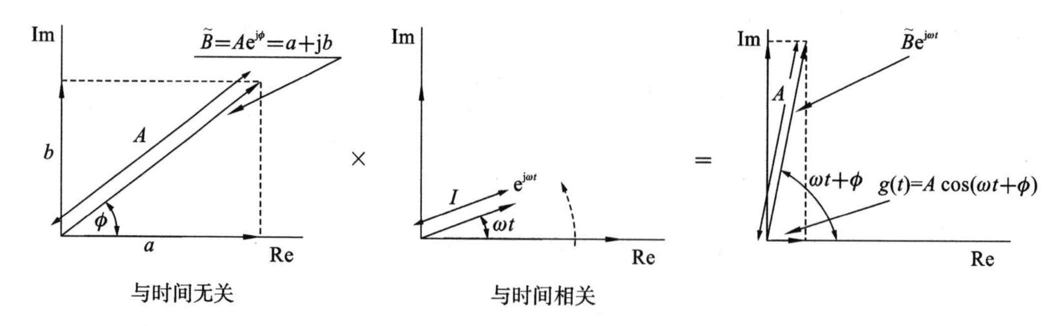

图 1-1-1　简谐物理量的复数表示

处传播。我们的重点是讨论线性行进波，即如果将扰动源点处的扰动表达为 $g(0,t)=\mathrm{Re}\{\widetilde{B}\exp(\mathrm{j}\omega t)\}$，则在波的传播方向距离源点 x_1 处的扰动仍然以 ω 的圆频率做简谐振动，但在相位上滞后；任意时刻的波形在空间上也是正弦形式。图 1-1-3 用不同位置的相图表示不同位置的振动变量在时空变化中的合成效果，旋转矢量的水平分量就是扰动变量。

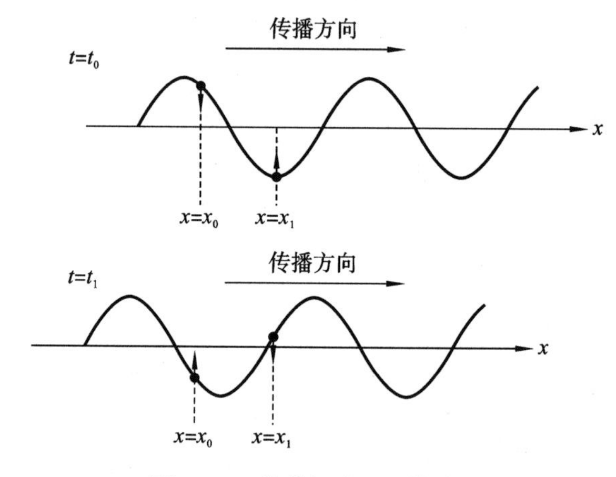

图 1-1-2　简谐振动沿 x 轴传播

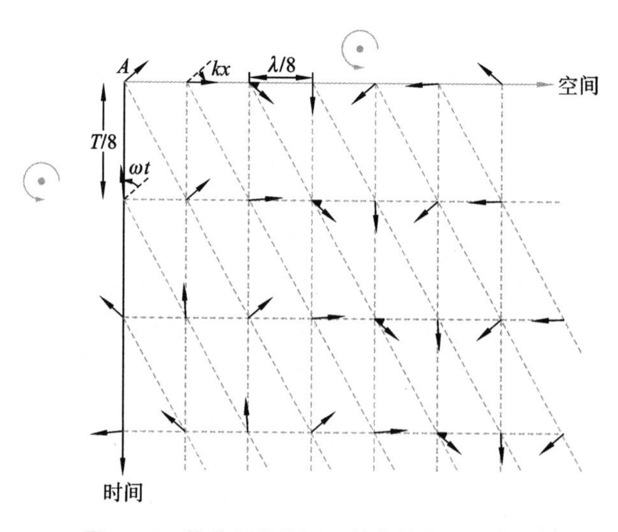

图 1-1-3　简谐行进波沿 x 轴传播的相位表示

波长是与源点具有相同相位的点距源点的距离，记为 λ，该点的相位比源点滞后 2π。由于该点的相位可视作经过周期 T 将源点的相位传递过来，因而可定义波的相速度为：

$$c_{\mathrm{ph}} = \frac{\lambda}{T} \tag{1-1-5}$$

这样，空间上任意点 x 处的相位滞后量为 kx，因而空间任意点 x 处的物理量可表达为

$$g(x,t) = \mathrm{Re}\{\widetilde{B}\mathrm{e}^{\mathrm{j}(\omega t - kx)}\} \tag{1-1-6}$$

式中：

$$k = \frac{\omega}{c_{\mathrm{ph}}} \tag{1-1-7}$$

被称为波数。在实际使用中，为了书写的方便，通常省略 Re{ · }，只是在最终给出结果后，再对结果取实部。

后续将针对简谐行进波进行讨论。简谐行进波是线性波，线性波对扰动的传递速度与变化量无关，相位滞后量随距离是线性变化的。线性波是小幅波的数学近似描述。

1.1.3 几个有关简谐行进波的基本参数

1. 波数与圆频率、波长与周期的类比

由于 kx 代表了 x 点相对源点的相位滞后量，因而波数 k 代表了单位距离上的相变量。波数 k 是空间相位随距离的变化率，可类比于圆频率 ω 来理解，因为圆频率 ω 是简谐物理量在单位时间内的相变率。

波长是空间中相位相差 2π 的两个点间的距离，它可类比于周期 T 来理解，经过周期 T，物理量的相位变化为 2π。

利用式(1-1-4)和式(1-1-5)可得到波长与波数的关系：

$$k = \frac{\omega}{c_{\mathrm{ph}}} = \frac{2\pi}{\lambda} \tag{1-1-8}$$

而圆频率与周期的关系为：

$$\omega = \frac{2\pi}{T} \tag{1-1-9}$$

图 1-1-4 给出了波数与圆频率、波长与周期的直观类比。

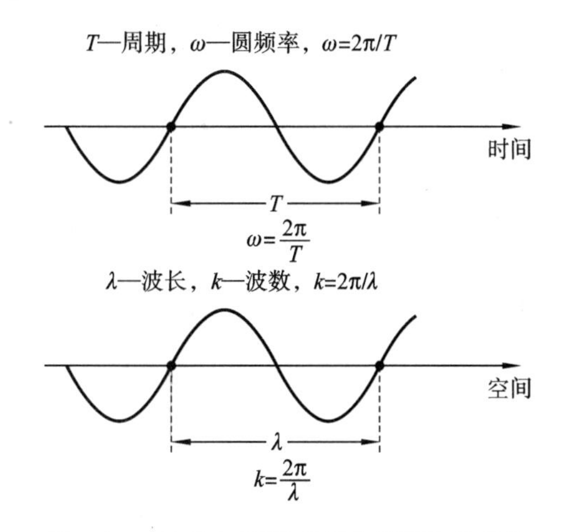

图 1-1-4 波长与周期、波数与圆频率的类比

2. 相速度的物理含义

相速度 c_{ph} 是相位的传播速度。若某个观察者以相速度沿声传播方向运动，他将观察不到波相变化。图 1-1-3 中的黑三角表明了这一概念。

3. 波矢量

在讨论一维简谐行进波时，我们均假定波的行进方向是沿 x 轴正向。当波的行进方向是沿 x 轴负向时，波的表达就变为：

$$g(x,t) = \widetilde{B}\mathrm{e}^{\mathrm{j}(\omega t + kx)} \tag{1-1-10}$$

图 1-1-5 给出了沿相反方向传播的一维简谐行进波。

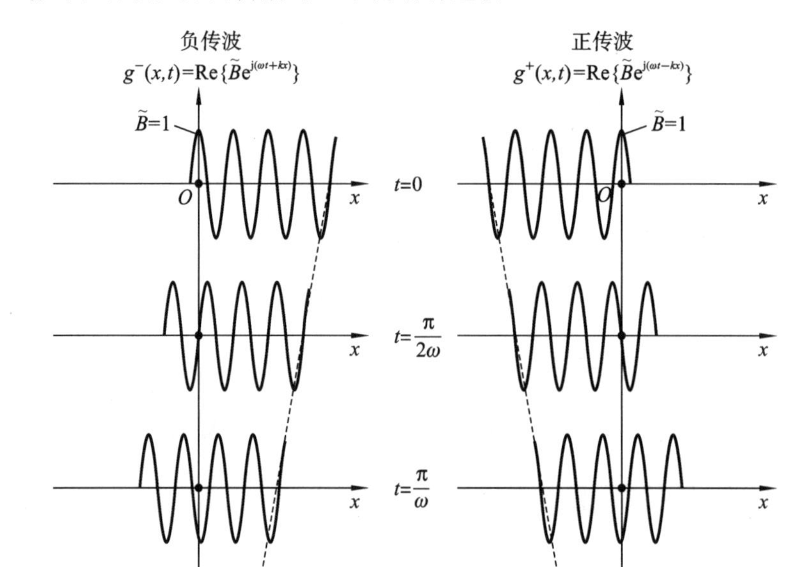

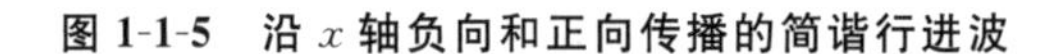

图 1-1-5　沿 x 轴负向和正向传播的简谐行进波

更为一般的，当一维简谐行进波在二、三维空间中传播时，行进波具有空间上的传播方向。为了能对波的传播方向进行表述，采用波数矢量来表达，即 $\boldsymbol{k}=(k_x,k_y,k_z)$，波矢量的方向就是相速度的传播方向。这样一来，空间中的简谐行进波可表达为：

$$g(\boldsymbol{x},t)=\widetilde{B}\mathrm{e}^{\mathrm{j}(\omega t+\boldsymbol{k}\cdot\boldsymbol{x})} \tag{1-1-11}$$

例如，在二维平面中传播的简谐行进波，如果建立新的坐标系统 $x'oy'$，使新的坐标原点与原来的坐标原点重合，x' 轴与 x 轴具有夹角 θ，如图 1-1-6 所示，则新坐标系下矢量 $\boldsymbol{x}=(x,y)$ 所指向的点在原坐标系下的坐标矢量 $\boldsymbol{x}'$ 为：

$$\boldsymbol{x}'=(x\cos\theta,y\sin\theta) \tag{1-1-12}$$

因此，在新坐标系下的平面简谐行进波应表达为：

$$p(x,y,t)=A\mathrm{e}^{-\mathrm{j}k\cos\theta\cdot x}\mathrm{e}^{-\mathrm{j}k\sin\theta\cdot y}\mathrm{e}^{\mathrm{j}\omega t} \tag{1-1-13}$$

定义波数矢量：

$$\boldsymbol{k}=(k_x,k_y) \tag{1-1-14}$$

其中：

$$\begin{cases}k_x=k\cos\theta\\k_y=k\sin\theta\end{cases} \tag{1-1-15}$$

则在新坐标系下的平面简谐行进波表示为：

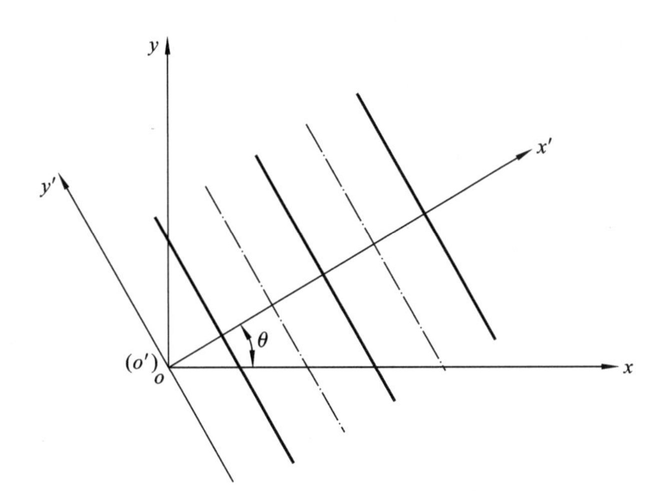

图 1-1-6 在不同坐标系统下的简谐行进波

$$p(x,y,t) = A\mathrm{e}^{-\mathrm{j}k_x \cdot x}\mathrm{e}^{-\mathrm{j}k_y \cdot y}\mathrm{e}^{\mathrm{j}\omega t} = A\mathrm{e}^{-\mathrm{j}\boldsymbol{k}\cdot\boldsymbol{x}}\mathrm{e}^{\mathrm{j}\omega t} \tag{1-1-16}$$

其中：

$$\boldsymbol{k}\cdot\boldsymbol{x} = k_x x + k_y y = (k_x, k_y)\cdot(x,y) \tag{1-1-17}$$

1.1.4 色散关系

1. 色散关系

在给定媒质中，具有给定频率的自由简谐行进波会具有怎样的波数(波长)？这是由媒质的性质来决定的。色散关系就是根据媒质的性质所导出的波数(波长)同频率的关系。若色散关系确定了，则只要给定圆频率或波数中的一个，就可以确定另一个量。当波数与圆频率确定了，根据式(1-1-8)就可以确定相速度。这说明，相速度也是与频率相关的，具体相关关系也是由媒质的性质或色散关系来决定的。因此，色散关系可一般地表达为：

$$F(\omega, k, c_{\mathrm{ph}}) = 0 \tag{1-1-18}$$

式中只有一个变量是独立的。

色散曲线是表达色散关系的方式之一。图 1-1-7 给出了表述圆频率-波数关系的色散曲线。在后续讨论中，我们还将遇到色散关系的其他表达方式。

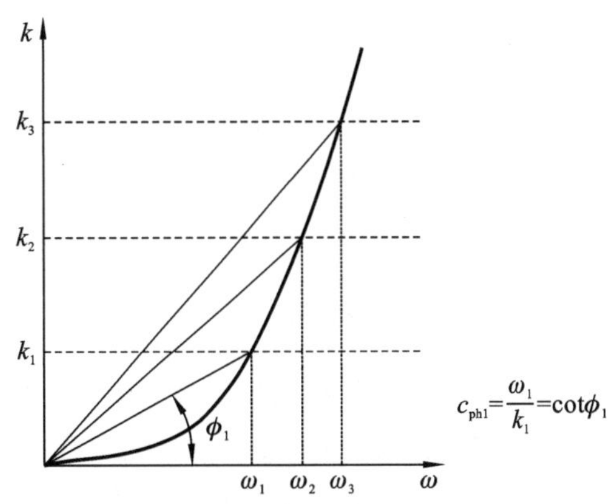

图 1-1-7 圆频率-波数关系的色散曲线

2. 非色散波与色散波

非色散波是相速度 c_{ph} 与频率无关的行进波。根据式(1-1-8)所示关系，若相速度 c_{ph} 与频率无关，意味着波数与圆频率成比例，即圆频率增加一倍，波数也增加一倍；圆频率增加一倍，波长变为原来的一半。

色散波是相速度 c_{ph} 与频率相关的行进波。由于相速度 c_{ph} 与圆频率相关，波数随频率的变化不是线性的，波长随圆频率的变化也不是线性的。图 1-1-7 中的色散曲线表明，该媒质中所传播的行进波是色散波，因为波数随频率不是线性变化的。

色散波与非色散波具有传播特性的区别，其原理可由波的叠加原理解释。

1.1.5 波的叠加原理

1. 波的叠加原理

同一媒质中的简谐行进波可能不是一列，它们由多个扰动源所产生。各扰动源产生与其扰动频率相同的波。

当媒质中存在不止一列线性简谐行进波时，在各波的相遇区所形成的扰动是各列波单独在此形成的扰动的合成。

例如，对具有不同频率的两列一维简谐行进波，在 x 处的合成扰动量表达为：

$$g(x,t)=\widetilde{B}_1\mathrm{e}^{\mathrm{j}(\omega_1 t-k_1 x)}+\widetilde{B}_2\mathrm{e}^{\mathrm{j}(\omega_2 t-k_2 x)} \tag{1-1-19}$$

由于波的传播满足叠加原理，因而多列不同频率的简谐行进波可以叠加形成复杂的波动场。更为一般的波动场可采用傅里叶变换技术表达为：

$$g(x,t)=\int_{-\infty}^{\infty}\int_{-\infty}^{\infty}G(\omega,k)\mathrm{e}^{\mathrm{j}\omega t}\mathrm{e}^{\mathrm{j}kx}\,\mathrm{d}\omega\mathrm{d}k=\int_{-\infty}^{\infty}\int_{-\infty}^{\infty}G(\omega,k)\mathrm{e}^{\mathrm{j}(\omega t-kx)}\,\mathrm{d}\omega\mathrm{d}k \tag{1-1-20}$$

式中：$G(\omega,k)=\int_{-\infty}^{\infty}\int_{-\infty}^{\infty}g(x,t)\mathrm{e}^{-\mathrm{j}\omega t}\mathrm{e}^{-\mathrm{j}kx}\,\mathrm{d}x\mathrm{d}t$，即一般的波动场是系列不同波数、不同频率的简谐行进波的叠加。

驻波场是行进波叠加的结果。考虑具有相反传播方向的同频率简谐行进波，它们叠加后的波动场表达为：

$$g(x,t)=\widetilde{B}\mathrm{expj}(\omega t-kx)+\widetilde{B}\mathrm{expj}(\omega t+kx)=2\widetilde{B}\cos kx \tag{1-1-21}$$

所形成的波动场具有这样的特征：空间存在一系列点的扰动值始终为零，这些点被称为节点，其他点随时间简谐变化；相邻节点间的各点具有相同的相位；位于节点两侧的点相位相反。

2. 非色散波在传播中具有波形不变的特征

根据前面的讨论，一般形式的行进波 $g(x,t)$ 可视作系列频率或波数不同的简谐行进波的叠加。对非色散波，各频率的简谐行进波分量具有相同的相速度，因而它们在传播中的相对位置不变，在新的位置叠加后所得到的波形不变。由于非色散波具有波形不变的特征，因此非色散波可表达为 $g(c_{\mathrm{ph}}t-x)$ 的形式。

3. 色散波具有频散特性

对色散波，各频率或波数的简谐行进波具有不同的相速度，因而在传播过程中，各简谐波分量的相对位置会发生变化，从而导致波形随着传播位置的不同而畸变，如图 1-1-8 所示。色散波波形随频率传播而发生畸变的特性被称为频散特性。

1.1.6 群速度

前面已经给出了相速度的概念。相速度是相位沿传播方向的行进速度。在实际媒质中，一般的行进波不仅具有相位的传递，还会存在幅值的传递。幅值在空间的传递速度就是群速度，记为 c_{g}。群速度反映的是能量的传递速度。

考虑两列频率极为接近的色散波，分别为 $A\cos(\omega_1 t-k_1 x)$ 和 $A\mathrm{cosj}(\omega_2 t-k_1 x)$。记 $\Delta\omega=(\omega_1-\omega_2)/2$，$\Delta k=(k_1-k_2)/2$，$\omega=(\omega_1+\omega_2)/2$，$k=(k_1+k_2)/2$。这两列波合成后，得到：

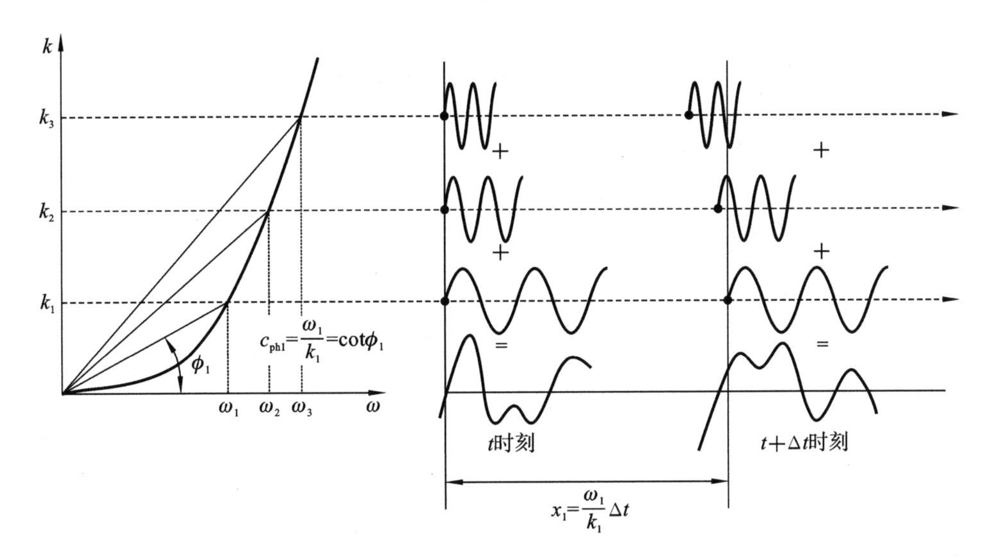

图 1-1-8 色散波的不同波数分量传播速度不同导致叠加波形在传播中发生畸变

$$
\begin{aligned}
g(x,t) &= A\cos(\omega_1 t - k_1 x) + A\cos\mathrm{j}(\omega_2 t - k_1 x) \\
&= A\cos(\Delta\omega t - \Delta k x)\cos(\omega t - kx)
\end{aligned}
\tag{1-1-22}
$$

即合成波是频率为 ω 的调幅波，给定位置的幅值随时间简谐变化，幅值沿 x 轴传播。则群速度为：

$$
c_{\mathrm{g}} = \frac{\Delta\omega}{\Delta k} \tag{1-1-23}
$$

若频率或波数趋于零，则群速度表达为：

$$
c_{\mathrm{g}} = \lim_{\Delta k \to 0} \frac{\Delta\omega}{\Delta k} = \frac{\mathrm{d}\omega}{\mathrm{d}k} \tag{1-1-24}
$$

更为一般地，考虑频率连续分布的多列简谐波的叠加：

$$
\begin{aligned}
g(x,t) &= \int_{\omega_0-\mathrm{d}\omega}^{\omega_0+\mathrm{d}\omega} A(\omega)\mathrm{e}^{\mathrm{j}(\omega t - kx)}\mathrm{d}\omega \\
&= A(\omega_0+\mathrm{d}\omega)\mathrm{e}^{\mathrm{j}[(\omega_0+\mathrm{d}\omega)t-(k_0+\mathrm{d}k)x]} - A(\omega_0-\mathrm{d}\omega)\mathrm{e}^{\mathrm{j}[(\omega_0-\mathrm{d}\omega)t-(k_0-\mathrm{d}k)x]} \\
&= [A(\omega_0) + A_\omega(\omega_0)\mathrm{d}\omega + \cdots]\mathrm{e}^{\mathrm{j}[(\omega_0+\mathrm{d}\omega)t-(k_0+\mathrm{d}k)x]} \\
&\quad - [A(\omega_0) - A_\omega(\omega_0)\mathrm{d}\omega + \cdots]\mathrm{e}^{\mathrm{j}[(\omega_0-\mathrm{d}\omega)t-(k_0-\mathrm{d}k)x]} \\
&= A(\omega_0)\mathrm{e}^{-\mathrm{j}(\omega_0 t - k_0 x)} \times 2\cos(\mathrm{d}\omega \cdot t - \mathrm{d}k \cdot x) \\
&\quad + \mathrm{d}\omega \cdot A_\omega(\omega_0)\mathrm{e}^{\mathrm{j}(\omega_0 t - k_0 x)} \times 2\cos(\mathrm{d}\omega \cdot t - \mathrm{d}k \cdot x)
\end{aligned}
\tag{1-1-25}
$$

式中：$A_\omega(\omega_0) = \left.\frac{\mathrm{d}A}{\mathrm{d}\omega}\right|_{\omega=\omega_0}$。可见，每一项的幅值也是沿 x 轴传播的，同样可得到传播的速度为：

$$
c_{\mathrm{g}} = \frac{\mathrm{d}\omega}{\mathrm{d}k} \tag{1-1-26}
$$

由该式并结合图 1-1-7 可见，色散曲线上某点切线斜率的倒数就是该点表征频率下的群速度。

一般而言，色散波的群速度不等于相速度。但对非色散波而言，由于频率与波数是线性关系，因此有：

$$
c_{\mathrm{g}} = \frac{\mathrm{d}\omega}{\mathrm{d}k} = c_{\mathrm{ph}} \tag{1-1-27}
$$

即非色散波的群速度和相速度相等。

1.2 流体中的声波

1.2.1 流体中的声波动方程

考虑各向同性、无黏性可压缩流体中的小扰动声波。在流体中，应满足

线性化连续方程：

$$\frac{\partial \rho}{\partial t}+\rho_0\left(\frac{\partial u}{\partial x}+\frac{\partial v}{\partial y}+\frac{\partial w}{\partial z}\right)=0 \tag{1-2-1}$$

动量方程：

$$\begin{cases}\dfrac{\partial p}{\partial x}+\rho_0\dfrac{\partial u}{\partial t}=0\\[2ex]\dfrac{\partial p}{\partial y}+\rho_0\dfrac{\partial v}{\partial t}=0\\[2ex]\dfrac{\partial p}{\partial z}+\rho_0\dfrac{\partial w}{\partial t}=0\end{cases} \tag{1-2-2}$$

状态方程：

$$c^2=\gamma\left(\frac{P_0}{\rho_0}\right) \tag{1-2-3}$$

式中：P_0 是平均流体压力；ρ_0 是平均流体密度；γ 是流体模数；c 被称为声速，是与频率无关的常数。其他未知的量还包括：u、v、w，分别是质点沿 x、y、z 方向的速度；任意位置(x,y,z)处的声压 p。

将上式中的 u、v、w 消去，可得到三维空间中以声压为未知量的声波动方程：

$$\frac{\partial^2 p}{\partial x^2}+\frac{\partial^2 p}{\partial y^2}+\frac{\partial^2 p}{\partial z^2}=\frac{1}{c^2}\frac{\partial^2 p}{\partial t^2} \tag{1-2-4}$$

对一、二维空间，相应的以声压为未知量的声波动方程分别表达为：

$$\frac{\partial^2 p}{\partial x^2}=\frac{1}{c^2}\frac{\partial^2 p}{\partial t^2} \tag{1-2-5}$$

和

$$\frac{\partial^2 p}{\partial x^2}+\frac{\partial^2 p}{\partial y^2}=\frac{1}{c^2}\frac{\partial^2 p}{\partial t^2} \tag{1-2-6}$$

1.2.2 流体中的色散关系

对一维空间，若存在自由波，表达为：

$$p(x,t)=\tilde{p}\mathrm{e}^{-\mathrm{j}kx}\mathrm{e}^{\mathrm{j}\omega t} \tag{1-2-7}$$

则将式(1-2-7)代入声波动方程(1-2-5)可以得到：

$$k^2=\frac{\omega^2}{c^2} \tag{1-2-8}$$

即流体中，k 与 ω 成正比，因为 c 是与频率无关的常数。这说明，流体中的声波是非色散波。

对二、三维空间，结论是相同的，如若二维空间存在平面波，它可表达为：

$$p(x,y,t)=\tilde{p}e^{-jk_x x-jk_y y}e^{j\omega t} \tag{1-2-9}$$

则将式(1-2-9)代入声波动方程(1-2-6)可以得到：

$$|\boldsymbol{k}|^2=k_x^2+k_y^2=\frac{\omega^2}{c^2} \tag{1-2-10}$$

其中：k_x、k_y 分别是波矢量 $\boldsymbol{k}$ 沿 x、y 两个坐标轴的分量。

从式(1-2-10)还可看出，流体中沿直线传播的平面自由波波数(或波长)具有各向同性的特点：对给定的频率，波矢量 $\boldsymbol{k}$ 可以是任意两个分量 k_x 和 k_y 的组合，但都必需满足波矢量的模 $|\boldsymbol{k}|$ 与频率成正比，即波矢量的终点必须落在半径为 $|\boldsymbol{k}|=\omega^2/c$ 的圆上，如图 1-2-1 所示。这说明，流体中的自由波波数(或波长)不随传播方向的变化而改变。

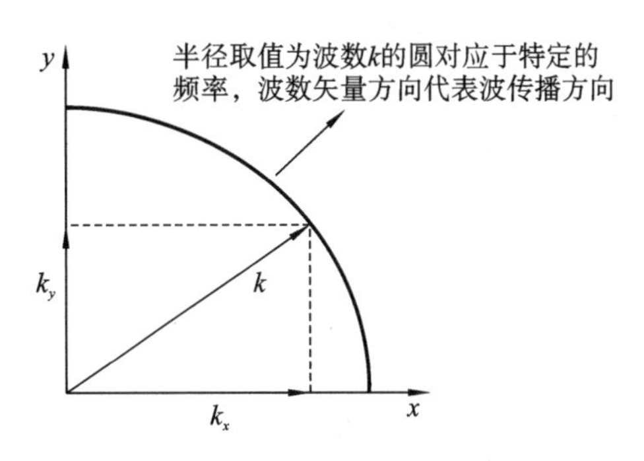

图 1-2-1　二维波矢量及其分量

1.2.3　声压与速度的关系

前面的推导中，给出的是以声压为未知量的声波动方程。实际上，声压同速度具有关系。如式(1-2-2)给出了声压与速度的关系：

$$\nabla p=-\rho_0\frac{\partial \boldsymbol{V}}{\partial t} \tag{1-2-11}$$

式中：$\boldsymbol{V}=(u,v,w)$。即压力梯度与质点速度的关系由式(1-2-11)给出。

若流体中存在流固耦合面且位于 $y=0$ 处，已知该流固耦合面沿 y 轴振动，速度表达为 $v=\tilde{v}e^{j\omega t}$，则根据上述关系可得：

$$\left(\frac{\partial p}{\partial y}\right)_{y=0}=-j\omega\rho_0(\tilde{v})_{y=0} \tag{1-2-12}$$

该关系被频繁地用作声辐射、声吸收和声散射分析中的流体边界条件，也用作流体对结构振动压力影响的边界条件。

1.2.4　分贝的概念

声压变化范围很大，如对 1 kHz 频率，人耳刚能感受到的声压大小(即听阈)为 2×10^{-5} Pa，当声压约为 20 Pa 时，人耳将产生痛感(即痛阈)，二者几乎相差 100 万倍。直接用声压的绝对值来度量声波的强弱十分不方便，因为当较大的声音和较小的声音同时存在时，较小声音的变化量几乎不能区分。除此之外，人耳对声音强弱的主观感觉也不正比于声压的绝对值，而更接近于它们的对数关系。因此声学中常普遍选用对数标度来作为声音强弱的度量。对声压而言，对数化的声压是声压级，单位是分贝。

为采用对数化的声压表征声压大小，还要定义基准声压。这样，声压的大小可记为：

$$L_p=20\log_{10}\left(\frac{p}{p_{\mathrm{ref}}}\right)\quad(\mathrm{dB}) \tag{1-2-13}$$

式中：p_{ref} 为参考声压，对水声学，通常取为 1×10^{-6} Pa。

1.3 固体中的纵波

在大体积的弹性固体中会产生纯纵波，其特征为：每个质点沿波传播方向往复振动。

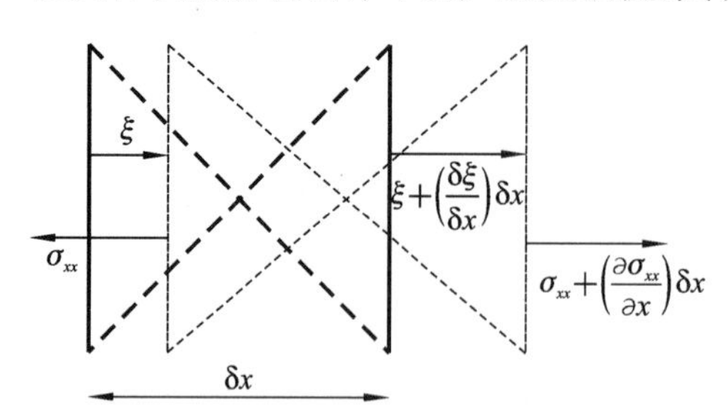

图 1-3-1 纯纵波中的应力和惯性力平衡导致了位移

为了给出固体中的纵波方程，在固体中取两个距离很小的平行平面，其距离记作 δx。在纵波传播过程中，每个平面在平衡位置做往复振动，如图 1-3-1。在某个时刻，平面间的部分将具有应变 ε_{xx}：

$$\varepsilon_{xx}=\frac{\partial\xi}{\partial x} \tag{1-3-1}$$

式中：ξ 是平面在 x 方向的位移。

根据胡克定律，纵向应力 σ_{xx} 正比于纵向应变，比例常数记作 B，即

$$\sigma_{xx}=B\frac{\partial\xi_{xx}}{\partial x} \tag{1-3-2}$$

其中，B 同杨氏模量 E 的关系为

$$B=\frac{E(1-\upsilon)}{(1+\upsilon)(1-2\upsilon)} \tag{1-3-3}$$

式中：υ 是泊松比。

杨氏模量 E 定义为等截面细杆在纵向张力作用下应力与应变之比。在这种情况下，杆的周边是没有约束的。当施加了纵向力之后，杆周边会向轴向收缩，产生了横向应变 ε_{yy}、ε_{zz}，但横向应力 σ_{yy}、σ_{zz} 都为 0，因为横向没有约束。这种现象称为泊松收缩，泊松比定义为横向应变与纵向应变之比：$\upsilon=-\varepsilon_{yy}/\varepsilon_{xx}=-\varepsilon_{zz}/\varepsilon_{xx}$。对实际情况，玻璃和钢材的 υ 取值在 0.25～0.3 之间；当 υ 取值在 0.5 左右时，材料视作不可压缩的，例如橡胶。

当一个一维纯纵波在无边界的媒质中传播时，媒质中不会产生横向应变，因为所有的材料质点都沿着传播方向平动，如图 1-3-1。每一微元都具有这样的特性，导致了每一微元都横向产生应力，这就如同将一系列钢管绑在木杆的周围，当轴向力压缩木杆时，木杆就受到来自钢管的横向力的作用。由于横向有力的作用，因此比值 $\sigma_{xx}/\varepsilon_{xx}$ 就不等于 E。

对材料平均密度为 ρ 的固体材料，两平行平面间单位高度、单位宽度的微块而言，质量为 $\rho\delta x$，加速度为 $\partial\xi^2/\partial t^2$，其受到的合应力为

$$\left[\sigma_{xx}+\left(\frac{\partial\sigma_{xx}}{\partial x}\right)\delta x-\sigma_{xx}\right]=\left(\frac{\partial\sigma_{xx}}{\partial x}\right)\delta x \tag{1-3-4}$$

则根据牛顿第二定律，有

$$(\rho\delta x)\frac{\partial^2\xi}{\partial^2 t}=\left[\sigma_{xx}+\left(\frac{\partial\sigma_{xx}}{\partial x}\right)\delta x-\sigma_{xx}\right]=\left(\frac{\partial\sigma_{xx}}{\partial x}\right)\delta x \tag{1-3-5}$$

由式(1-3-4)和式(1-3-5)可以合成波动方程：

$$\frac{\partial^2\xi}{\partial x^2}=\left(\frac{\rho}{B}\right)\left(\frac{\partial^2\xi}{\partial t^2}\right) \tag{1-3-6}$$

式(1-3-6)同流体中的声波动方程形式完全相同，因而相关结论也是类同的，如：

由式(1-3-6)可知,固体中的纯纵波的相速度为:

$$c_1 = \left(\frac{B}{\rho}\right)^{\frac{1}{2}} \tag{1-3-7}$$

即声速与频率无关,因此固体中的纵波是非色散波。自由波形式的纯纵波波数与频率的关系为:

$$k_1 = \frac{\omega}{c_1} \tag{1-3-8}$$

固体中的纯纵波若以自由波的形式存在,则简谐波表达为:$\xi^+(x,t) = \widetilde{A}\exp j(\omega t - k_1 x)$。

1.4 固体中的概纵波

当固体结构具有一个或多个自由面时,结构中将可能存在概纵波。概纵波来源于泊松收缩现象:由于结构存在自由面,导致结构会产生横向变形,这将导致固体中纵波波速发生变化。概纵波通常会产生于沿固体杆或平板平面传播的行进波中。图 1-4-1 给出了概纵波的传播方式。

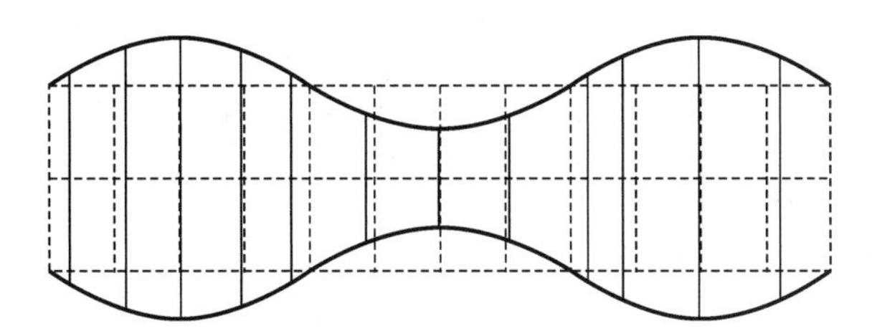

图 1-4-1 概纵波的传播方式

考虑无限平板中的概纵波,如图 1-4-2 所示,取板中的一个微条 δx,微条具有上下自由表面。根据弹性力学理论,在平板中纵向应力和纵向应变的关系应为:

$$\sigma_{xx} = \frac{E}{(1-\upsilon)^2}\frac{\partial\xi}{\partial x} \tag{1-4-1}$$

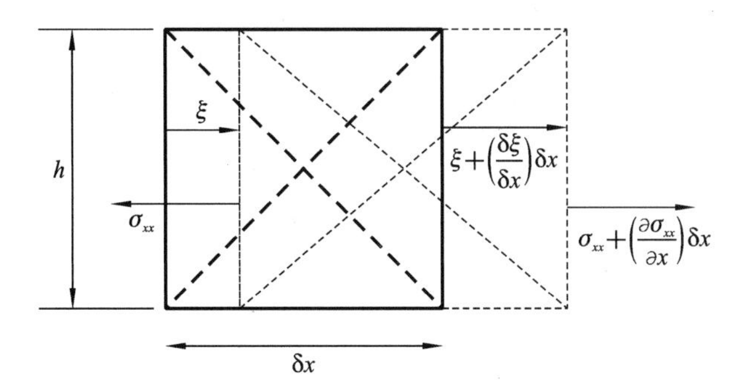

图 1-4-2 概纵波中的应力和惯性力平衡导致了位移

对单位宽度的平板微条,其质量为$(\rho\delta x)h$,加速度为 $\partial\xi^2/\partial t^2$,受到的合应力为:

$$\left[\sigma_{xx} + \left(\frac{\partial\sigma_{xx}}{\partial x}\right)\delta x - \sigma_{xx}\right]h = \left(\frac{\partial\sigma_{xx}}{\partial x}\right)\delta x h \tag{1-4-2}$$

则根据牛顿第二定律,平板中的概纵波运动方程为:

$$\frac{\partial^2 \xi}{\partial x^2} = \frac{\rho(1-\upsilon^2)}{E}\frac{\partial^2 \xi}{\partial t^2} \tag{1-4-3}$$

该式同流体中的声波动方程形式也完全相同，因而相关结论有：

相速度和频率无关，表达为：

$$c_1' = \left[\frac{E}{\rho(1-\upsilon^2)}\right]^{\frac{1}{2}} \tag{1-4-4}$$

即平板中的概纵波也是非色散波。

若考虑的对象是杆，则杆中纵向应力和纵向应变的关系为：

$$\sigma_{xx} = E\frac{\partial \xi}{\partial x} \tag{1-4-5}$$

此即弹性模量 E 的定义：弹性模量 E 是杆中纵向应力和纵向应变之比。则杆中的概纵波波动方程为：

$$\frac{\partial^2 \xi}{\partial x^2} = \frac{\rho}{E}\frac{\partial^2 \xi}{\partial t^2} \tag{1-4-6}$$

相速度为：

$$c_1'' = \left(\frac{E}{\rho}\right)^{\frac{1}{2}} \tag{1-4-7}$$

概纵波、纵波都是对真实结构中行进波的特征所进行的数学抽象描述。如固体中行进波波长远大于截面尺寸，且具有等运动面，则可认为这种波是概纵波；如固体中行进波波长远小于截面尺寸，且具有等运动面，则可认为这种波是纯纵波。

1.5 固体中的剪切波

剪切力是某个面内的应力。固体在剪切力的作用下可产生剪切变形，因而会产生剪切波。典型剪切波的传播方式如图 1-5-1 所示。

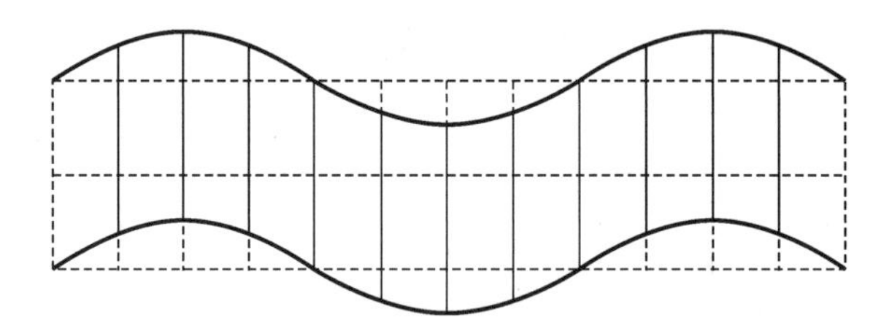

图 1-5-1 剪切波的传播方式

1.5.1 固体中的纯剪切波

考虑弹性固体中的某个微块，如图 1-5-2 所示。微块在两个距离为 δx 的面上的剪应力分别为 τ_{xx} 和 $\tau_{xx}+\delta x\partial\tau_{xx}/\partial x$，则垂向合力为 $\delta x\partial\tau_{xx}/\partial x$。微块的质量为 $\rho\delta x$。微块横向加速度为 $\partial\eta^2/\partial t^2$，$\eta$ 是 y 方向的横向位移。由牛顿第二定律可知：

$$\rho\frac{\partial^2 \eta}{\partial t^2} = \frac{\partial \tau_{xy}}{\partial x} \tag{1-5-1}$$

对弹性固体，剪应力 τ 和剪应变 γ 之比是常数，定义为剪切模数 G，即

$$\tau_{xy} = G\gamma = G\frac{\partial \eta}{\partial x} \tag{1-5-2}$$

其中，剪切模数 G 与杨氏模量 E 的关系为 $G = \frac{E}{2(1+\upsilon)}$。

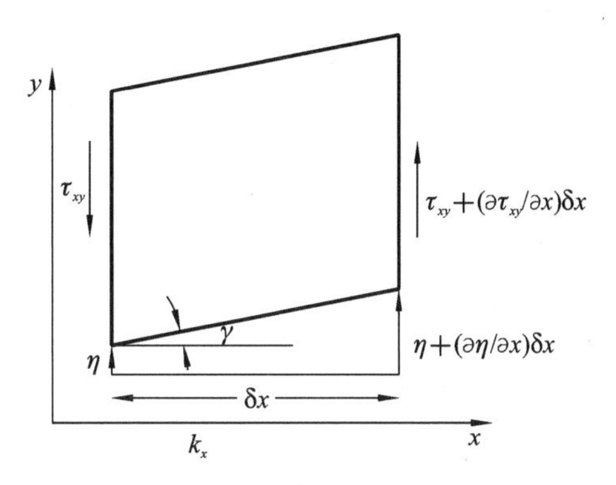

图 1-5-2 剪切变形中的剪位移、剪应力和横向剪应变

由此，可得到剪切波的波动方程为：

$$\frac{\partial^2 \eta}{\partial x^2} = \left(\frac{\rho}{G}\right)\frac{\partial^2 \eta}{\partial t^2} \tag{1-5-3}$$

方程(1-5-3)具有同流体中的声波动方程相同的形式，因而声速与频率无关，为：

$$c_s = \left(\frac{G}{\rho}\right)^{\frac{1}{2}} = \left[\frac{E}{2\rho(1+\upsilon)}\right]^{\frac{1}{2}} \tag{1-5-4}$$

剪切波速比杆结构中的概纵波声速小，因为

$$\frac{c_s}{c_1''} = \left[\frac{1}{2(1+\upsilon)}\right]^{\frac{1}{2}} \tag{1-5-5}$$

对大多数结构的材料而言，该比值约为 0.6。

剪切波能够在大体积的固体以及延展的平板平面内传播。对平板而言，因为作用在平面上的正应力可忽略，因此平板自由面的存在对波速的影响不大，这意味着平板平面内传播的剪切波与大体积固体内传播的剪切波类似。一般来讲，平面内的剪切波不容易通过施加载荷的方式在平板上产生，但有时会对振动传递、反射、振动不连续(如建筑、船舶结构的 L、T、+形梁连接)产生显著的影响。

1.5.2 扭转波

在固体棒状结构中，剪切波通常表现为扭转波。棒的扭转波动方程为

$$\frac{\partial^2 \theta}{\partial x^2} = \left(\frac{I_p}{GJ}\right)\frac{\partial^2 \theta}{\partial t^2} \tag{1-5-6}$$

式中：θ 是扭转位移；I_p 是单位长度梁关于轴线的转动惯量；GJ 是扭转刚度，它是关于截面形状的函数。声速与频率不相关：$c_t = (GJ/I_p)^{1/2}$。

表 1-5-1 列出了矩形及圆形截面棒的扭转刚度。计算 L 形、I 形以及涵道形截面梁的扭转刚度比较复杂，因为会出现例如缠绕、弯-剪耦合等现象，这些因素都要在计算过程中考虑。连接结构的梁上的约束因素对其有效扭转刚度有影响，船舶和飞行器结构通常具有梁加强的板架结构。探讨剪切波运动对层叠复合板结构具有重要的意义，层叠复合板结构都具有被薄板蒙盖的较厚的芯层，这种芯层通常设计为具有较低的剪切刚度。在中频范围波速主要由芯层的剪切刚度控制，低频的波速由整个截面刚度控制，而高频波速由蒙盖薄板的弯曲刚度控制。讨论这种复合结构的特性有助于设计并优化声辐射和传递特征。

表 1-5-1 矩形及圆形截面棒的扭转刚度

截面形状	$\frac{h}{b}$	$\frac{J}{b^3 h}$
矩形(宽 $b\times$ 高 h)	1	0.141

续表

截面形状	$\frac{h}{b}$	$\frac{J}{b^3 h}$
矩形（宽 b×高 h）	2	0.230
	3	0.263
	4	0.283
	5	0.293
	10	0.312
圆形（半径为 a）	$J=\frac{\pi a^2}{2}$	

1.6 梁中的弯曲波

弯曲变形是梁、板结构较为常见的变形形式。弯曲变形振动在结构中的传播产生了弯曲波。讨论弯曲波对研究声频范围内流体-结构的相互作用具有重要的意义，其原因在于弯曲波包含声传播方向的横向位移，这种横向位移能够有效扰动与其相邻的流体媒质，承载弯曲波的横向阻抗与相邻流体声波的阻抗幅度相当，因此形成了两种媒质的能量交换。

对一根梁的弯曲变形，截面既具有垂直于杆轴向的位移，同时也具有相对于中面的转动，如图 1-6-1 所示。

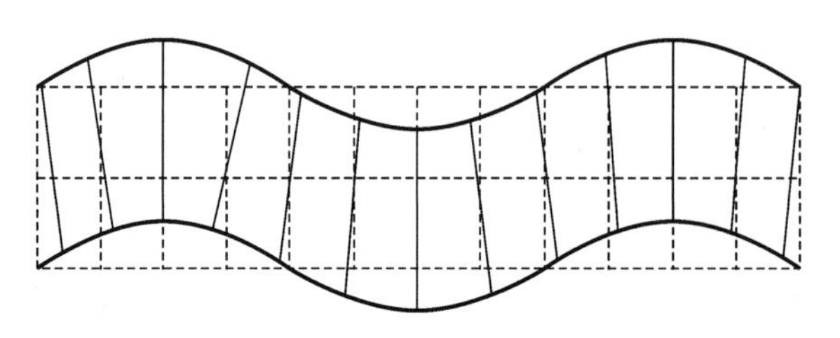

图 1-6-1　弯曲波的传播方式

1.6.1 梁的弯曲波动方程

为给出梁中的弯曲波动方程，现先给出纯弯理论的主要假定：截面在弯曲变形中保持为平面。即梁在弯曲中，梁的截面不会产生扭曲。

首先考虑梁在静弯中满足的一些关系。

弯曲梁微段的变形和位移如图 1-6-2 所示。在纯弯曲变形中，微段的横向位移和转角具有如下关系：

$$\beta=\frac{\partial \eta}{\partial x} \tag{1-6-1}$$

若梁的微段具有纯弯变形，则轴向应变 ε_r 以及应力 σ_r 将随 r 线性变化，如图 1-6-3 所示。由于对梁的轴向而言，不存在轴向力分量，因而有：

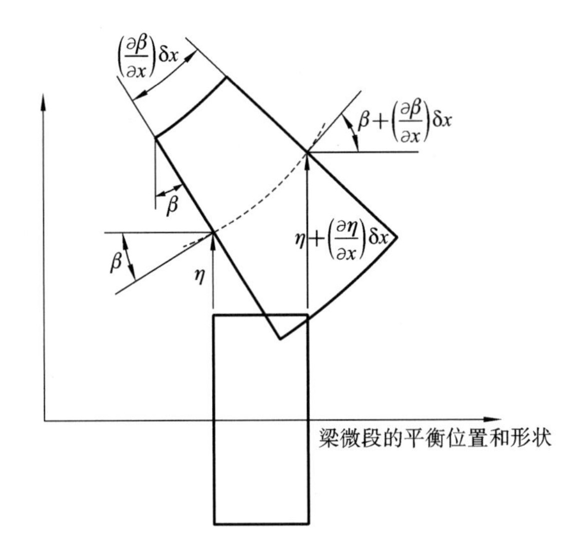

图 1-6-2　弯曲梁微段的变形和位移

$$\int_{-r_0}^{h-r_0}\sigma(r)w(r)\mathrm{d}r=0 \tag{1-6-2}$$

式中：$\sigma(r)$是纵向正应力；$w(r)$是截面在 r 处的宽度。

从这个方程我们能很快得出 $\sigma(r)$既可能为正，也可能为负，因此 $\sigma(r)$只能在某个特定的 r 处取为 0。这个位置我们称为中面，用 N-S 表示。

中面虽然具有形变，但微元 δx 长度不变，因而纵向应力为零。对一般距离中面为 r 的位置，应变为：

$$\varepsilon(r)=\frac{(R+r)\theta-\delta x}{\delta x} \tag{1-6-3}$$

应变 $\varepsilon(r)$与应力 $\sigma(r)$满足弹性关系，即

$$\sigma(r)=E\varepsilon(r) \tag{1-6-4}$$

根据图 1-6-3 可得局部曲率半径 R、θ 及 β 具有如下几何关系：

$$\frac{1}{R}=\frac{\theta}{\delta x}=-\frac{\partial\beta}{\partial x} \tag{1-6-5}$$

结合式(1-6-1)可得：

$$\frac{1}{R}=\frac{\theta}{\delta x}=-\frac{\partial\beta}{\partial x}=-\frac{\partial^2\eta}{\partial x^2} \tag{1-6-6}$$

由式(1-6-1)至式(1-6-5)可得：

$$\sigma(r)=E\varepsilon(r)=E\,\frac{(R+r)\theta-\delta x}{\delta x}=-Er\,\frac{\partial^2\eta}{\partial x^2} \tag{1-6-7}$$

一般而言，梁的曲度随着 x 的变化而变化，从而 $\sigma(r)$也随着 x 的变化而变化。对静态情形，轴向的应力 $\sigma(r)$会被其他应力平衡，从而维持梁单元的轴向平衡，例如在 $r=r'$的截面上，力分布情况如图 1-6-4 所示。这些应力的平衡关系用方程表达为：

$$\tau_{yx}(x')w(r')=\int_{r'}^{h-r_0}\frac{\partial\sigma(r)}{\partial x}w(r)\mathrm{d}r \tag{1-6-8}$$

由式(1-6-7)和式(1-6-8)可得：

$$\tau_{yx}(r')=-\frac{E}{w(r')}\frac{\partial^3\eta}{\partial x^3}\int_{r'}^{h-r_0}rw(r)\mathrm{d}r \tag{1-6-9}$$

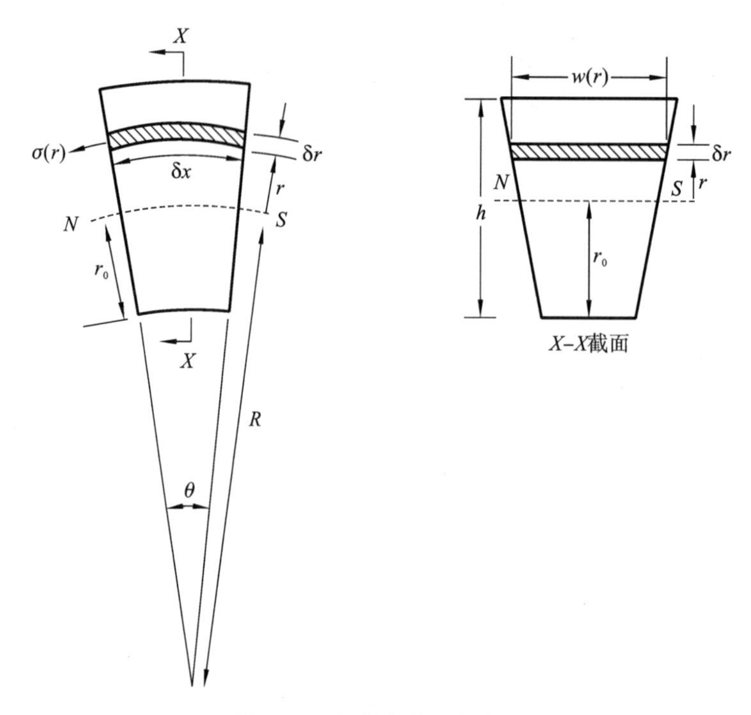

图 1-6-3　梁微段的纯弯变形

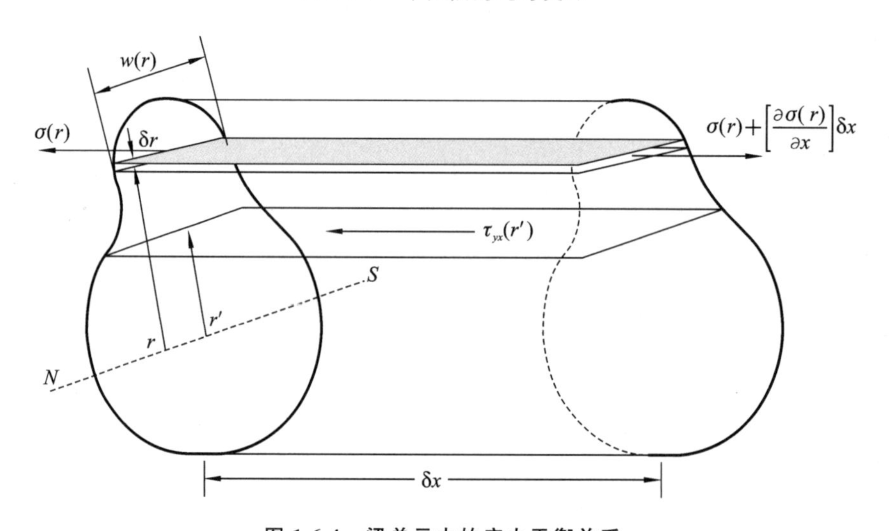

图 1-6-4　梁单元中的应力平衡关系

一般而言，该积分仅能计算随 r 变化具有特殊变化规律的 $w(r)$。例如，对具有常宽的梁截面，$w(r)=w$，此时 $r_0=h/2$，有：

$$\tau_{yx}(r')=-\frac{E}{2}\frac{\partial^3\eta}{\partial x^3}\left[\left(\frac{h}{2}\right)^2-(r')^2\right] \tag{1-6-10}$$

该二次函数的关系虽然仅对常宽度梁截面成立，但“最大剪应力处于中性面 $r'=0$”是一般结论。

考虑“梁截面是平面”的假定，水平剪应力 τ_{yx} 被垂向应力 τ_{xy} 所平衡补偿，如图 1-6-5。因此作用于截面的总垂向弹性剪力表达为：

$$S(x)=-\int_{-r_0}^{h-r_0}\tau_{yx}w(r)\mathrm{d}r=E\frac{\partial^3\eta}{\partial x^3}\int_{-r_0}^{h-r_0}\left[\frac{1}{w(r')}\int_{r'}^{h-r_0}rw(r)\mathrm{d}r\right]w(r')\mathrm{d}r' \tag{1-6-11}$$

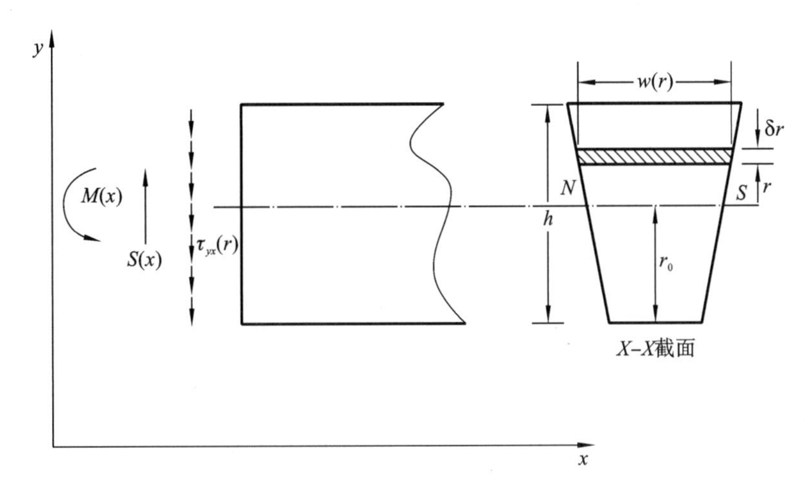

图 1-6-5 弯曲梁中的横向剪应力分布

通过分部积分可以得到：

$$S(x) = EI\frac{\partial^3 \eta}{\partial x^3} \tag{1-6-12}$$

其中，I 是截面关于通过中性面横轴的面积惯性矩，$I = \int_{-r_0}^{h-r_0} w(r) r^2 \mathrm{d}r$。

作用于截面上的由轴向应力导致的力矩为：

$$M(x) = \int_{-r_0}^{h-r_0} \sigma(r) w(r) r \mathrm{d}r = - E\frac{\partial^2 \eta}{\partial x^2}\int_{-r_0}^{h-r_0} w(r) r^2 \mathrm{d}r = - EI\frac{\partial^2 \eta}{\partial x^2} \tag{1-6-13}$$

可见，截面剪力 S 和力矩 M 满足关系：

$$S(x) = -\frac{\partial M(x)}{\partial x} = EI\frac{\partial^3 \eta}{\partial x^3} \tag{1-6-14}$$

为考虑梁的动态弯曲，考察梁的一个微段，微段横向运动方程可以参照图 1-6-6 推导，得：

$$\frac{\partial S}{\partial x} = - m\frac{\partial^2 \eta}{\partial t^2} \tag{1-6-15}$$

式中，m 是梁单位长度的质量。因而最终结合式(1-6-14)有：

$$EI\frac{\partial^4 \eta}{\partial x^4} = - m\frac{\partial^2 \eta}{\partial t^2} \tag{1-6-16}$$

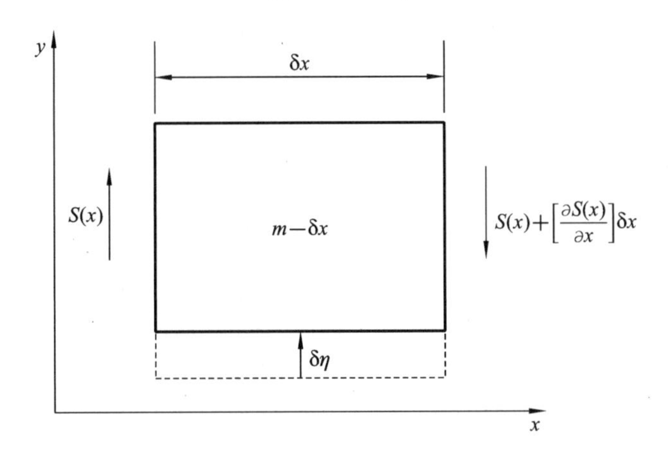

图 1-6-6 梁微段上的横向力

1.6.2 弯曲波是色散波

该波动方程与前面讨论的几个波动方程不同，变量对空间量的导数是四次方，而不是二次方，其原因在于弯曲波是剪切波和纵波的混合波。直接从弯曲波动方程不能得出相速度。

如果梁中存在自由简谐弯曲波，波的形式为 $\eta(x,t)=\tilde{\eta}\exp[\mathrm{j}(\omega t-kx)]$，代入波动方程可得：

$$EIk^4=\omega^2 m \tag{1-6-17}$$

此即弯曲波应当满足的色散关系。

由此，$k=\pm\mathrm{j}(\omega^2 m/EI)^{\frac{1}{4}}$ 和 $k=\pm(\omega^2 m/EI)^{\frac{1}{4}}$。因而梁中可能的弯曲波动形式为：

$$\eta(x,t)=[\widetilde{A}\mathrm{e}^{-\mathrm{j}k_\mathrm{b}x}+\widetilde{B}\mathrm{e}^{\mathrm{j}k_\mathrm{b}x}+\widetilde{C}\mathrm{e}^{-k_\mathrm{b}x}+\widetilde{D}\mathrm{e}^{k_\mathrm{b}x}]\mathrm{e}^{\mathrm{j}\omega t} \tag{1-6-18}$$

式中：$k_\mathrm{b}=(\omega^2 m/EI)^{1/4}$。

可以看到，可能的波包括沿 x 轴正向和沿 x 轴负向的行进波，相速度为：

$$c_\mathrm{b}=\omega/k_\mathrm{b}=\omega^{1/2}(EI/m)^{1/4} \tag{1-6-19}$$

行进波项由式(1-6-18)的前两项表示。式(1-6-18)后两项代表的不是行进波，而是一种振动场，因为相速度是虚数，各点的相位相同，不能独立传播能量，振动幅值随着距离的增加而呈指数级衰减。这种振动场被称为“近场”。

对行进波而言，相速度 c_b 正比于 $\omega^{1/2}$，与频率相关，因此梁中的弯曲波是色散波，群速度为 $c_\mathrm{g}=\partial\omega/\partial k=2c_\mathrm{b}$，即群速度是相速度的两倍。

1.6.3 弯曲波在高频将发展为剪切波

弯曲波方程是根据“微段截面剪力差等于惯性力”推导出的，截面剪力来源于弯矩的微分。然而，剪力对截面横向位移的弹性贡献没有考虑，因为当弯曲波波长很长时，该贡献很小。为了说明这一问题，我们考虑图 1-6-7 所示的悬臂梁。

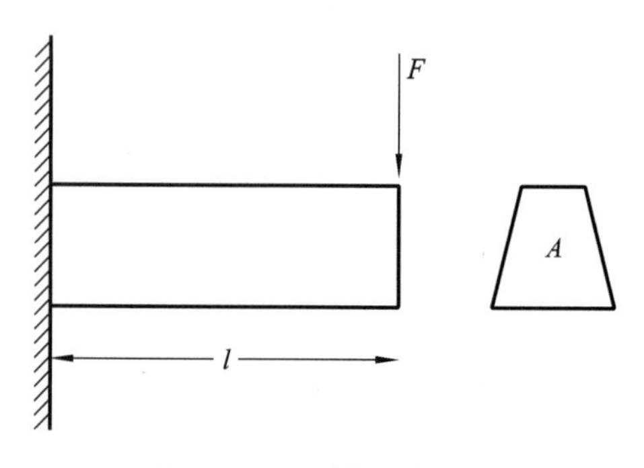

图 1-6-7 悬臂梁端部受力

我们假定一个垂向剪力静态作用于悬臂端，剪力大小为 F/A。若将该梁的变形视作纯剪变形，端点的垂向变形为 Fl/GA；若采用梁的弯曲理论，端点变形为 $Fl^3/3EI$。两种理论结果的比值为 $3EI/GAl^2$。对矩形截面梁，截面高为 h，宽度为 w，则前述结果比值为 $0.5(1+\upsilon)(h/l)^2$。这说明，当截面高度相对于梁的长度不可忽略时，剪切变形的影响不可忽略。

对无限梁，两个截面具有剪力差的最大距离为四分之一波长，即 $\pi/2k_\mathrm{b}$，根据上述结论，剪力所引起的变形和弯曲引起的变形之比为 $0.5(1+\upsilon)(k_\mathrm{b}h/l)^2$。这说明，当 $(k_\mathrm{b}h/l)^2\ll 1$ 时剪力对变形的影响才可以忽略。对给定的梁，只有 k_b 很小，或波长很长，或频率很低时该条件才能满足，否则剪切影响不能忽略。当频率非常高时，弯矩对截面变形的贡献相对于剪力的贡献可以忽略，此时梁中的波便发展为剪切波。

1.7 薄板中的弯曲波

当弯曲波在平板中传播时，纵向应变和纵向应力的关系式(1-6-7)应修正为式(1-7-1)：

$$\sigma_{xx}=\frac{E}{(1-\upsilon)^2}\frac{\partial\xi}{\partial x} \tag{1-7-1}$$

该修正将导致横向约束条件消失，即梁是无限宽的梁，因此，平板中面在 $y=0$ 处，平面波沿 x 方向传播，横向位移 η 定义为沿 y 方向，方程(1-6-16)变为：

$$\frac{EI}{(1-\upsilon^2)}\frac{\partial^4\eta}{\partial x^4}=-m\frac{\partial^2\eta}{\partial t^2}$$

式中：m 是平板单位面积的质量；I 是单位宽度板条截面相对于 z 轴的面积惯性矩。对厚度为 h 的平板，$I=h^3/12$，再用 D 替换 $\frac{Eh^3}{12(1-\upsilon^2)}$，$D$ 称为平板的弯曲刚度，单位宽度的弯矩表达为 $M=-D\frac{\partial\eta^2}{\partial x^2}$。

自由波动解类似于式(1-6-18)，其中 $k_{\mathrm{b}}=\left(\frac{\omega^2 m}{D}\right)^{\frac{1}{4}}$，相速度则为 $c_{\mathrm{b}}=\omega^{\frac{1}{2}}\left(\frac{D}{m}\right)^{\frac{1}{4}}$。它的自由平面行进波动解与式(1-6-18)相同，忽略剪切变形的条件与梁的类似，即 $k_{\mathrm{b}}h\ll 1$。

对置于 x-z 平面上的薄板，其在直角坐标系中的弯曲波动方程为：

$$D\left(\frac{\partial\eta^4}{\partial x^4}+2\frac{\partial\eta^4}{\partial x^2 z^2}+\frac{\partial\eta^4}{\partial z^4}\right)=-m\frac{\partial^2\eta}{\partial t^2} \tag{1-7-2}$$

其一般波动解表达为：$\eta(x,z,t)=\tilde{\eta}\exp[\mathrm{j}(\omega t-k_x x-k_z z)]$。将之代入式(1-7-2)可得：

$$[D(k_x^4+2k_x^2k_z^2+k_z^4)-m\omega^2]\tilde{\eta}=0 \tag{1-7-3}$$

或

$$D(k_x^4+2k_x^2k_z^2+k_z^4)-m\omega^2=0 \tag{1-7-4}$$

若令 $k_{\mathrm{b}}^2=k_x^2+k_z^2$，则有

$$Dk_{\mathrm{b}}^4-m\omega^2=0 \tag{1-7-5}$$

这是一个平面弯曲波动方程，波传播的方向由分量 k_x 和 k_z 之和决定，即相对于 x 轴的方向角为 $\phi=\arctan(k_z/k_x)$。由此，$\boldsymbol{k}_{\mathrm{b}}=(k_x,k_z)$，$k_{\mathrm{b}}=(\omega^2 m/D)^{1/4}$。

1.8 各类波的色散曲线对比

色散曲线是体现了媒质中自由波的波数、频率和相速度的关系的曲线。图 1-8-1 给出了同一媒质中各类型自由波的 k-ω 色散关系，图中同时还给出了流体中的 k-ω 色散关系。

在 k-ω 色散关系曲线中，相速度由连接曲线上某点与原点的直线斜率之倒数得到，群速度由曲线之切线斜率倒数得到。

由图可见，除弯曲波外，其他 k-ω 的关系均是线性的，即其他几种类型的波均是非色散波，相速度不随频率改变。表 1-8-1 给出了不同媒质中的非色散波声速。弯曲波的相速度随频率变化，色散曲线不是直线。

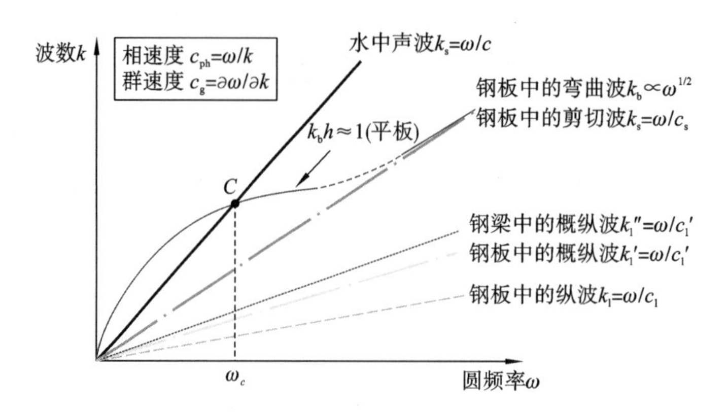

图 1-8-1 不同形式波的色散关系对比

表 1-8-1 不同材料属性的媒质中各种非色散波的相速度

材料		杨氏模量/($N\cdot m^{-2}$)	密度/($kg\cdot m^{-2}$)	泊松比 υ	c_l	c_l'	c_l''	c_s
钢		2.0×10^{11}	7.8×10^3	0.28	5900	5270	5060	3160
铝		7.1×10^{10}	2.7×10^3	0.33	6240	5434	5130	3145
黄铜		10.0×10^{10}	8.5×10^3	0.36	4450	3677	3430	2080
铜		12.5×10^{10}	8.9×10^3	0.35	4570	4000	3750	2280
玻璃		6.0×10^{10}	2.4×10^3	0.24	5430	5151	5000	3175
混凝土	轻	3.8×10^9	1.3×10^3				1700	
	重	2.6×10^{10}	2.3×10^3				3360	
多孔		2.0×10^9	6.0×10^2				1820	
橡胶	硬(80)	5.0×10^7	1.1×10^3	0.5			210	125
	软	5.0×10^6	9.5×10^2	0.5			70	40
砖		1.6×10^{10}	$1.9-2.2\times10^3$				2800	
干沙		3.0×10^7	1.5×10^3				140	
塑料		7.0×10^9	1.2×10^3				2420	
刨花板		4.6×10^9	6.5×10^2				2660	
透明塑胶		5.6×10^9	1.2×10^3	0.4	3162	2357	2160	1291
胶合板		5.4×10^9	6.0×10^2				3000	
软木			$1.2-2.4\times10^2$				430	
石棉水泥		2.8×10^{10}	2.0×10^3				3700	
石膏板		2.4×10^9	$7.5-8.0\times10^2$				1730—1790	

弯曲波的色散关系在低频是二次函数,但在高频,曲线逼近于剪切波色散曲线,因为高频时,弯曲波将发展为剪切波。

对非色散波,各类曲线不相交,因为相速度随频率不变,波数(波长)的相对大小不变。对弯曲波，它和流体中波的色散曲线具有交点 C，在低频(C 点对应的频率以下)，弯曲波波长小于流体中波长，高频时，弯曲波波长大于流体中波长。C 点对应的频率被称为临界频率。由于结构中弯曲波波长同流体中声波波长的相对大小决定结构的噪声辐射效率，因而判断临界频率对判断结构的噪声辐射能力具有重要的意义。

1.9　振动波的能量密度和能量流

实际结构的振动及其声学行为都是通过能量传递的，因而研究波的能量及其传递具有重要的意义。本节将通过概纵波、弯曲波的能量分析给出能量在媒质中的传播原理，最后推广得出能量在流体中的传播原理。

1.9.1　杆中概纵波的能量密度和能量流

1. 杆中概纵波单位长度的动能、势能和能量密度

考虑杆中行进的概纵波，如图 1-9-1，取杆的一段进行分析。

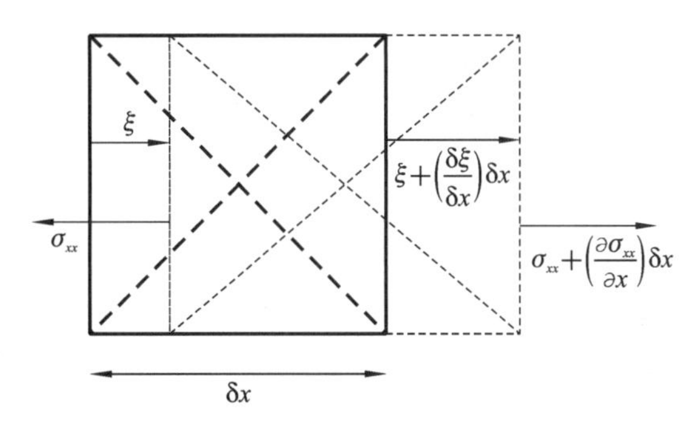

图 1-9-1　杆微段中的力学分析

传播于截面积为 S、密度为 ρ 的杆中的概纵波在单位长度内具有动能，表达为：

$$e'_{\mathrm{k}}=\frac{1}{2}\rho S\left(\frac{\partial\xi}{\partial t}\right)^2 \tag{1-9-1}$$

式中：ξ 是轴向质点位移。

在概纵波行进中，媒质中的一部分会被拉长或压缩，由于媒质具有弹性，因而会储存势能。单位长度的杆所具有的势能等于单元应力在杆变形过程中所做的功。根据图 1-9-1 可知，该量为：

$$e'_{\mathrm{p}}=\frac{1}{2}S\sigma_{xx}\frac{\partial\xi}{\partial x}=\frac{1}{2}SE\left(\frac{\partial\xi}{\partial x}\right)^2 \tag{1-9-2}$$

式中：σ_{xx} 为轴向正应力。

由于概纵波是非色散波，即具有形式 $\xi=f(c''_1t-x)$，因此可得：

$$\frac{\partial\xi}{\partial x}=-\frac{1}{c''_1}\frac{\partial\xi}{\partial t} \tag{1-9-3}$$

式中：$c''_1=\sqrt{\frac{E}{\rho}}$。所以有：

$$e'_k = \frac{1}{2}\rho S\left(\frac{\partial\xi}{\partial t}\right)^2 = \frac{1}{2}SE\left(\frac{\partial\xi}{\partial x}\right)^2 = e'_p \tag{1-9-4}$$

即杆中的概纵波单位长度的动能和势能相等。

杆中概纵波在单位长度的总能量为：

$$e' = SE\left(\frac{\partial\xi}{\partial x}\right)^2 = \rho S\left(\frac{\partial\xi}{\partial t}\right)^2 \tag{1-9-5}$$

能量密度为媒质中单位体积的能量。对杆中的概纵波，能量密度为：

$$\varepsilon = \frac{e'}{S} = E\left(\frac{\partial\xi}{\partial x}\right)^2 = \rho\left(\frac{\partial\xi}{\partial t}\right)^2 \tag{1-9-6}$$

2. 杆中概纵波的能量流

能量流是能量通过相邻媒质单位截面在单位时间内所做的功。对杆中的概纵波而言，能量流可由应力同截面的速度乘积获得：

$$I = \sigma_{xx}\frac{\partial\xi}{\partial t} \tag{1-9-7}$$

结合前式可知：

$$I = \sigma_{xx}^2(E\rho)^{-\frac{1}{2}} = \frac{\sigma_{xx}^2}{\rho c''_1} \tag{1-9-8}$$

3. 杆中概纵波的群速度

群速度是能量流与能量密度之比：

$$c_g = \frac{I}{\varepsilon} = \frac{\sigma_{xx}\left(\frac{\partial\xi}{\partial t}\right)}{\rho\left(\frac{\partial\xi}{\partial t}\right)^2} = \frac{\sigma_{xx}}{\rho\left(\frac{\partial\xi}{\partial t}\right)} = c''_1 \tag{1-9-9}$$

即杆中的概纵波群速度等于相速度。

1.9.2 梁中弯曲波的能量密度和能量流

1. 梁中弯曲波单位长度的动能、势能

考虑沿 x 方向传播的简谐弯曲波，其形式为：

$$\eta(x,t) = \widetilde{A}e^{j(\omega t - k_b x)} \tag{1-9-10}$$

则弯曲波单位长度上横向运动的动能为

$$\begin{aligned} e'_k &= \frac{1}{2}m\left(\frac{\partial\eta}{\partial t}\right)^2 = \frac{1}{2}m\{\mathrm{Re}\{j\omega\widetilde{A}e^{j(\omega t - k_b x)}\}\}^2 \\ &= \frac{1}{2}m\omega^2[a\sin(\omega t - k_b x) + b\cos(\omega t - k_b x)]^2 \end{aligned} \tag{1-9-11}$$

式中：$\widetilde{A} = a + jb$。这里须注意到

$$(\partial\eta/\partial t)^2 \neq \mathrm{Re}\{[j\omega\widetilde{A}e^{j(\omega t - k_b x)}]^2\} \tag{1-9-12}$$

弯曲波的势能来源于内部弯矩作用产生了截面变形。在弯矩作用下单位长度的梁所产生的位移产生的势能为

$$\begin{aligned} e'_p &= -\frac{1}{2}M\frac{\partial^2\eta}{\partial x^2} = \frac{1}{2}EI\left(\frac{\partial^2\eta}{\partial x^2}\right)^2 \\ &= \frac{1}{2}EIk_b^4[a\cos(\omega t - k_b x) - b\sin(\omega t - k_b x)]^2 \end{aligned} \tag{1-9-13}$$

式中：$M=-EI\dfrac{\partial^2\eta}{\partial x^2}$。

考虑到弯曲梁中的色散关系 $k_b^4=\dfrac{\omega^2 m}{EI}$，则单位长度弯曲梁中的总能量为：

$$e'=\frac{1}{2}EIk_b^4(a^2+b^2)=\frac{1}{2}EIk_b^4|\tilde{A}|^2 \tag{1-9-14}$$

2. 梁中弯曲波的能量流

能量流来源于两方面的贡献：一方面是剪切力作用产生横向位移；另一方面是弯矩作用产生截面转动。

剪切力为 $S=EI\partial^3\eta/\partial x^3$，剪切力做功的功率为：

$$W_S=EI\frac{\partial^3\eta}{\partial x^3}\frac{\partial\eta}{\partial t}=EI\omega k_b^3[a\sin(\omega t-k_b x)+b\cos(\omega t-k_b x)]^2 \tag{1-9-15}$$

弯矩做功的功率为：

$$\begin{aligned}W_M&=-EI\left(\frac{\partial^2\eta}{\partial x^2}\right)\left[\frac{\partial}{\partial t}\left(-\frac{\partial\eta}{\partial x}\right)\right]\\&=EI\omega k_b^3[a\cos(\omega t-k_b x)+b\sin(\omega t-k_b x)]^2\end{aligned} \tag{1-9-16}$$

这两个能量流之和与时间和空间相关，因而只能给出自由传播弯曲波的时间平均能量流：

$$\overline{W}=\frac{1}{T}\int_0^T(W_S+W_M)\mathrm{d}t=EI\omega k_b^3|\tilde{A}|^2 \tag{1-9-17}$$

3. 梁中弯曲波的群速度

梁中弯曲波的群速度可由时间平均能量流与每单位长度的梁所具有的时间平均能量之比得到，即

$$c_{gb}=\frac{2\omega}{k_b}=2c_b \tag{1-9-18}$$

可见，对弯曲梁，群速度是相速度的两倍。

1.9.3 流体中的声功率

声功率是单位时间内通过垂直于声传播方向、面积为 dS 的截面的平均声能量，也称为平均声能量流。

声强是通过垂直于声传播方向的单位面积上的平均声能量流，声强也称为平均声能量流密度。

对流体中沿直线传播的自由行进波，某点的声压为：

$$p(x,t)=\tilde{p}\mathrm{e}^{-\mathrm{j}kx}\mathrm{e}^{\mathrm{j}\omega t} \tag{1-9-19}$$

该点的流体速度可根据式(1-2-11)得出：

$$v(x,t)=\frac{1}{-\mathrm{j}\omega\rho_0}\frac{\partial p}{\partial x}=\frac{k}{\omega\rho_0}\mathrm{e}^{-\mathrm{j}kx}\mathrm{e}^{\mathrm{j}\omega t} \tag{1-9-20}$$

则声强为：

$$I=\frac{1}{T}\int_0^T\mathrm{Re}\{p(x,t)\}\mathrm{Re}\{v(x,t)\}\mathrm{d}t=\overline{pc} \tag{1-9-21}$$

通过面积为 S 的截面的声功率为：

$$W=I\cdot S \tag{1-9-22}$$

第2章

自然频率、振动模态与受迫振动

2.1 自然频率和振动模态

2.1.1 自然频率和模态的概念

前面，我们讨论了在各种均匀无界媒质中可自由行进的波及其传播方向问题。现实的系统都是有界的，而且媒质都并非均匀媒质，几乎都是由不同几何形式、材料属性的部件组合而成的。当行进波遭遇媒质边界或材料改变边界时，它将不能无变化地通过，会产生折射、绕射、反射和散射现象。

从广义上讲，折射是指波行进方向发生变化，这是相速度的方向发生改变、流体中平均流的空间变量发生改变或者波传播时通过了不同媒质的界面等因素所导致的。

绕射是指波前(具有相同相位的面)形状发生扭曲，波前形状扭曲是由波运动中遭遇一个或多个空间阻碍所引起的。

反射意味着存在反向传播的波，即波中存在波矢量方向相反的波分量。

散射是指波能量流的方向发生改变，通常由媒质局部不均匀或不规则边界导致。

折射、绕射、反射和散射现象都会在固体结构中出现，其中反射具有最为重要的意义，因为反射使得实际的有界结构产生了固有频率。一根无限长、无阻尼的梁能够在任意频率下自由振动；而一根有界的无阻尼梁只能在一系列离散的自然频率或特征频率下自由振动，而且这些自然频率同有界梁的特定空间振动形式相关。理论上，一个给定的有界系统将具有无限多个自然频率。

2.1.2 具有一个支点的无限梁中的波行为

波反射会因存在边界而产生。根据前面的推导：在无界均匀弹性系统中，波动方程控制着色散关系，即自由波的波数与频率具有特定的关系，该关系由媒质属性决定。当自由行进波遭遇与该波所在媒质动力属性不同的区域界面时，边界外力与位移之间的关系会发生改变，因而在边界外区域，自由行进波将不能不发生变化地传播，从而形成新的波动形态。同时在边界处，两种性质的波应满足运动协调和力的平衡条件：若波完全穿过界面，那么在给定运动下的力在界面两端会不同。为了满足协调条件，在边界内必须存在一个反射波分量，它同原入射波一起合成，以满足同边界外行进波的平衡协调。

为了说明这个原理，考虑一根无限长的梁，它在 $x=0$ 处被简支约束，如图 2-1-1 所示。如果该梁中支点左端存在向右传播的行进波，记为入射波，则各点的位移是：

$$\eta_i^+(x,t)=\widetilde{A}\mathrm{e}^{-\mathrm{j}k_\mathrm{b}x}\mathrm{e}^{\mathrm{j}\omega t} \tag{2-1-1}$$

式中：$\widetilde{A}$ 是入射波在 $x=0$ 处的复数幅值。由于简支的出现，横向位移被完全约束，支点对梁产生了剪切反力，但不约束旋转位移，因此不会产生反力矩。由于单独的入射波不能在简支处满足横向位移始终为零的条件，因此在支点左端必须具有反向行进的波，即反射波，它与入射波一起合成后满足该条件。从式(1-6-18)可知，一般形式的具有反向行进特征和非行进特征的反向弯曲波分量为：

$$\eta_{\mathrm{r}}^{-}(x,t)=(\widetilde{B}_1\mathrm{e}^{\mathrm{j}k_{\mathrm{b}}x}+\widetilde{B}_2\mathrm{e}^{k_{\mathrm{b}}x})\mathrm{e}^{\mathrm{j}\omega t} \tag{2-1-2}$$

在梁的右端，也可以存在正向行进的弯曲波，该弯曲波也满足色散关系，表达为：

$$\eta_{\mathrm{t}}^{+}(x,t)=(\widetilde{C}_1\mathrm{e}^{-\mathrm{j}k_{\mathrm{b}}x}+\widetilde{C}_2\mathrm{e}^{-k_{\mathrm{b}}x})\mathrm{e}^{\mathrm{j}\omega t} \tag{2-1-3}$$

为书写方便，后面将省去时间因子，并且用上标“+”“−”代表传播的方向。

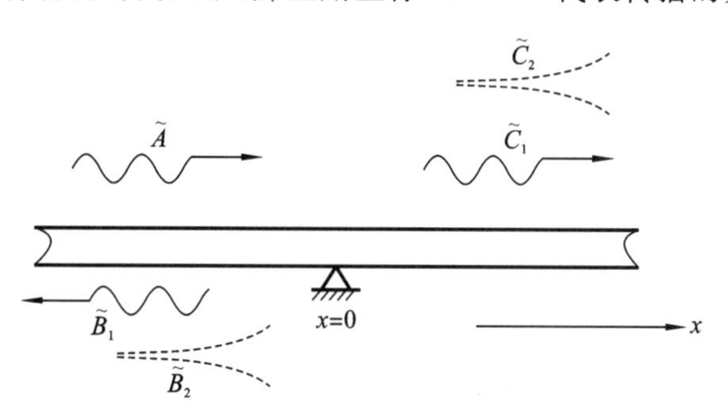

图 2-1-1 在具有一个支点的简支梁中弯曲波的反射和透射

在式(2-1-2)和式(2-1-3)中，四个复数 $\widetilde{B}_1$、$\widetilde{B}_2$、$\widetilde{C}_1$ 和 $\widetilde{C}_2$ 都是与 $\widetilde{A}$ 相关的量，它们目前是未知的，但不是任意的，因为它们必须使得合成波在 $x=0$ 处满足协调条件和平衡条件，即

(1) 协调条件(线位移)：

$$(\eta_{\mathrm{i}}+\eta_{\mathrm{r}})=\widetilde{A}+\widetilde{B}_1+\widetilde{B}_2=\eta_{\mathrm{t}}=\widetilde{C}_1+\widetilde{C}_2=0 \tag{2-1-4}$$

(2) 协调条件(角位移)：

$$\frac{\partial\eta_{\mathrm{i}}}{\partial x}+\frac{\partial\eta_{\mathrm{r}}}{\partial x}=k_{\mathrm{b}}(-\mathrm{j}\widetilde{A}+\mathrm{j}\widetilde{B}_1+\widetilde{B}_2)=\frac{\partial\eta_{\mathrm{t}}}{\partial x}=k_{\mathrm{b}}(-\mathrm{j}\widetilde{C}_1-\widetilde{C}_2) \tag{2-1-5}$$

(3) 平衡条件(横向力)：

$$EI\left(\frac{\partial^2\eta_{\mathrm{i}}}{\partial x^2}+\frac{\partial^2\eta_{\mathrm{r}}}{\partial x^2}\right)=EIk_{\mathrm{b}}(-\widetilde{A}-\widetilde{B}_1+\widetilde{B}_2)=EI\left(\frac{\partial^2\eta_{\mathrm{t}}}{\partial x^2}\right)=EIk_{\mathrm{b}}^2(-\widetilde{C}_1+\widetilde{C}_2) \tag{2-1-6}$$

由式(2-1-4)至式(2-1-6)可得：

$$\begin{aligned}\widetilde{B}_1&=-\left(\frac{\widetilde{A}}{2}\right)(1+\mathrm{j}),\quad \widetilde{B}_2=-\left(\frac{\widetilde{A}}{2}\right)(1-\mathrm{j})\\ \widetilde{C}_1&=-\left(\frac{\widetilde{A}}{2}\right)(1+\mathrm{j}),\quad \widetilde{C}_2=-\left(\frac{\widetilde{A}}{2}\right)(1-\mathrm{j})\end{aligned} \tag{2-1-7}$$

首先考察简支左端($x<0$)的位移场，表达为：

$$\eta(x,t)=\widetilde{A}\left[\mathrm{e}^{-\mathrm{j}k_{\mathrm{b}}x}-\frac{1}{2}(1+\mathrm{j})\mathrm{e}^{\mathrm{j}k_{\mathrm{b}}x}-\frac{1}{2}(1-\mathrm{j})\mathrm{e}^{k_{\mathrm{b}}x}\right]\mathrm{e}^{\mathrm{j}\omega t} \tag{2-1-8}$$

式(2-1-8)中，方括号中的最后一项幅值随着与支点的距离增加而衰减。严格地讲，它不是一个波分量，而是被称为近场，因为它不具备实数相速度，或波数是纯虚数，因而相位与距离无关。在离支点相当远的无因次距离 $k_{\mathrm{b}}x$ 处，该项对振动位移的贡献可以忽略。第二项表示反射波，其对合振动的影响不随距离变化而衰减，可以作用于无穷远处($x=-\infty$)。第一项和第二项的和表征了具有支点边界的波动相干场。

图 2-1-2 用相图表征了在 $x<0$ 区域各波分量在各点的相图，对沿 x 轴正、负向行进的每个波分量，因其传播方向不同，表征相位的复数矢量方向随位置的不同而分别按照逆时针或顺时针方向旋转：对沿 x 轴正向行进的入射波，距离每增加 Δx(八分之一波长)，复数矢量顺时针旋

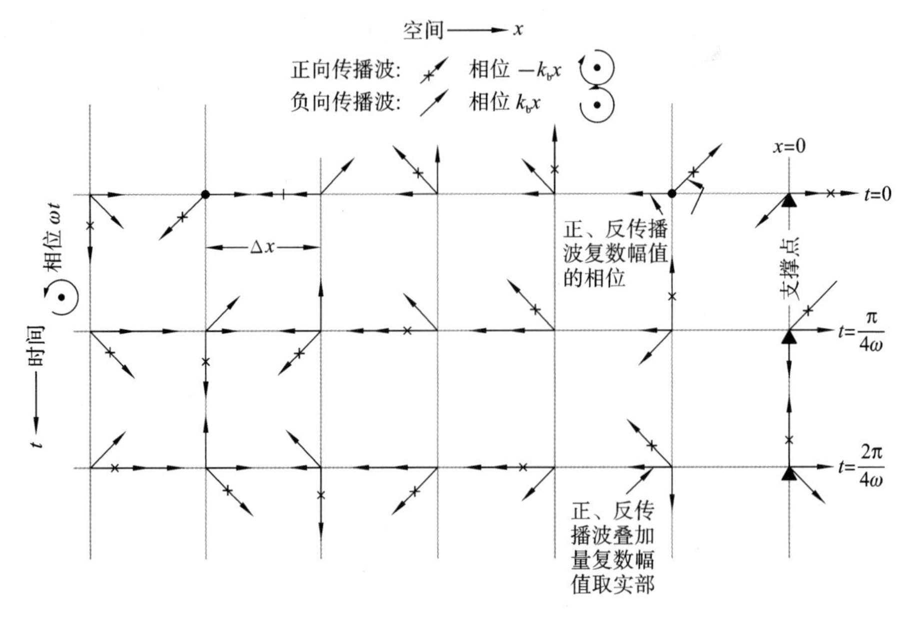

图 2-1-2 简支无限梁中弯曲波遭遇简支边界引起的各波分量在不同位置的相位图

转 $k_b\Delta x=\pi/4$；反之，对沿 x 轴负向行进的反射波，距离每增加 Δx（八分之一波长），复数矢量逆时针旋转 $k_b\Delta x=\pi/4$。图中还给出了近场分量在各点的相图。最终在各点的合成运动由这三个复数矢量求和得出，叠加得到的干涉场也不是纯驻波形式，因为没有位移始终为零的节点。

再关注简支右端的位移场 $x>0$，表达为：

$$\eta(x,t)=\left[\frac{\widetilde{A}}{2}(1-\mathrm{j})\mathrm{e}^{-\mathrm{j}k_bx}-\frac{\widetilde{A}}{2}(1-\mathrm{j})\mathrm{e}^{\mathrm{j}k_bx}\right]\mathrm{e}^{\mathrm{j}\omega t} \tag{2-1-9}$$

式中方括号内第一项代表行进波，波的幅值变为原来的 $1/\sqrt{2}$，波的能量变为原来的 $1/2$；第二项代表近场，它不传播能量。这说明，由于支点的存在，总能量的一半被反射回去，没有传递到支点右侧。

图 2-1-3 中分别给出了入射波、反射波、近场波和透射波分量在某时刻的波形图。需要注意的是，最终的波动场在 $x<0$ 区域不是驻波，因为纯驻波完全不传输能量，但对本例而言，至少有一部分能量以透射波形式传递到 $x>0$ 区域。

2.1.3 半无限梁中的波行为

如果梁终止于简支端而不继续延伸，则这种梁就是半无限梁。

现考虑如图 2-1-4 所示的简支半无限梁，由于在支点右端不存在媒质，行进波将无法通过支点向支点右端透射，因而入射波的能量将被完全反射，反射波分量的幅值必须等于入射波幅值。从边界条件看，合成波表达式(2-1-2)在简支端要满足简支边界条件，即在 $x=0$ 处有：

(1) 线位移为零：

$$\eta(0,t)=0 \tag{2-1-10}$$

(2) 力矩为零：

$$\left.\frac{\partial^2\eta}{\partial x^2}\right|_{x=0}=0 \tag{2-1-11}$$

由式(2-1-10)和式(2-1-11)可得：

$$\widetilde{B}_1=-\widetilde{A},\quad \widetilde{B}_2=0 \tag{2-1-12}$$

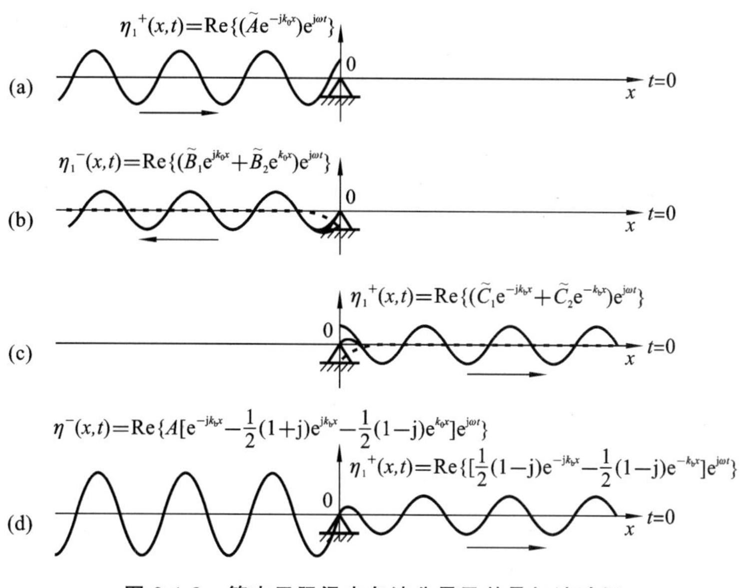

图 2-1-3 简支无限梁中各波分量及其叠加波动场

因此梁中干涉波动场表达为

$$\eta(x,t)=\tilde{A}(e^{-jk_bx}-e^{jk_bx})e^{j\omega t}=2j\tilde{A}\sin(k_bx)e^{j\omega t} \tag{2-1-13}$$

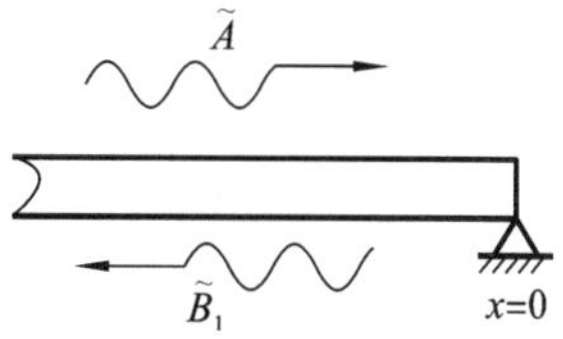

类似于图 2-1-2 和图 2-1-3，图 2-1-5 是简支半无限梁中各波分量的相图，图 2-1-6 给出了入射波和反射波的位移场及叠加波场的波形。

图 2-1-4 在具有一个支点的简支半无限梁中弯曲波的反射

由图 2-1-6 可见，干涉场呈现出与行进波完全不同的

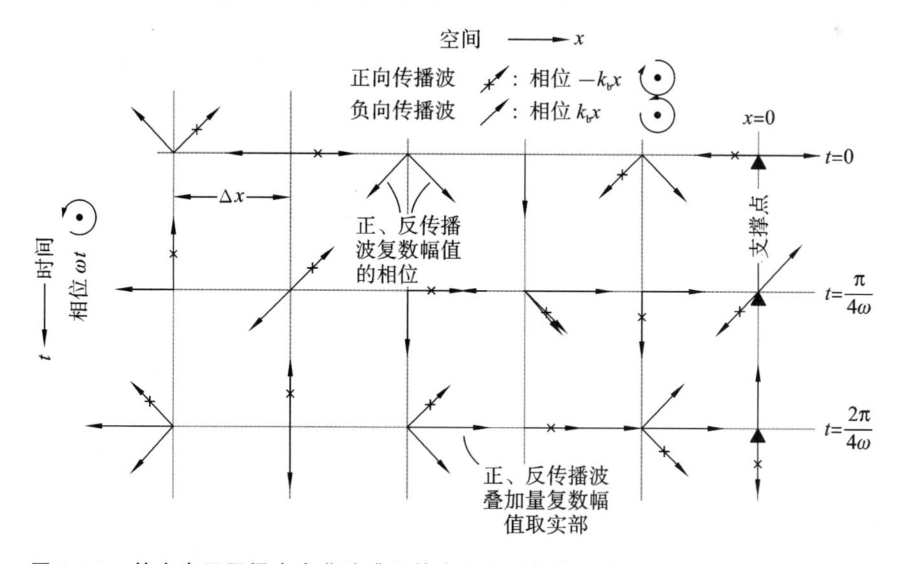

图 2-1-5 简支半无限梁中弯曲波遭遇简支边界引起的各波分量在不同位置的相位图

特征：不同质点的相对相位差只有 0 和 π 两种。幅值为 0 和幅值为最大值的点在梁上的位置完全固定，波场是驻波形式，位移的空间和时间变量完全独立，如式(2-1-11)所示。这种类型的波只能产生于两个性质完全相同、幅值和频率相同、波矢量方向相反的相干波。

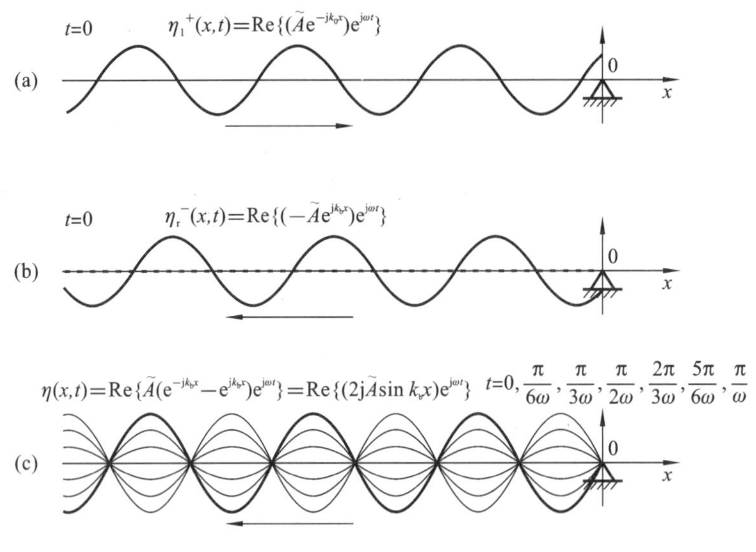

图 2-1-6　简支半无限梁中各波分量及其叠加波动场

如果半无限梁的终止端不是简支的，而是自由、固支、具有集中质量或弹簧支撑等不传递能量的边界，则我们通过分析会发现：反射波的幅值依然等于入射波的幅值；近场分量可能存在，其幅值可能不为零，具体近场分量的幅值由端点的性质决定。由于反射波幅值依然等于入射波幅值，因而在半无限梁中必然产生纯驻波形式的干涉场。用一句话概括就是：具有保守端点的半无限梁中会产生自由振动的纯驻波场。

2.1.4　有限梁中的波行为

如果梁是有限长的，并且两端简支，我们现在考察一个单频右行进波（如图 2-1-7(a)）在右端反射后的行为。方程(2-1-12)指出，在有限梁右端支点处，反射波的幅值将等于入射波幅值，反射波相位与入射波相位相差 π（如图 2-1-7(b)）。该反射波传播至梁的左端时，又会发生全反射，因此二次反射波会沿着原来的入射波的路径前进（如图 2-1-7(c)），同时相位继续滞后 π。考察梁中的任意一点，右行的入射波和二次反射波的相位差为 $2k_b l$。根据前面具有保守端点的梁中的波行为可知，左端支点右侧梁中的波一定是驻波场，这就要求，二次反射波和右行入射波的相位差必须为 $2n\pi$，即入射波和二次反射波具有等相（称为相位相协）。可见，二次反射波相对于入射波的相位取决于入射波的波长和梁的长度，只有两者特定参数的组合才能满足相位相协要求：

$$2k_b l = 2n\pi \tag{2-1-14}$$

或

$$k_b = \frac{n\pi}{l} \tag{2-1-15}$$

对一个单频左行进波在左端反射后的行为也可类似地分析。因此，当满足相位相协条件时，有限无阻尼结构中将存在驻波。满足相位相协条件的梁中的干涉场见图 2-1-7(d)，图中，选择 5π 作为无因次弯曲波数 $k_b l$。

相位相协条件也可用图 2-1-8 所示的相位图说明。记梁中某点的相位为 0，该点距梁的左端点距离为 a，距右端点距离为 $l-a$，经过梁的右端点一次反射后，反射波在该点的相位将滞后，为 $-2k_b(l-a)$，一次反射波经梁的左端点反射后，行进至该点，相位继续滞后 $-2k_b a$，相角

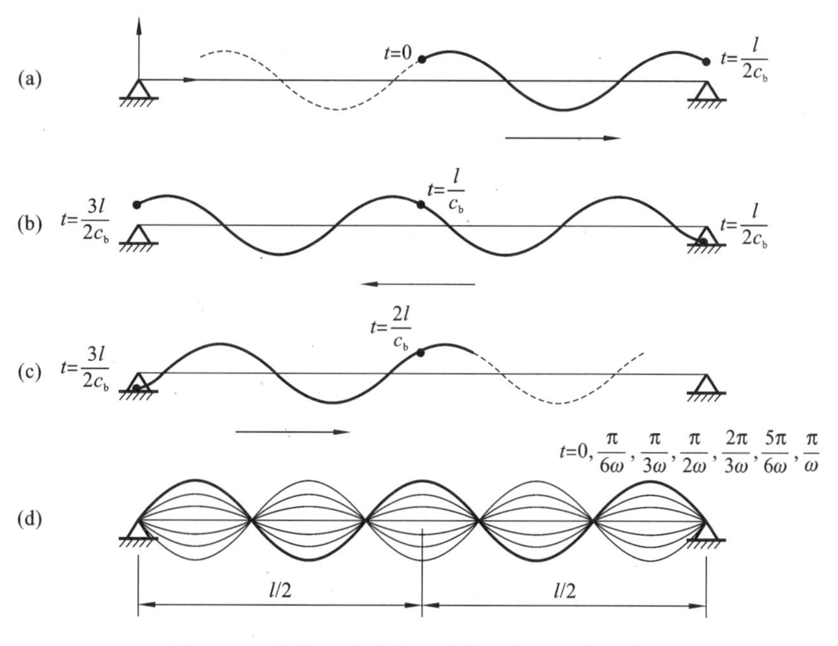

图 2-1-7　简谐行进波在两端简支有限梁中的传播

为$-2k_bl$。这样的相角滞后随着波的不断反射、行进而持续发生，因此各次反射波分量在该点的复数表示是具有不同特定方向的复矢量，最终该点的响应将由这些反射分量所表示的复数求和得出。如果不满足相位相协条件，那么这些复数将遍布于复平面的不同方向，它们所表征的复数同入射波分量所表征的复数求和结果仅具有零幅值。而只有当满足相位相协条件（即式(2-1-14)）时，这些复数才存在于确定的方向，它们同入射波分量所表征的复数求和，结果才具有非零幅值。

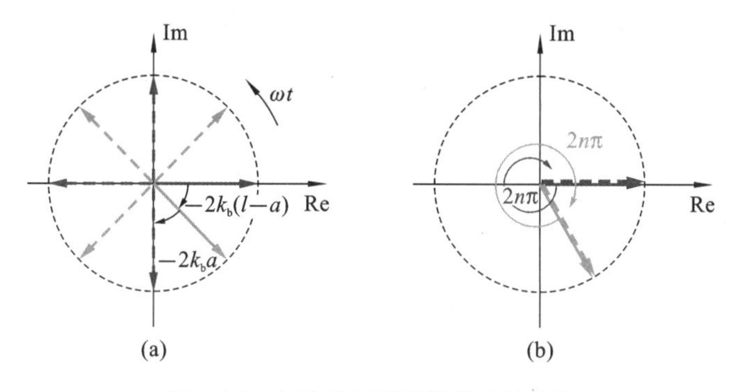

图 2-1-8　用相位图说明相位相协条件

相位相协条件也可采用数学分析的方法导出。已知梁中的波动解表达为：

$$\eta(x)=\widetilde{A}e^{-jk_bx}+\widetilde{B}e^{jk_bx}+\widetilde{C}e^{-k_bx}+\widetilde{D}e^{k_bx}\tag{2-1-16}$$

需要在两个端点分别满足简支边界条件，因此有：

（1）支点线位移为零：

$$\eta(0)=\eta(l)=0\tag{2-1-17}$$

（2）支点弯矩为零：

$$\left.\frac{\partial^2\eta}{\partial x^2}\right|_{x=0}=\left.\frac{\partial^2\eta}{\partial x^2}\right|_{x=l}=0\tag{2-1-18}$$

即

$$\begin{cases}\widetilde{A}+\widetilde{B}+\widetilde{C}+\widetilde{D}=0\\ \widetilde{A}\mathrm{e}^{-\mathrm{j}k_\mathrm{b}l}+\widetilde{B}\mathrm{e}^{\mathrm{j}k_\mathrm{b}l}+\widetilde{C}\mathrm{e}^{-k_\mathrm{b}l}+\widetilde{D}\mathrm{e}^{k_\mathrm{b}l}=0\\ -\widetilde{A}-\widetilde{B}+\widetilde{C}+\widetilde{D}=0\\ -\widetilde{A}\mathrm{e}^{-\mathrm{j}k_\mathrm{b}l}-\widetilde{B}\mathrm{e}^{\mathrm{j}k_\mathrm{b}l}+\widetilde{C}\mathrm{e}^{-k_\mathrm{b}l}+\widetilde{D}\mathrm{e}^{k_\mathrm{b}l}=0\end{cases} \tag{2-1-19}$$

若梁中存在非零响应，则必须满足式(2-1-19)的系数矩阵行列式为零，即

$$\begin{vmatrix}1 & 1 & 1 & 1\\ -1 & -1 & 1 & 1\\ \mathrm{e}^{-\mathrm{j}k_\mathrm{b}l} & \mathrm{e}^{\mathrm{j}k_\mathrm{b}l} & \mathrm{e}^{-k_\mathrm{b}l} & \mathrm{e}^{k_\mathrm{b}l}\\ -\mathrm{e}^{-\mathrm{j}k_\mathrm{b}l} & -\mathrm{e}^{\mathrm{j}k_\mathrm{b}l} & \mathrm{e}^{-k_\mathrm{b}l} & \mathrm{e}^{k_\mathrm{b}l}\end{vmatrix}=0 \tag{2-1-20}$$

可以直接由式(2-1-20)得出：

$$\sin k_\mathrm{b}l=0 \quad 或 \quad k_\mathrm{b}l=n\pi \tag{2-1-21}$$

此即相位相协条件。

对弯曲梁，$k_\mathrm{b}=(\omega^2 m/EI)^{\frac{1}{4}}$，由有限弯曲梁的相位相协条件可以得出

$$\left(\frac{\omega^2 m}{EI}\right)^{\frac{1}{4}}=\frac{n\pi}{l},\quad n=1,2,3,\cdots \tag{2-1-22}$$

即当满足相位相协条件规定的频率时，驻波场将存在于无阻尼自由振动系统，这些频率称为特征频率或自然频率。根据式(2-1-22)，自然频率依赖于材料属性和几何尺寸。对连续分布的弹性系统，自然频率的个数是无限的。与自然频率相关的空间振动幅值分布称为特征函数或系统的自然模态。

对于有限无阻尼系统，自然模态以驻波场的形式存在，如图 2-1-6 所示。考虑参考位置在左端的两端简支梁系统，因为正传波和负传波的复数幅值的相对关系由式(2-1-12)给出，为 $\widetilde{B}=-\widetilde{A}$，所以 x 处的位移为：

$$\eta(x,t)=\eta^+(x,t)+\eta^-(x,t)=\widetilde{A}(\mathrm{e}^{-\mathrm{j}k_\mathrm{b}x}-\mathrm{e}^{-\mathrm{j}k_\mathrm{b}(2l-x)})\mathrm{e}^{\mathrm{j}\omega t} \tag{2-1-23}$$

由于自然频率只能存在于波数为 $k_\mathrm{b}l=n\pi$，并且 $\exp(-\mathrm{j}2k_\mathrm{b}l)=1$ 时，因此振动场的自然模态为：

$$\eta(x,t)=\widetilde{A}(\mathrm{e}^{-\mathrm{j}k_\mathrm{b}x}-\mathrm{e}^{\mathrm{j}k_\mathrm{b}x})\mathrm{e}^{\mathrm{j}\omega t}=-2\mathrm{j}\widetilde{A}\sin\frac{n\pi x}{l}\mathrm{e}^{\mathrm{j}\omega t} \tag{2-1-24}$$

如同半无限梁终止于简支端，不同点位移的相对相位仅仅为 0 或 π，且幅值为 0 和幅值为最大值的点在空间完全固定，如图 2-1-6 所示。按照惯例，简支梁的自然模态以标准形式表达为：

$$\eta(x,t)=\phi_n(x)\mathrm{e}^{\mathrm{j}\omega t}=\sqrt{2}\sin\left(\frac{n\pi x}{l}\right)\mathrm{e}^{\mathrm{j}\omega t} \tag{2-1-25}$$

当 $n=1,2,3,\cdots$ 时，循环波的复数幅值为 $A=\mathrm{j}\sqrt{2}/2$，这样自然模态 $\phi_n(x)=\sqrt{2}\sin(n\pi x/l)$ 就被规范化了，因为其满足 $\int_0^l[\phi_n(x)]^2=1$。

一种近似计算一维长度为 l 的有界系统自然频率分布的方法是在色散曲线中叠加一组水平线代表相位相协，如图 2-1-9，例如以间距 k 或 $n\pi/l$ 的水平线叠加其中。水平线与色散曲线的交点即为近似自然频率。

边界的约束性质可通过相位影响梁的模态。梁在终止端的性质将影响入射波相对于反射波的相位，这些都必须计入基于相位相协条件的分析中。例如，两端自由和固支端的梁产生的相位改变量为 $-\pi/2$，而简支端产生 $-\pi$ 的相位改变量。

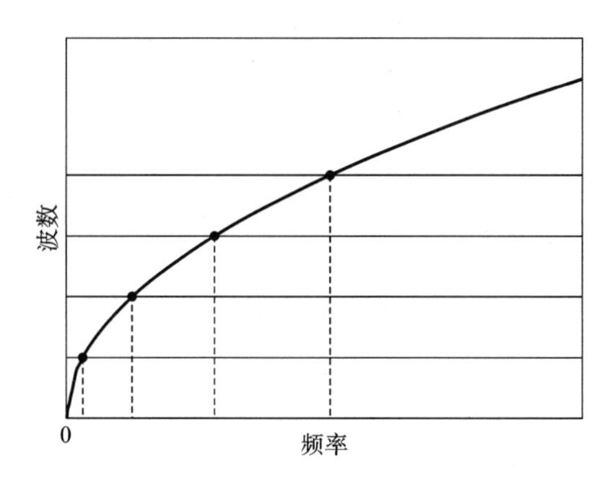

图 2-1-9 利用色散曲线近似给出有限梁的自然频率

当边界具有不同约束条件时，梁中还会产生不同程度的近场，近场也可能会影响模态的振型。不过，近场是以 $\exp(-k_b l)=1$ 的方式随距离而衰减的，即近场仅对边界临近的区域有影响。例如对有限梁，在某个自然频率下，考察满足 $k_b x=3$ 位置的近场分量，此处 $\exp(-k_b l)=0.049$，即近场基本衰减消失了，近场幅值的 5% 才贡献于结果。虽然对有限简支梁而言，边界近场影响不大，但在实际具有多个部件的组合结构例如加筋板中，近场效应通常不能忽略。

2.1.5 梁中波行为的结果之推广说明

利用相位相协条件解释自然频率的存在性可拓展于二、三维有限弹性系统。例如对具有四边简支的均匀四边形薄板可以方便地给出其自然频率下的相位相协条件：

$$\begin{cases} k_x l_a = m(2\pi) \\ k_y l_b = n(2\pi) \end{cases} \tag{2-1-26}$$

$k_b=\sqrt{k_x^2+k_y^2}$，它和自然频率 ω 满足平板弯曲波的色散关系。当 m、n 取不同值时，将得到不同的二维驻波形式，如图 2-1-10 所示。

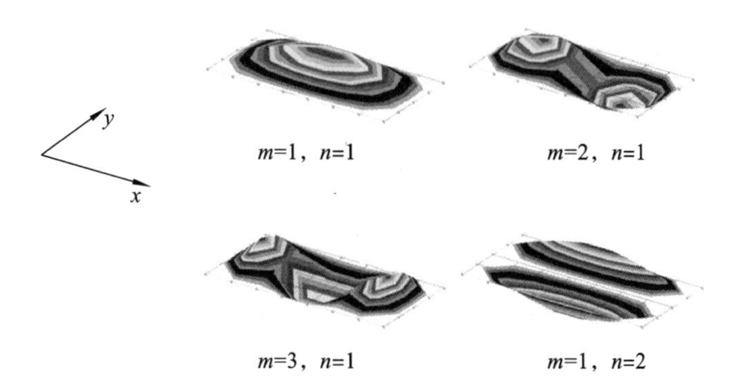

图 2-1-10 二维平板中不同的 m、n 对应不同的二维驻波形式

不过，对几何形状较复杂的系统，采用纯数理的观点解释其中的波行为是十分困难的。如：若将具有四边简支的均匀四边形薄板中的某一个支点去掉，则其中的波行为在数学上变得非常难以解析。

综上所述，当边界不存在耗散或能量透射时，无阻尼的有限结构中可以在自然频率下产生驻波场，驻波场是由无阻尼行进波在边界反射产生的相干场，驻波场的振动幅值在空间的分布是结构的特征，被称为自然模态。

实际结构中会有能量的耗散，因此有限结构中的波不能够永久性地来回反射，这时，我们说结构中存在阻尼。

阻尼存在的机理之一是结构与其他部分的相互作用。作为实际研究对象的结构本质上并不是孤立的，而是同其他系统相互作用的，如空气、海水等。由于存在结构同环境的相互作用，理论上，整个自然界都需要作为一个大的振动系统加以考虑。为模拟这一情形，我们考虑具有两个简支点的无限梁。

从前面的讨论可知，无限梁若存在两个简支点，则支点之间会存在不断的波反射，由此会产生自然频率。不过，无限梁在简支端的反射并不是全反射，能量可以部分通过边界透射到相邻的无限区域中，因此，支点之间的部分不可能存在幅值不变的驻波，由于能量不断透射出去，支点之间部分的振动幅值将会逐渐减小。如果仅研究两个支点之间的有限部分，则该有限梁同真正的两端简支有限梁相比，如同有限简支梁中存在阻尼，这种阻尼被称为辐射阻尼。辐射阻尼使得在支点之间不是单纯的驻波，即不存在节点，相位沿长度连续变化，相位差不具备 0、π 的变化规律。从数学上看，这种情形就是频率是复数，模态幅值也是复数，与之对应的模态被称为“复模态”。

除了能量辐射会产生阻尼外，阻尼的产生机理还可以是内摩擦、界面摩擦等。不过，结构的阻尼通常很小(除非阻尼是人为设计施加的)，不会显著改变相速度或在反射中显著改变相变规律。因此，前述有关相位相协的讨论基本也适用于有阻尼结构，有阻尼结构的自然频率和无阻尼结构的自然频率基本相等。另外，摩擦阻尼会具有空间的分布，当阻尼空间分布与质量、刚度分布成比例时，有阻尼结构的模态则呈现出纯驻波形式，具有纯驻波形式的模态被称为“实模态”。

结构与其他部分的相互作用还体现于边界外存在反射波，如上述具有两个支点的无限梁中，若在支点外侧的某处也存在不连续的边界条件，则透射波在不连续处也会产生反射，反射波必然会对支点之间的部分产生影响，这时对支点之间相位相协条件的考虑必须包括所有的这些反射波。

以上分析说明，在实际分析中，若要将某个部分独立出来讨论，必须具备可以忽略研究对象同其他部分相互作用的前提条件：这个结构在分界处所传递出去的能量很小，在外延部分反射波的能量也很小。只有这样，被研究部分的能量才能近似看作没有损耗并且不与外延部分相互作用。

2.2 强迫振动与共振

2.2.1 在单频激振力作用下无限梁中的弯曲波

前面我们给出了无阻尼梁的自由振动方程：

$$EI\frac{\partial^4\eta}{\partial x^4}+m\frac{\partial^2\eta}{\partial t^2}=0 \tag{2-2-1}$$

式中：等号左边第一项表示单位长度的梁受到的横向弹性力，第二项表示单位长度的梁受到的横向惯性力。

一般地，若梁受到分布横向力 $p(x,t)$ 的作用，则取梁中的微段分析(如图 2-2-1)。梁除了受到剪力和惯性力的作用，还有横向外力的作用，微段内的横向外力之合力为 $p(x,t)\cdot\delta x$，因此计及横向外力的无阻尼梁受迫振动方程为：

$$EI\frac{\partial^4\eta}{\partial x^4}+m\frac{\partial^2\eta}{\partial t^2}=p(x,t) \tag{2-2-2}$$

特殊地，若无限梁在 $x=a$ 处受到横向激振力 $F(a,t)=\mathrm{Re}\{\widetilde{F}_0\exp(\mathrm{j}\omega t)\}$ 作用，如图 2-2-2 所示，则横向力的分布表达为：

$$p(x,t)=\widetilde{F}_0\delta(x-a)\mathrm{e}^{\mathrm{j}\omega t} \tag{2-2-3}$$

其中，$\delta(x-a)$ 是狄拉克(Dirac)函数，它具有这样的性质：

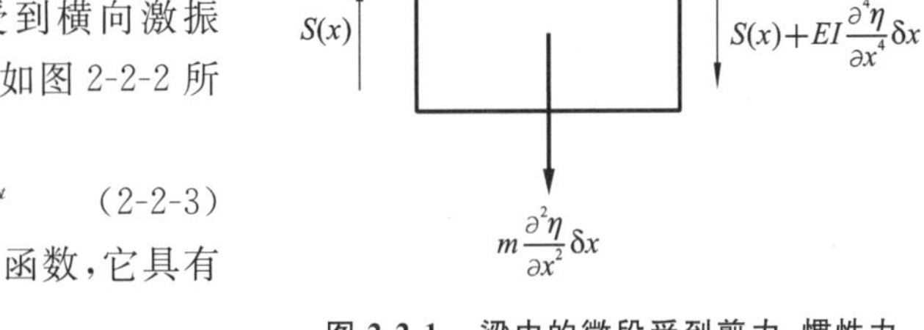

图 2-2-1　梁中的微段受到剪力、惯性力和分布横向外力作用

(1)

$$\int_{-\infty}^{+\infty}\delta(x)\mathrm{d}x=1 \tag{2-2-4}$$

(2)

$$\int_{-\infty}^{+\infty}\phi(x)\delta(x-a)\mathrm{d}x=\phi(a) \tag{2-2-5}$$

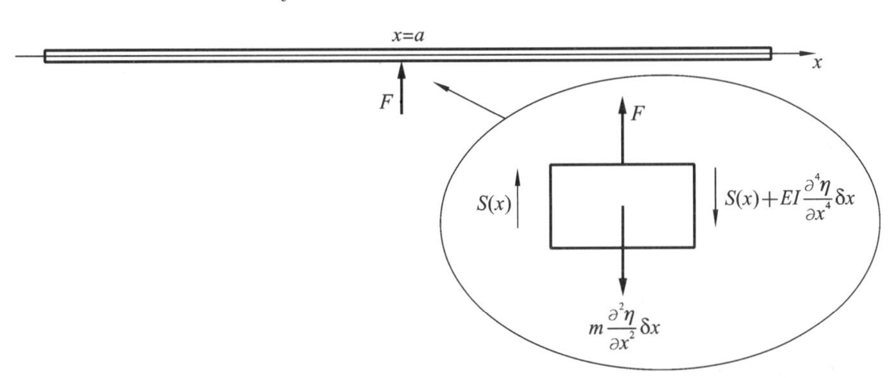

图 2-2-2　梁中的微段受到剪力、惯性力和集中横向外力作用

这样，梁在横向单点力作用下的弯曲动力方程可写为：

$$EI\frac{\partial^4\eta}{\partial x^4}+m\frac{\partial^2\eta}{\partial t^2}=F_0\delta(x-a)\mathrm{e}^{\mathrm{j}\omega t} \tag{2-2-6}$$

现在，我们针对 $a=0$ 情形，采用分段函数的形式给出梁在横向单点力作用下的弯曲波动解。

前面我们曾经给出了梁中自由弯曲波的一般形式：

$$\eta(x,t)=(\widetilde{A}\mathrm{e}^{-\mathrm{j}k_\mathrm{b}x}+\widetilde{B}\mathrm{e}^{\mathrm{j}k_\mathrm{b}x}+\widetilde{C}\mathrm{e}^{-k_\mathrm{b}x}+\widetilde{D}\mathrm{e}^{k_\mathrm{b}x})\mathrm{e}^{\mathrm{j}\omega t} \tag{2-2-7}$$

式中：$k_\mathrm{b}=(\omega^2m/EI)^{\frac{1}{4}}$。后续我们将结合边界条件给出满足激振力边界的解。

当无限梁受到横向激振力的作用时，激振力是扰动源。扰动源以做功的方式将能量输入给梁，并以波的形式向远处传播。当 $x<0$ 时，$\widetilde{A}$ 和 $\widetilde{C}$ 必须为零，因为以 $\widetilde{A}$ 为系数的项代表沿 x 正向行进的波，由于无限梁在 $x=-\infty$ 处不具备反射边界，因此不能有能量从远处沿 x 轴正向传向激振源，因此 $\widetilde{A}=0$；若 $\widetilde{C}\neq0$，则当 $x>0$ 时，以 $\widetilde{C}$ 为系数的项是无穷大，这是不符合实际规律的。类似地分析可知，当 $x=+\infty$ 时，$\widetilde{B}$ 和 $\widetilde{D}$ 也必须为零。因此，受集中力作用的梁的弯曲波动解进一步表达为：

$$\eta(x,t)=\begin{cases}(\widetilde{A}\mathrm{e}^{-\mathrm{j}k_\mathrm{b}x}+\widetilde{C}\mathrm{e}^{-k_\mathrm{b}x})\mathrm{e}^{\mathrm{j}\omega t} & x\geqslant0\\(\widetilde{B}\mathrm{e}^{\mathrm{j}k_\mathrm{b}x}+\widetilde{D}\mathrm{e}^{k_\mathrm{b}x})\mathrm{e}^{\mathrm{j}\omega t} & x\leqslant0\end{cases} \tag{2-2-8}$$

在 x 取其他值的位置，系数 $\widetilde{A}$、$\widetilde{B}$、$\widetilde{C}$ 和 $\widetilde{D}$ 可由激振力边界条件给出：由于系统关于 $x=0$ 对称，因此考虑将激振力等效为幅值为 $\frac{1}{2}\widetilde{F}_0$、距离无限接近的两个激振力。取激振力左侧的梁微段，微段在右端截面的剪应力为 $-EI(\partial^3\eta/\partial x^3)$，当微段截面无限接近于 $x=0$ 时，该截面剪应力应等于激振力 $\frac{1}{2}\widetilde{F}_0$，即在 $x=0^-$ 处有：

$$\frac{\widetilde{F}_0}{2}+EI(-\mathrm{j}k_b^3\widetilde{B}+k_b^3\widetilde{D})=0 \tag{2-2-9}$$

同理，取激振力右侧的梁微段，微段在左端截面的剪应力为 $EI(\partial^3\eta/\partial x^3)$，来源于激振力边界条件，即在 $x=0^+$ 处有：

$$\frac{\widetilde{F}_0}{2}-EI(\mathrm{j}k_b^3\widetilde{A}-k_b^3\widetilde{C})=0 \tag{2-2-10}$$

除此之外，由于对称性，梁在 $x=0$ 处的斜率为 0 或截面转角为 0，即 $(\partial\eta/\partial x)_{x=0}=0$，可得

$$-\mathrm{j}k_b\widetilde{A}-k_b\widetilde{C}=\mathrm{j}k_b\widetilde{B}+k_b\widetilde{D}=0 \tag{2-2-11}$$

由式(2-2-9)、式(2-2-10)和式(2-2-11)可得：

$$\widetilde{A}=\widetilde{B}=\mathrm{j}\widetilde{C}=\mathrm{j}\widetilde{D} \tag{2-2-12}$$

并且

$$A=\frac{-\mathrm{j}\widetilde{F}_0}{4EIk_b^3} \tag{2-2-13}$$

将这些结果代入式(2-2-8)可得集中激振力 $\widetilde{F}_0\exp(\mathrm{j}\omega t)$ 作用下的波动解为：

$$\eta(x,t)=\begin{cases}\dfrac{-\mathrm{j}\widetilde{F}_0}{4EIk_b^3}(\mathrm{e}^{-\mathrm{j}k_b x}-\mathrm{j}\mathrm{e}^{-k_b x})\mathrm{e}^{\mathrm{j}\omega t} & x\geqslant 0\\ \dfrac{-\mathrm{j}\widetilde{F}_0}{4EIk_b^3}(\mathrm{e}^{\mathrm{j}k_b x}-\mathrm{j}\mathrm{e}^{k_b x})\mathrm{e}^{\mathrm{j}\omega t} & x\leqslant 0\end{cases} \tag{2-2-14}$$

图 2-2-3 是无限梁在集中激振力作用下的波动场，其中 $\widetilde{F}_0$ 假定为实数。

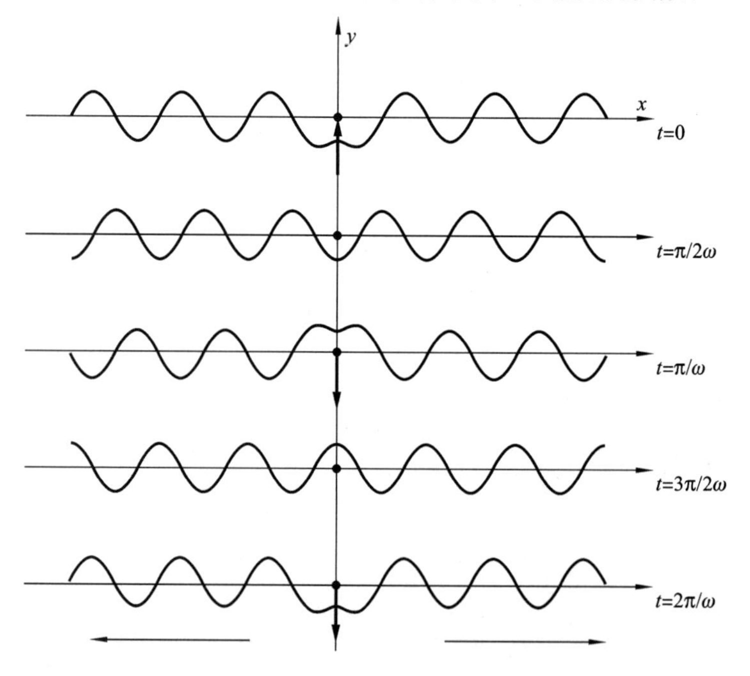

图 2-2-3 无限梁在集中激振力作用下的波动场

2.2.2 激振力作用下两端简支有限梁中的弯曲波反射

当梁在两个简支边界终止时，这样的梁就是两端简支的有限梁。若两端简支梁受到集中简谐激振力作用，则激振力产生的正、负传波分量会在左右简支端点分别产生反射，近场分量也会在两个端点反射。在理想情况下，梁是无阻尼的，在两个端点间，正、负方向传播的行进波会在两个端点发生不断的多次反射，所有的反射波同激振力产生的外传波相干涉叠加，形成最终的波动场。这种波动场是驻波场，属于振动场。具体的空间振动形式取决于激振频率、激振力的作用位置、弯曲波的相速度特性和梁的长度等参数。后面的推导中，我们将能看到：若反射波与激振力产生的外传波满足相位相协条件，则会导致幅值无限大的驻波场，即发生了共振；若反射波与外传波不满足相位相协条件，则振动场的幅值就是有限的，且可能小于外传波幅值，这是因为反射波与外传波之间产生了相互抵消的干涉效应；特别地，如果反射波与外传波幅值相等，相位相反，它们将相互抵消，梁的最终响应就仅由近场波特性决定，这种现象被称为反共振。

1. 无阻尼梁弯曲行进波分量的反射

考虑图 2-2-4 所示的情况，长度为 l 的简支梁在 $x_1<l/2$ 处受到横向激振力 $F(x_1,t)=\widetilde{F}_0\exp(\mathrm{j}\omega t)$ 的激励作用。为了使公式简单化，后续推导中，时间因子 $\exp(\mathrm{j}\omega t)$ 均省掉不写，最终完成推导后，再将之加上。针对无限梁的推导表明，激振力在梁中会产生行进波、反射波和近场，若激振频率足够高或响应位置与激振位置距离足够远，近场在响应位置的位移贡献就可以忽略，因此，此处仅考虑简谐行进波分量的结果。

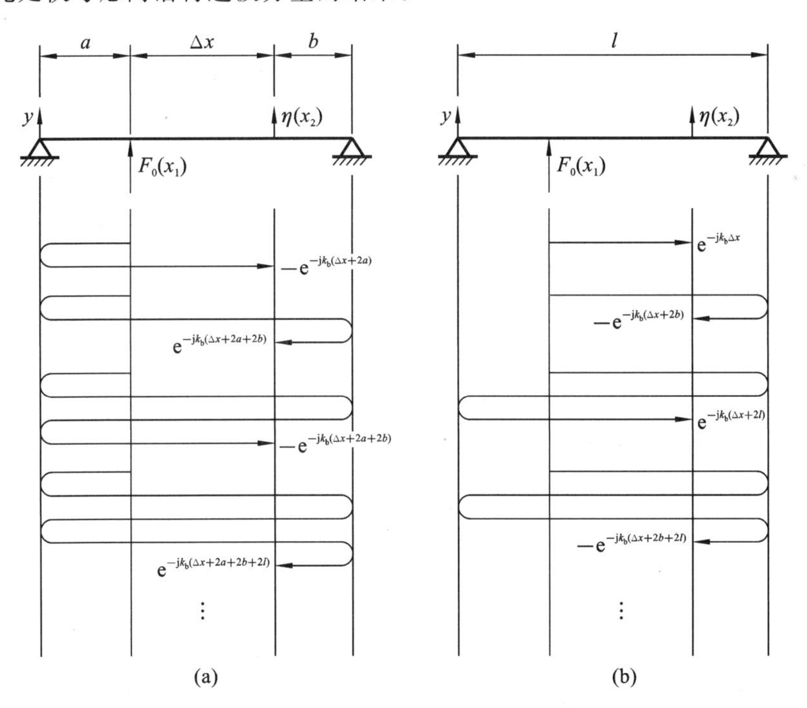

图 2-2-4 简谐集中激振力作用于简支梁产生弯曲波的波迹图(初始沿 x 正向传播的行进波)

现考察在激振力右侧 x_2 处的横向位移，并且假定 $x_2>l/2$。

横向激振力会产生初始沿 x 轴正向传播的行进波，即入射波。该入射波在 x_2 处的横向位移幅值为：

$$\frac{-\mathrm{j}\widetilde{F}_0}{4EIk_b^3}\mathrm{e}^{-\mathrm{j}k_b\Delta x} \tag{2-2-15}$$

其中，$\Delta x=x_2-x_1$。如图 2-2-4(b)所示，该入射波传播至右端支点时，支点处的复数幅值为：

$$\frac{-\mathrm{j}\widetilde{F}_0}{4EIk_b^3}\mathrm{e}^{-\mathrm{j}k_b(\Delta x+b)} \tag{2-2-16}$$

其中，$b=l-x_2$。在该简支端，入射波会被支点反射，产生沿 x 轴负向传播的行进波，即一次反射波，一次反射波的复数幅值与右传的入射波具有相位相反的关系。

一次反射波沿 x 轴负向传播，一次反射波传播到 x_2 时的复数幅值为：

$$\frac{\mathrm{j}\widetilde{F}_0}{4EIk_b^3}\mathrm{e}^{-\mathrm{j}k_b(\Delta x+2b)} \tag{2-2-17}$$

此后，一次反射波会进一步传播至左端支点，在此处的复数幅值为：

$$\frac{\mathrm{j}\widetilde{F}_0}{4EIk_b^3}\mathrm{e}^{-\mathrm{j}k_b(\Delta x+b+l)} \tag{2-2-18}$$

一次反射波在左端支点会再次反射，形成沿 x 轴正向传播的二次反射波，二次反射波在 x_2 处的复数幅值为

$$\frac{-\mathrm{j}\widetilde{F}_0}{4EIk_b^3}\mathrm{e}^{-\mathrm{j}k_b(\Delta x+2l)} \tag{2-2-19}$$

在没有耗散的理想情况下，该传播、反射过程会无限继续，这些多次反射的反射波如果是沿 x 轴正向传播的，那么到达 x_2 处的复数幅值为

$$\frac{-\mathrm{j}\widetilde{F}_0}{4EIk_b^3}\mathrm{e}^{-\mathrm{j}k_b(\Delta x+n\cdot 2l)} \tag{2-2-20}$$

若是沿 x 轴负向传播的，那么到达 x_2 处的复数幅值为

$$\frac{\mathrm{j}\widetilde{F}_0}{4EIk_b^3}\mathrm{e}^{-\mathrm{j}k_b(\Delta x+2b+n\cdot 2l)} \tag{2-2-21}$$

其中，$n=1,2,3,\cdots$，给出了完成整个往返的数量。

同理，由横向激振力产生的初始沿 x 轴负向传播的行进波也会出现类似的多反射，如图 2-2-5。若梁中没有耗散，反射过程也将无限持续，这些沿 x 轴正、负行进的系列波在 x_2 处具有的复数幅值为

$$\frac{\mathrm{j}\widetilde{F}_0}{4EIk_b^3}\mathrm{e}^{-\mathrm{j}k_b(\Delta x+2a+n\cdot 2l)} \tag{2-2-22}$$

和

$$\frac{-\mathrm{j}\widetilde{F}_0}{4EIk_b^3}\mathrm{e}^{-\mathrm{j}k_b(\Delta x+2a+2b+n\cdot 2l)} \tag{2-2-23}$$

其中，$n=0,1,2,3,\cdots$，给出了完成整个往返的数量。式(2-2-22)是沿 x 轴正向传播至 x_2 处的结果，式(2-2-23)是沿 x 轴负向传播至 x_2 处的结果。

这样一来，所有沿 x 轴正向传播的波引起的在 x_2 处的位移之和表达为式(2-2-24)，所有沿 x 轴负向传播的波引起的在 x_2 处的位移之和表达为式(2-2-25)：

$$\eta^{+}(x_2,t)=\frac{-\mathrm{j}\widetilde{F}_0(x_1)}{4EIk_b^3}\begin{pmatrix}\mathrm{e}^{-\mathrm{j}k_b\Delta x}-\mathrm{e}^{-\mathrm{j}k_b(\Delta x+2a)}+\mathrm{e}^{-\mathrm{j}k_b(\Delta x+2l)}\\-\mathrm{e}^{-\mathrm{j}k_b(\Delta x+2a+2l)}+\mathrm{e}^{-\mathrm{j}k_b(\Delta x+4l)}\\-\mathrm{e}^{-\mathrm{j}k_b(\Delta x+2a+4l)}+\cdots\end{pmatrix}\mathrm{e}^{\mathrm{j}\omega t} \tag{2-2-24}$$

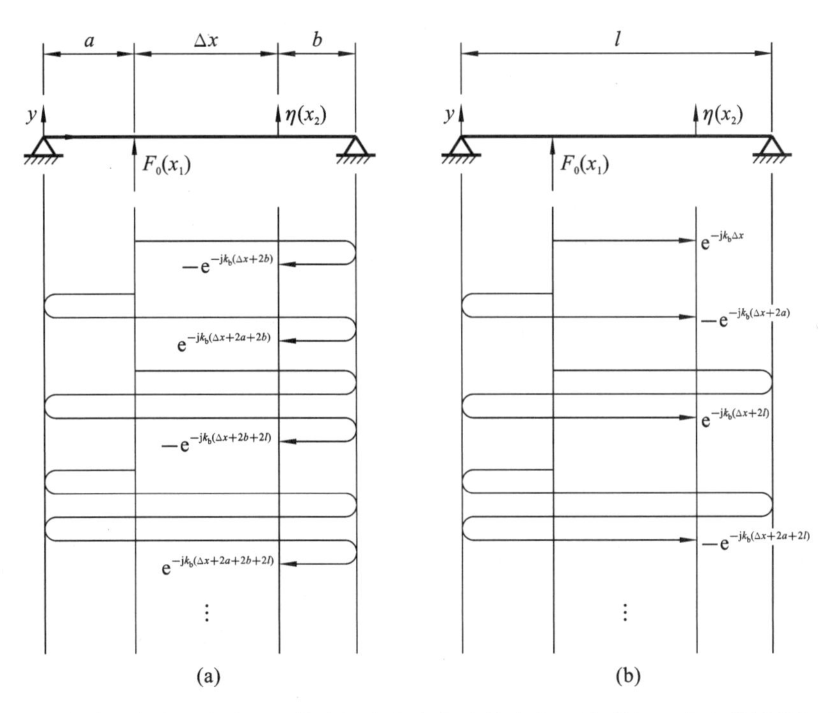

图 2-2-5 简谐集中激振力作用于简支梁产生弯曲波的波迹图(初始沿 x 负向传播的行进波)

$$\eta^{-}(x_2,t)=\frac{-\mathrm{j}\widetilde{F}_0(x_1)}{4EIk_{\mathrm{b}}^3}\begin{pmatrix}-\mathrm{e}^{-\mathrm{j}k_{\mathrm{b}}(\Delta x+2b)}+\mathrm{e}^{-\mathrm{j}k_{\mathrm{b}}(\Delta x+2a+2b)}\\-\mathrm{e}^{-\mathrm{j}k_{\mathrm{b}}(\Delta x+2b+2l)}+\mathrm{e}^{-\mathrm{j}k_{\mathrm{b}}(\Delta x+2a+2b+2l)}\\-\mathrm{e}^{-\mathrm{j}k_{\mathrm{b}}(\Delta x+2b+4l)}+\mathrm{e}^{-\mathrm{j}k_{\mathrm{b}}(\Delta x+2a+2b+4l)}+\cdots\end{pmatrix}\mathrm{e}^{\mathrm{j}\omega t}\tag{2-2-25}$$

或

$$\eta^{+}(x_2,t)=\frac{-\mathrm{j}\widetilde{F}_0(x_1)}{4EIk_{\mathrm{b}}^3}\begin{bmatrix}\mathrm{e}^{-\mathrm{j}k_{\mathrm{b}}\Delta x}(1+\mathrm{e}^{-\mathrm{j}k_{\mathrm{b}}2l}+\mathrm{e}^{-\mathrm{j}k_{\mathrm{b}}4l}+\cdots)\\-\mathrm{e}^{-\mathrm{j}k_{\mathrm{b}}(\Delta x+2a)}(1+\mathrm{e}^{-\mathrm{j}k_{\mathrm{b}}2l}+\mathrm{e}^{-\mathrm{j}k_{\mathrm{b}}4l}+\cdots)\end{bmatrix}\mathrm{e}^{\mathrm{j}\omega t}\tag{2-2-26}$$

$$\eta^{-}(x_2,t)=\frac{-\mathrm{j}\widetilde{F}_0(x_1)}{4EIk_{\mathrm{b}}^3}\begin{bmatrix}-\mathrm{e}^{-\mathrm{j}k_{\mathrm{b}}(\Delta x+2b)}(1+\mathrm{e}^{-\mathrm{j}k_{\mathrm{b}}2l}+\mathrm{e}^{-\mathrm{j}k_{\mathrm{b}}4l}+\cdots)\\+\mathrm{e}^{-\mathrm{j}k_{\mathrm{b}}(\Delta x+2a+2b)}(1+\mathrm{e}^{-\mathrm{j}k_{\mathrm{b}}2l}+\mathrm{e}^{-\mathrm{j}k_{\mathrm{b}}4l}+\cdots)\end{bmatrix}\mathrm{e}^{\mathrm{j}\omega t}\tag{2-2-27}$$

表达式 $(1+\mathrm{e}^{-\mathrm{j}k_{\mathrm{b}}2l}+\mathrm{e}^{-\mathrm{j}k_{\mathrm{b}}4l}+\cdots)$ 是几何系列，其无限和为 $1/(1-\mathrm{e}^{-\mathrm{j}k_{\mathrm{b}}\cdot 2l})$，这样，在 x_2 处的响应由所有沿 x 轴正向和负向传播的波系列引起的该点位移和给出，写为

$$\begin{aligned}\eta(x_2,t)&=\eta^{+}(x_2,t)+\eta^{-}(x_2,t)\\&=\frac{-\mathrm{j}\widetilde{F}_0(x_1)}{4EIk_{\mathrm{b}}^3}\frac{\mathrm{e}^{-\mathrm{j}k_{\mathrm{b}}\Delta x}(1-\mathrm{e}^{-\mathrm{j}k_{\mathrm{b}}2a}-\mathrm{e}^{-\mathrm{j}k_{\mathrm{b}}2b}+\mathrm{e}^{-\mathrm{j}k_{\mathrm{b}}(2a+2b)})}{1-\mathrm{e}^{-\mathrm{j}k_{\mathrm{b}}2l}}\mathrm{e}^{\mathrm{j}\omega t}\\&=\frac{-\mathrm{j}\widetilde{F}_0(x_1)}{2EIk_{\mathrm{b}}^3}\frac{1-\mathrm{e}^{-\mathrm{j}k_{\mathrm{b}}2a}}{1-\mathrm{e}^{-\mathrm{j}k_{\mathrm{b}}2l}}[2\mathrm{j}\mathrm{e}^{-\mathrm{j}k_{\mathrm{b}}(l-a)}\sin k_{\mathrm{b}}(l-a-\Delta x)]\\&=\frac{\widetilde{F}_0(x_1)}{2EIk_{\mathrm{b}}^3}\frac{\sin k_{\mathrm{b}}a}{\sin k_{\mathrm{b}}l}\sin k_{\mathrm{b}}(l-a-\Delta x)\end{aligned}\tag{2-2-28}$$

使用类似的推导，还可给出 $x_2<x_1<l/2$ 处的波动场。因此，最终的波动场为：

$$\eta(\Delta x)=\begin{cases}\dfrac{\widetilde{F}_0}{2EIk_{\mathrm{b}}^3}\dfrac{\sin k_{\mathrm{b}}a}{\sin k_{\mathrm{b}}l}\sin k_{\mathrm{b}}(l-a-\Delta x) & \Delta x\geqslant 0\\[2ex]\dfrac{\widetilde{F}_0}{2EIk_{\mathrm{b}}^3}\dfrac{\sin k_{\mathrm{b}}b}{\sin k_{\mathrm{b}}l}\sin k_{\mathrm{b}}(l-b+\Delta x) & \Delta x\leqslant 0\end{cases}\tag{2-2-29}$$

该式表明：

(1) 激振力作用下,简支有限梁中的行进波分量经反射后与外传波叠加,形成驻波场。

(2) 当 $2k_b l$ 为 2π 的整数倍时,分母趋近于 0,梁的响应为无穷大,此时发生了共振。发生共振时的频率就是自然频率 $\omega_n = \left(\frac{n\pi}{l}\right)^2 \sqrt{\frac{EI}{m}}, n = 1,2,3,\cdots$。共振频率取决于梁的长度、材料的物理属性和截面尺寸。

(3) 虽然共振频率与激振位置无关,但从式(2-2-29)可见,非共振频率下的响应幅值与激振位置 x_1 和响应位置 x_2 相关,或与 Δx 相关。

(4) 当满足 $k_b a = n\pi$ 或 $k_b b = n\pi$ 时,激振力一侧的响应幅值将会处处为零,即产生了反共振。反共振是两个方向的行进波相干,幅值相互抵消的结果。

2. 有阻尼梁中的弯曲行进波分量的反射

在无阻尼理想情况下,梁的共振响应幅值是无穷大,即在持续激振作用下振动幅值无限增长。实际结构在共振频率下的振动不会是无穷大的,因为实际结构存在阻尼,阻尼对能量具有耗散作用,它控制着振动幅值的增长。从机理上看,阻尼的耗散作用来源于材料阻尼、支撑和链接摩擦以及振动能量传递到相邻结构或流体(辐射阻尼)。阻尼可以在数学上表达为:材料具有复数弹性模量,即 $E' = E(1+j\eta)$,其中 η 称为丧失因子,该值一般远小于 1,其取值范围为 $1\times10^{-3} \sim 5\times10^{-2}$,并且随频率的增加而减小,粗略地认为其大小为 $\omega^{-1/2}$。

复数弹性模量模型在时间相关的方程中不是严格的,因为它将导致没有因果关系的瞬态解,除非问题是时间驻定的。因此,将方程(2-2-1)中的时间因子省掉,可写为:

$$E(1+j\eta)I\frac{\partial^4 \tilde{\eta}(x)}{\partial x^4} = \omega^2 m\tilde{\eta}(x) \tag{2-2-30}$$

我们现在通过假定复数形式的波数来考虑能量耗散:

$$\tilde{\eta}(x,t) = \tilde{A}\exp[j(\omega t - k'x)] \tag{2-2-31}$$

这里,$k' = k(1-j\alpha)$,k 是实数。将假定形式的解代入式(2-2-30)可得:

$$EI(1+j\eta)k^4(1-j\alpha)^4\tilde{\eta}(x) = \omega^2 m\tilde{\eta}(x) \tag{2-2-32}$$

一般来讲,α 比 1 小得多,可通过将 $(1-j\alpha)^4$ 进行泰勒展开,再忽略高阶小量,形成二项式,得到:

$$EI(1+j\eta)k^4(1-4j\alpha)\tilde{\eta}(x) = \omega^2 m\tilde{\eta}(x) \tag{2-2-33}$$

对式(2-2-33)中的各量分离实部和虚部,并且忽略与 1 相比很小的 $4\eta\alpha$ 项,可得:

$$EIk^4 = \omega^2 m \tag{2-2-34}$$

且

$$\alpha = \eta/4 \tag{2-2-35}$$

这样,对应于方程(2-2-7)的完整解 $\eta(x,t)$ 表达为

$$\eta(x,t) = (\tilde{A}e^{-jk'_b x} + \tilde{B}e^{jk'_b x} + \tilde{C}e^{-k'_b x} + \tilde{D}e^{k'_b x})e^{j\omega t} \tag{2-2-36}$$

若梁不具备阻尼,则 $\eta = 0$,取 $k'_b = (\omega^2 m/EI)^{1/4} = k_b$;若梁具有阻尼,则 $k'_b = (\omega^2 m/EI)^{1/4}(1-j\eta/4) \approx k_b(1-j\eta/4)$,即集中激振力作用下有阻尼梁的响应可通过将方程(2-2-29)中弯曲波数 k_b 用复数波数 k'_b取代,并用复数弹性模量 $E' = E(1+j\eta)$ 取代杨氏弹性模量 E 得到。

3. 近场分量的影响

方程(2-2-29)的推导中,忽略了集中激振力产生的近场分量。力产生的近场分量与简支约

束也会相互影响时，为考虑近场分量，只需将公式(2-2-29)中的 k_b 用 jk_b 替换，即可得到近场引起的波动场公式。

$$
\tilde{\eta}(x_2,t)=\begin{cases}\dfrac{-\tilde{F}_0(x_1)}{4EIk_b^3}\,\dfrac{e^{-k_b\Delta x}\left[1-e^{-k_b 2a}-e^{-k_b 2b}+e^{-k_b(2a+2b)}\right]}{1-e^{-k_b 2l}}e^{j\omega t} & \Delta x\geqslant 0\\[2ex] \dfrac{-\tilde{F}_0(x_1)}{4EIk_b^3}\,\dfrac{e^{k_b\Delta x}\left[1-e^{-k_b 2a}-e^{-k_b 2b}+e^{-k_b(2a+2b)}\right]}{1-e^{-k_b 2l}}e^{j\omega t} & \Delta x\leqslant 0\end{cases} \tag{2-2-37}
$$

一般而言，对给定的频率，激振力与观察点间的距离越大，近场效应越小。除此之外，随着激振频率的增大和弯曲波数的增加，近场效应减小。因此，近场分量的贡献仅在低频和激振点与观察点间的距离很小时才重要。

4. 激振力作用下简支有限梁中的弯曲振动场

总而言之，考虑行进波和近场分量，最终位移为：

$$
\tilde{\eta}(\Delta x)=\begin{cases}\dfrac{-j\tilde{F}_0(x_1)}{4EIk_b^3}\left\{\begin{aligned}&\dfrac{e^{-jk_b\Delta x}\left[1-e^{-jk_b 2a}-e^{-jk_b 2b}+e^{-jk_b(2a+2b)}\right]}{1-e^{-jk_b 2l}}+\\&\dfrac{-je^{-k_b\Delta x}\left[1-e^{-k_b 2a}-e^{-k_b 2b}+e^{-k_b(2a+2b)}\right]}{1-e^{-k_b 2l}}\end{aligned}\right\}e^{j\omega t} & \Delta x\geqslant 0\\[4ex] \dfrac{-j\tilde{F}_0(x_1)}{4EIk_b^3}\left\{\begin{aligned}&\dfrac{e^{jk_b\Delta x}\left[1-e^{-jk_b 2a}-e^{-jk_b 2b}+e^{-jk_b(2a+2b)}\right]}{1-e^{-jk_b 2l}}+\\&\dfrac{-je^{k_b\Delta x}\left[1-e^{-k_b 2a}-e^{-k_b 2b}+e^{-k_b(2a+2b)}\right]}{1-e^{-k_b 2l}}\end{aligned}\right\}e^{j\omega t} & \Delta x\leqslant 0\end{cases} \tag{2-2-38}
$$

图 2-2-6 给出了当横向点力作用于 $x_1=0.27l$，频率为 ω_1、$2\omega_1$、$3\omega_1$ 和 $4\omega_1=\omega_2$ 时使用式(2-2-38)得出的梁的响应，其中 ω_1、ω_2 是梁的首两阶自然频率。计算中，波数使用了复数波数 $k'=k_b(1-j\eta/4)$，并假定丧失因子 $\eta=0.01$。

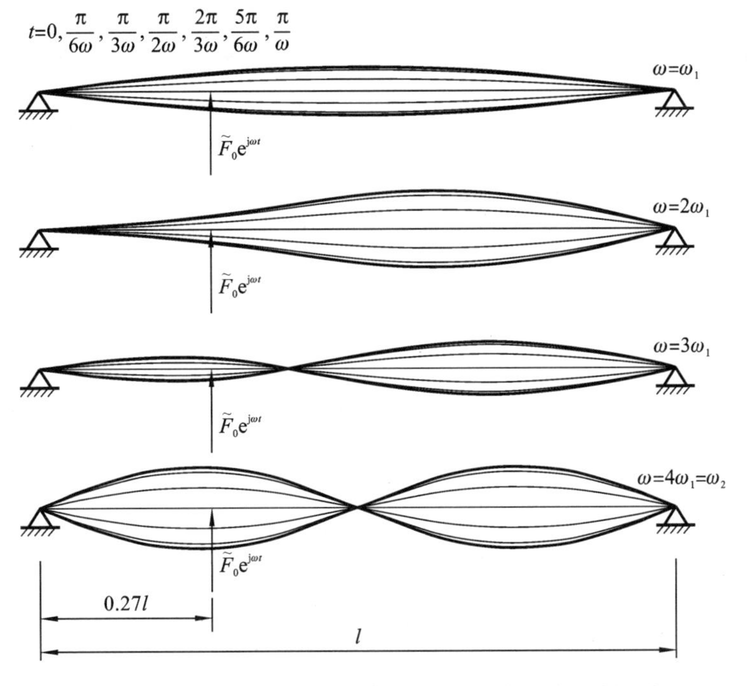

图 2-2-6　简谐集中激振力作用于简支梁产生的驻波振型

为了比较首两阶共振频率 ω_1 与 $\omega_2=4\omega_1$ 以及另外两个非共振频率 $2\omega_1$、$3\omega_1$ 下梁的响应，

在图 2-2-6 的 4 个分图中将响应结果规范到相近的幅值。该图表明，两个共振频率下梁的响应是由自然模态所主导的，因为其振型与自然模态振型相似，而且自然频率与共振频率相同，即 ω_1 和 $\omega_2=4\omega_1$。在 $2\omega_1$ 频率下梁的响应主要由第一阶自然模态所控制，因此没有中间节点；而在 $3\omega_1$ 频率下梁的响应主要由第二阶自然模态所控制，因此具有中间节点。

图 2-2-7 中给出了复数位移和复数力之比 $\tilde{\eta}(x_2)/\tilde{F}_0(x_1)$ 的模和相位随频率的变化，其中 x_2 为与激振点 x_1 有一定距离的点，从中可以看到近场分量对结果的影响。对图(a)所示情形，x_2 被放在距 x_1 一定距离处，考虑(实线)或不考虑(虚线)近场效应的结果差别很小。与此对比，如图(b)，当响应考察点同激振点处于同一位置时($x_2=x_1$)，近场分量对结果的贡献则变得十分突出，特别是在反共振频率下，沿 x 轴正向和负向行进的波系列相互抵消，导致了近场分量成为结果的主要贡献来源，此时近场的作用将不可忽略。

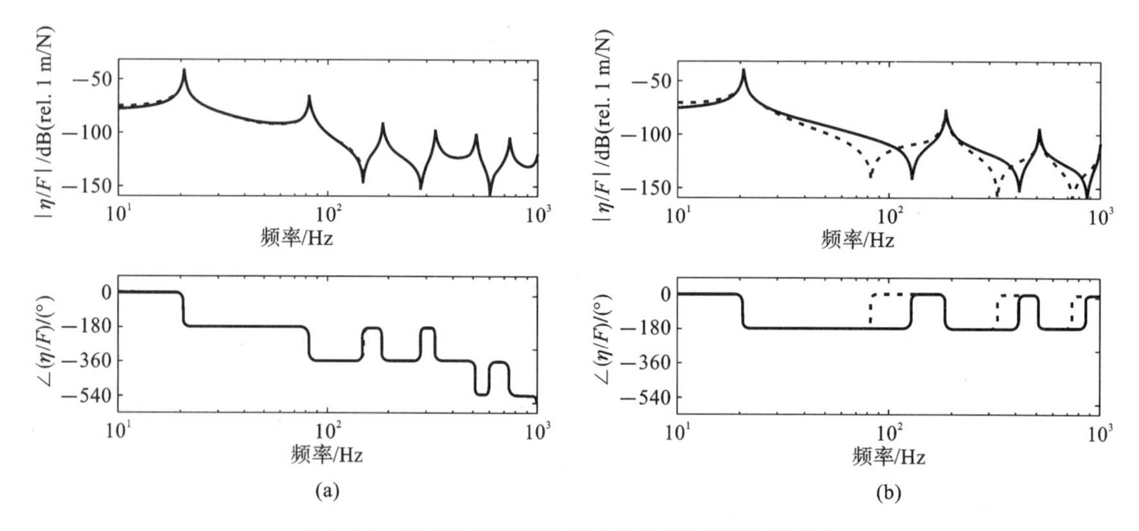

图 2-2-7　简支梁受激振动的响应和相位随频率的变化

第3章

波　　导

3.1 波导与截止频率

当二、三维波在某一、二个方向的传播受限时，将产生波导现象。

图 3-1-1 显示了平板中的弯曲波波导，它存在于宽度为 l 的无限长板条中。对板条建立坐标系，如图 3-1-1 所示：板条的两个边被简支约束，即对平板上 $x=0$ 和 $x=l$ 的所有点位移和转矩恒为零；而沿板条长度方向，即 z 方向，板条是无限延伸的。

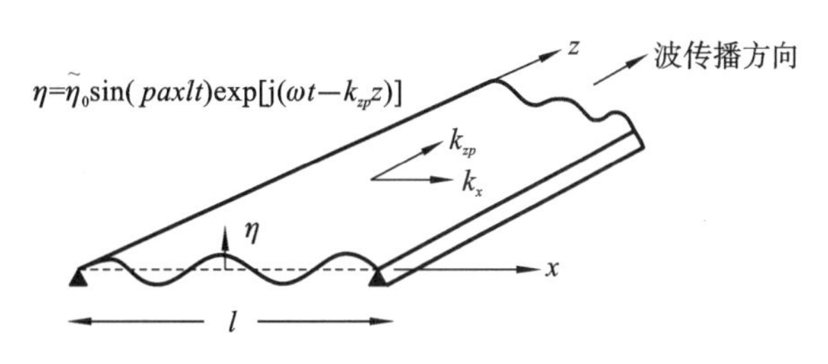

图 3-1-1　简支板条中的波导

根据第 1 章的论述可知，在二维平板中如果有行进波，那么行进波的一般形式为：

$$\eta(\boldsymbol{x})=\widetilde{A}\mathrm{e}^{-\mathrm{j}k_x x}\mathrm{e}^{-\mathrm{j}k_{zp}z}+\widetilde{B}\mathrm{e}^{-\mathrm{j}k_x x}\mathrm{e}^{\mathrm{j}k_{zp}z}+\widetilde{C}\mathrm{e}^{\mathrm{j}k_x x}\mathrm{e}^{-\mathrm{j}k_{zp}z}+\widetilde{D}\mathrm{e}^{\mathrm{j}k_x x}\mathrm{e}^{\mathrm{j}k_{zp}z} \tag{3-1-1}$$

其中，k_x 和 k_{zp} 要满足色散关系：

$$k_{\mathrm{b}}=\sqrt{k_x^2+k_{zp}^2}=\sqrt[4]{\frac{m\omega^2}{D}} \tag{3-1-2}$$

式中：m、ω、D 的定义参见 1.7 节。

为满足两个边的简支约束条件，需要有：

$$\begin{cases}\eta(x=0,z_p)=0\\ \eta(x=l,z_p)=0\\ \dfrac{\partial^2\eta(x=0)}{\partial x^2}=0\\ \dfrac{\partial^2\eta(x=l)}{\partial x^2}=0\end{cases} \tag{3-1-3}$$

将式(3-1-1)代入式(3-1-3)可以得到：

$$\begin{cases}\widetilde{C}=-\widetilde{A}\\ \widetilde{D}=-\widetilde{B}\\ k_x l=p\pi,\quad p=1,2,\cdots\end{cases} \tag{3-1-4}$$

将式(3-1-4)代入式(3-1-1)并整理，得到：

$$\eta(\boldsymbol{x})=\widetilde{A}\sin\left(\frac{p\pi}{l}x\right)\mathrm{e}^{-\mathrm{j}k_{zp}z}+\widetilde{B}\sin\left(\frac{q\pi}{l}x\right)\mathrm{e}^{\mathrm{j}k_{zp}z} \tag{3-1-5}$$

可见，具有受限边界的板条中，最基本的波动形式是：

$$\eta(\boldsymbol{x}) = \widetilde{A}\sin\left(\frac{p\pi}{l}x\right)\mathrm{e}^{-\mathrm{j}k_{zp}z} \tag{3-1-6}$$

它是两列简谐行进波的叠加：

$$\eta(\boldsymbol{x}) = \frac{\mathrm{j}\widetilde{A}}{2}(\mathrm{e}^{-\mathrm{j}\frac{p\pi}{l}x} - \mathrm{e}^{\mathrm{j}\frac{p\pi}{l}x})\mathrm{e}^{-\mathrm{j}k_{zp}z} \tag{3-1-7}$$

由于在板条宽度方向的波是幅值相同、波数相等的行进波的叠加，因而其具有驻波模式 $\sin(p\pi x/l)$。两列波数相等的对向行进波是由行进波沿 x 方向的传播受限，为满足边界条件，同时满足相位相协条件而形成的。为在 x 方向满足相位相协条件，在 x 方向的波数为：

$$k_x = \frac{p\pi}{l}, \quad p = 1,2,\cdots \tag{3-1-8}$$

对平板弯曲波，由于波数与频率要还要满足色散关系式(3-1-2)，因而沿 z 方向的自由行进波波数必需满足：

$$k_{zp}^2 = k_\mathrm{b}^2 - k_x^2 = k_\mathrm{b}^2 - \left(\frac{p\pi}{l}\right)^2 = \omega\left(\frac{m}{D}\right)^{\frac{1}{2}} - \left(\frac{p\pi}{l}\right)^2 \tag{3-1-9}$$

图 3-1-2 给出了沿 z 方向的自由行进波波数随频率的变化关系。从图可见，对给定的 p，仅当频率满足 $\omega > (p\pi/l)^2(D/m)^2$ 时，才有实数 k_{zp} 与给定的 ω 对应，此时，在简支约束平板中的波动场才是简谐行进波形式的波动场。

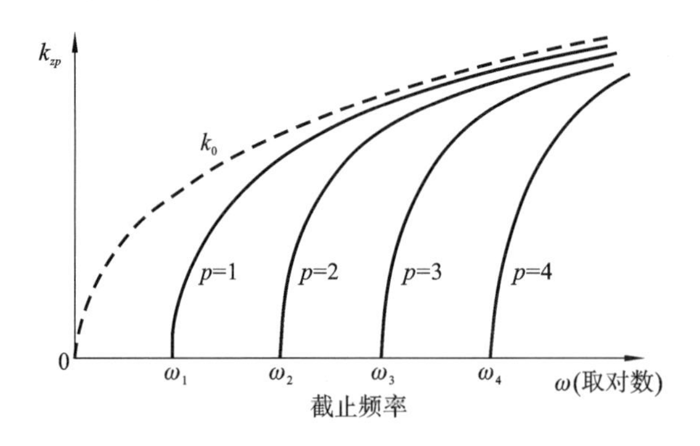

图 3-1-2　简支板条波导的色散关系

使得 $k_{zp}=0$ 时的频率被称为 p 阶波导模式的截止频率。在该频率下，$k_{zp}=0$，即沿 z 方向行进波波长为无穷大，平板如同长度为 l 的简支梁，做简谐振动，即截止频率是板条梁的共振频率。

在截止频率以下，各与 p 相对应模式的振动不能有效传播能量，因为波数是虚数，波动场以振动近场的形式呈现，振动幅值随距离增加而呈指数级衰减。

3.2　薄壁圆柱壳中的弯曲波

3.2.1　薄壁圆柱壳中的波

圆柱壳是许多结构的原型结构，如管道、飞机客舱、潜艇耐压壳及乐器声腔等。

当圆柱壳板具有相对较厚的壁面且频率极低时，圆柱壳截面的扭曲变形可忽略，圆柱壳通常被视作梁,这类圆柱壳被称为厚壁圆柱壳。厚壁细长圆柱壳中的波动问题被归结为梁中的弯曲波问题,在1.6节中已进行了讨论。例如,对石油化工厂中的输油管道进行低频振动特性分析时,通常不考虑其截面的变形振动,将之视作梁进行波动与振动分析。

如果圆柱壳的直径与厚度的比值很大,如飞机客舱结构,即便是在较低的频率下,截面扭曲变形也不可忽略,这意味着振动不仅可沿圆柱壳轴向传播,而且还能沿着圆柱壳周向传播。这类圆柱壳称为薄壁圆柱壳,薄壁圆柱壳中的波动问题是本节讨论的重点。

假定薄壁圆柱壳的厚度和单位面积的质量是均匀分布的,截面是标准圆,则可建立如图3-2-1所示的圆柱坐标系,圆柱壳中面某点的位置为(θ,z),θ是圆周角,z是圆柱壳轴向位置坐标。记圆柱壳中面轴向、周向和径向位移分别为$u(\theta,z)$、$v(\theta,z)$、$w(\theta,z)$,显然,圆柱壳中面位移是周向角的周期函数,根据傅里叶级数展开理论可知,圆柱壳中面位移可表达为如下叠加形式:

$$\begin{Bmatrix} u(\theta,z) \\ v(\theta,z) \\ w(\theta,z) \end{Bmatrix} = \begin{Bmatrix} U(z) \\ V(z) \\ W(z) \end{Bmatrix} \cos(n\theta+\phi), \quad n=0,1,2,\cdots \tag{3-2-1}$$

式中:$U(z)$、$V(z)$、$W(z)$是圆柱壳中面轴向、周向和径向位移的复数幅值,它们的数值随频率和轴向位置的变化而变化,从而形成了轴向振动波、周向振动波和径向振动波;n为周向模式阶数。在真空中的圆柱壳中,对给定的n,这三种波都能沿着圆柱壳传播。

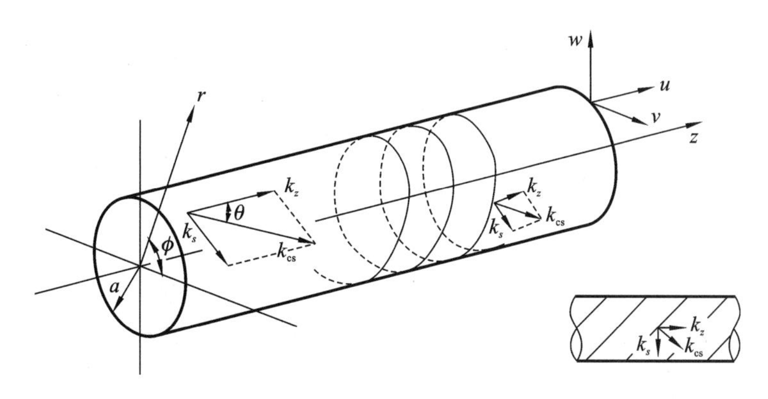

图3-2-1 圆柱坐标系

研究薄壁圆柱壳中的径向振动波对圆柱壳辐射噪声特性研究具有重要的意义,因为圆柱壳很容易通过径向振动对壳外流体做功并辐射噪声。

圆柱壳的径向振动波通常被归类为弯曲波,因为它很容易通过径向力产生,而且与结构的弯曲运动密切相关。然而,严格地讲,圆柱壳中三个方向的运动$u(\theta,z)$、$v(\theta,z)$和$w(\theta,z)$是相互耦合的,需要同时考虑。圆柱壳径向振动波与一定的周向变形相关,因为周向变形会产生膜应力,从而影响径向振动波的特性。圆柱面内的运动将导致膜应力,壳体膜应力(正应力)与圆柱薄壳的曲度相关,该膜应力将在径向产生线性相关的力分量,从而影响径向运动;反之,径向运动也会产生膜应力,从而产生线性相关的圆柱面内的应力分量,影响圆柱面内运动。所以薄壁圆柱壳中的径向振动波并非严格的弯曲波。薄壁圆柱壳的应力耦合作用来源于圆柱壳的曲度,被称为曲度效应。当圆柱壳半径增大时,圆柱面内的膜应力和径向力的耦合作用也会减小;特别地,当圆柱壳半径无限大时,耦合力也就不存在了,此时圆柱壳也退化为平板,平板是大半径圆柱壳的特例。因此,从性质上看,圆柱壳的曲度效应导致圆柱壳与平板的波动特性是有区别的。

3.2.2　薄壁圆柱壳中的螺旋波

式(3-2-1)表明，圆柱壳的振动是表征轴向振动分布的函数 $U(z)$、$V(z)$、$W(z)$与特定周向模式函数 $\cos(n\theta+\phi)$乘积的形式。而表征轴向振动分布的函数 $U(z)$、$V(z)$、$W(z)$可以视作轴向简谐行进波的叠加，因而最基本的圆柱壳波动场可表达为 $\exp(\pm jk_z z)\cos(n\theta+\phi)$的形式，它们同特定的周向模式 n 相关，即薄壁圆柱壳中的振动波是以波导形式传播的。当 $n=0,1,2,3,4$ 时，截面振动模式如图 3-2-2。

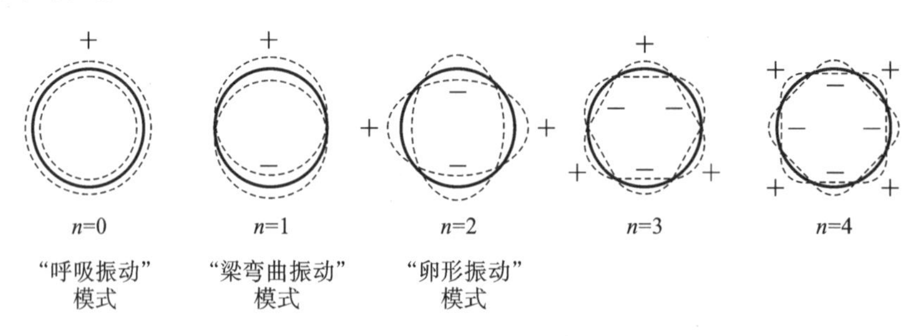

图 3-2-2　同特定的周向模式 n 相关的截面振动模式

特别地，对薄壁圆柱壳中的径向振动波，根据周向模式阶数 n 的取值不同，其沿轴向的传播具有与之相应的截止频率。在低于截止频率时，该形式的波不能自由传播。在等于截止频率时，相应的轴向波数为零。与周向模式 n 相对应的截止频率是无限长圆柱壳以相应周向模式振动的自然频率，在该频率下，圆柱壳将以具有 $2n$ 根等间距分布节线的形式自由振动。在高于截止频率时，圆柱壳具有沿轴向传播的自由行进波。

圆柱壳截面的振动形变可分解为等幅值，沿圆周角正、负两个方向，以及等波数的周向简谐行进波。记周向波的波数为 k_s，轴向波数 k_z，则任意一列周向波同轴向波合成，形成螺旋波，如图 3-2-1 所示。螺旋波的波数矢量为 $\boldsymbol{k}_{cs}=(k_s,k_z)$，在圆柱面上，它同轴向的夹角为 $\theta=\tan^{-1}(k_s/k_z)$。

圆柱壳沿周向是封闭的，由于周向变量是连续的，因此圆柱壳周长一定是周向波长的整数倍，即 $\lambda_s=2\pi a/n$。根据波长与波数关系可得周向波数为：

$$k_s=\frac{n}{a} \tag{3-2-2}$$

因此，轴向波数可表达为：

$$k_z^2=k_{cs}^2-k_s^2=k_{cs}^2-\left(\frac{n}{a}\right)^2 \tag{3-2-3}$$

式中：k_{cs}是螺旋波波数矢量 $\boldsymbol{k}_{cs}$的幅值。

3.2.3　薄壁圆柱壳中自由径向振动波的色散关系

1. Kennard 动力方程

后续将使用 Kennard 动力方程表达薄壁圆柱壳中的力学关系。Kennard 动力方程中用到了几个无因次参数，分别是：

无因次频率：

$$\Omega=\frac{\omega}{\omega_r} \tag{3-2-4}$$

其中，

$$\omega_r = \sqrt{\frac{E}{\rho(1-\upsilon^2)a^2}} = \frac{c_1'}{a} \tag{3-2-5}$$

无因次厚度：

$$\beta = \frac{h}{\sqrt{12}a} \tag{3-2-6}$$

其中，h 是壳板厚度。

Kennard 动力方程的具体推导过程类似于平板的弯曲波动力方程推导过程，使用了薄壳中的应力-应变关系和牛顿第二定律，这里不详细给出，仅对结果的相关含义进行说明。Kennard 动力方程是三个方向力学关系的动力方程组，各方程分别代表轴向动力关系、周向动力关系和径向动力关系，变量 $U(z)$、$V(z)$、$W(z)$ 是相互耦合的，具体表达为：

$$\alpha W + nV + \upsilon k_z aU = 0 \tag{3-2-7a}$$

$$nW + \left[n^2 - \Omega^2 + \frac{1}{2}(1-\upsilon)k_z^2a^2\right]V + \frac{1}{2}(1+\upsilon)nk_z aU = 0 \tag{3-2-7b}$$

$$\upsilon k_z aW + \frac{1}{2}(1+\upsilon)nk_z aV + \left[k_z^2a^2 + \frac{1}{2}(1-\upsilon)n^2 - \Omega^2\right]U = 0 \tag{3-2-7c}$$

式中

$$\alpha = 1 - \Omega^2 + \left\{(n^2 + k_z^2a^2)^2 - \frac{1}{2}[n^2(4-\upsilon) - 2 - \upsilon](1-\upsilon)^{-1}\right\}\beta^2 \tag{3-2-8}$$

其他有关符号的含义为：$U(z)$、$V(z)$ 和 $W(z)$ 分别为壳体轴向位移、周向位移和径向位移；υ 为泊松比；a 为柱壳半径；k_z 为轴向波数；n 为周向模式阶数。

Kennard 动力方程的第二式和第三式中没有厚度参数 β，意味着与壳体弯曲无关，因为这两式代表了膜方程；第一式中，α 与厚度相关，反映了壳体弯曲动力关系。

2. 截止频率的计算

令方程组系数矩阵的行列式等于零，有：

$$\begin{vmatrix} \alpha & n & \upsilon k_z a \\ n & \left[n^2 - \Omega^2 + \frac{1}{2}(1-\upsilon)k_z^2a^2\right] & \frac{1}{2}(1+\upsilon)nk_z a \\ \upsilon k_z a & \frac{1}{2}(1+\upsilon)nk_z a & \left[k_z^2a^2 + \frac{1}{2}(1-\upsilon)n^2 - \Omega^2\right] \end{vmatrix} = 0 \tag{3-2-9}$$

可得

$$\Omega^2 = (1-\upsilon^2)\left[\frac{(k_z a)^2}{(k_z a)^2 + n^2}\right]^2 + \beta^2\left\{[(k_z a)^2 + n^2]^2 - \frac{n^2(4-\upsilon) - 2 - \upsilon}{2(1-\upsilon)}\right\} \tag{3-2-10}$$

该表达式即为色散关系。式中的第一项代表了膜应变项，第二项与壳体的弯曲应变相关。该式仅对 $\beta \ll 0.1$ 的情况有效。

在色散关系式(3-2-10)中，令 $k_z = 0$ 即可得到无因次截止频率同周向模式阶数 n 的关系：

$$\Omega^2 = \beta^2 n^4\left[1 - \frac{1}{2}\left(\frac{1}{1-\upsilon}\right)\left(\frac{4-\upsilon}{n^2} - \frac{2+\upsilon}{n^4}\right)\right] \tag{3-2-11}$$

将 $n = k_s a$ 代入式(3-2-10)还可得到无因次截止频率同周向波数 k_s 的关系：

$$\Omega^2 = \beta^2(k_s a)^4\left[1 - \frac{1}{2}\left(\frac{1}{1-\upsilon}\right)\left(\frac{4-\upsilon}{n^2} - \frac{2+\upsilon}{n^4}\right)\right] \tag{3-2-12}$$

表 3-2-1 列出了几个与低阶周向模式相对应的截止频率，其中取 $\upsilon=0.3$。由表可见，当 $n>1$ 时，无因次截止频率同周向模式阶数的关系可近似表达为：

$$\Omega_n \approx \beta n^2, \quad n>1 \tag{3-2-13}$$

表 3-2-1　薄壁圆柱壳截止频率与周向模式阶数 n 的关系

周向模式阶数 n	$\dfrac{\Omega_n}{\beta n^2}$	$\dfrac{\Omega_n}{n}$
2	0.67	2.68
3	0.85	7.65
4	0.91	14.56
5	0.95	23.75
6	0.96	34.56
7	0.97	47.10

如果回顾平板的色散关系：

$$k_b = \omega^{1/2}\left(\frac{m}{D}\right)^{1/4} = \frac{\omega^{1/2}(12)^{1/4}}{h^{1/4}c_1'^{1/2}} \tag{3-2-14}$$

并将方程(3-2-14)左右同乘以 a，然后两边同时取 4 次方，有：

$$\Omega^2 = \beta^2(k_b a)^4\left(\frac{c_1'}{c_1''}\right)^2 \tag{3-2-15}$$

对平板而言，当 $n>1$ 时，$c_1'/c_1''\approx 1$，因而若令 $n=k_b a$，式(3-2-15)也将化为式(3-2-13)的形式。这说明，当 $n>1$ 时，平板的弯曲波色散规律和圆柱壳周向模式随频率的变化规律完全一致，即 $\Omega\propto\beta n^2$。这也进一步说明，弯曲波是圆柱壳周向波的主要形式。

3. 环频率

如果圆柱壳做 $k_z=0$ 的呼吸振动，则式(3-2-13)不适用，此时壳体中面将不存在轴向和周向运动，而仅存在径向运动。在式(3-2-9)中令 $\alpha=0$，可直接给出相应振动模式的截止频率：

$$\Omega_r^2 = 1+\frac{2+\upsilon}{2(1-\upsilon)}\beta^2 \approx 1 \tag{3-2-16}$$

该频率称为环频率。根据式(3-2-4)对 Ω 的定义，有因次的环频率表达为：

$$f_r = \frac{c_1'}{2\pi a} \quad 或 \quad \omega_r = \frac{c_1'}{a} \tag{3-2-17}$$

由此可见，圆柱壳的环频率是概纵波绕圆柱壳周向行进的频率，在该频率处，概纵波波长等于圆柱周长。

c_1'在式(1-4-4)中定义了，它与壳板厚度无关，所以环频率与壳板厚度无关，只与材料和圆柱壳半径相关。

后续讨论会发现，当圆柱壳中的波动频率高于环频率时，圆柱壳的曲度效应可以忽略；当圆柱壳中的波动频率低于环频率时，圆柱壳的曲度效应对壳中的弯曲波色散特性有较大影响，使之同平板中的弯曲波特性有较大差别。因此，需要关注环频率以下圆柱壳弯曲波的形式。利用式(3-2-13)，令

$$\Omega_{\mathrm{r}} = \beta n^2 \tag{3-2-18}$$

即可得到环频率以下的周向模式的截止频率数为：

$$n_{\mathrm{r}} \approx \beta^{-\frac{1}{2}} \tag{3-2-19}$$

即频率低于环频率的周向模式的截止频率数与板厚参数 β 相关，板厚越大，受曲度效应影响的可自由传播的弯曲波周向阶数越低。

4. 色散关系的曲线表达

由式(3-2-10)，取一系列等 Ω 值，即可给出各等 Ω 值下的周向波数和轴向波数的关系($k_z a\beta^{1/2}$-$k_s a\beta^{1/2}$)，如图 3-2-3，这类似图 1-2-1 所示的等频线波数图。在该图中，还给出了具有相同厚度参数平板的色散曲线，用来同圆柱壳的弯曲波特性进行对比，其中，当 $k_s a=n=0$ 时，平板就是无限平板；当 $k_s a=n>0$ 时，对应的平板是板条，n 是板条截面振动模式的阶数。

实际绘制图 3-2-3 和图 3-2-4 时，对式(3-2-10)做了简化，用来定性分析 $k_z a$、$k_s a$ 和 Ω 三者的关系，包括：忽略了 υ 的影响，即令 $\upsilon=0$；忽略了大括号中 $-[n^2(4-\upsilon)-2-\upsilon]/2(1-\upsilon)$ 项的作用。这种忽略不会显著定性改变色散关系，但更易于解释一些规律。这样，用无因次波数和无因次频率表达的色散关系变为：

$$\Omega^2 = \frac{(k_z a\beta^{\frac{1}{2}})^4}{[(k_z a\beta^{\frac{1}{2}})^2 + (n\beta^{\frac{1}{2}})^2]^2} + [(k_z a\beta^{\frac{1}{2}})^2 + (n\beta^{\frac{1}{2}})^2]^2 \tag{3-2-20}$$

在图 3-2-3 中，在低频，圆柱壳的结果相对于平板的结果具有较大的扭曲，主要体现在：相速度有了显著提升；但在环频率以上，两者几乎相同。具体地，对给定的频率，由坐标原点指向等频曲线上某点的矢量方向就是波数矢量 $\boldsymbol{k}_{\mathrm{cs}}$ 的方向，它同无因次轴向波数坐标轴 $k_s a\beta^{1/2}$ 的夹角就是对应波分量相对于母线的夹角，即螺旋波的传播方向。对平板而言，在任何频率，自由弯曲波的等频曲线都是标准圆形，这意味着在平板中，波数矢量的方向不随传播方向的改变而改变。其原因为：对圆柱壳而言，在低频，壳内膜应力对弯曲波的影响导致了轴向波数被显著压缩；当频率高于环频率时，壳内膜应力对弯曲波的影响不是特别突出，圆柱壳中的弯曲波特性与平板中的弯曲波特性基本类似。因此可以得出结论：在环频率以下的频率，由圆柱壳曲度效应导致的膜应力对截止频率、色散关系具有较为显著的影响。

图 3-2-3 中还给出了一条虚线，它是通过“令式(3-2-20)中等号右边的第一项和第二项相等”得到的半圆曲线，它是膜应力影响区的边界线。式(3-2-20)中等号右边的第一项代表膜效应的影响，第二项代表弯曲效应的影响。由虚线和无因次轴向波数坐标轴所围成的区域是膜应力效应大于弯曲效应的区域。由图可见，在该区域，等频线近似为直线，该直线是通过“在式(3-2-10)中令 $\beta=0$”得到的等频线，它代表膜应力占优、弯曲应力为零时无厚度圆柱膜所体现出的膜应力波特征。

对图 3-2-3 的理解还需注意几点：

(1) 周向波数不能取任意值。因为周向变量具有周期性，周向波数只能为 $k_s=n/a$，$n=0$，1，2，…，周向波数为离散值，因此，圆柱壳中的径向振动自由波的螺旋波数、周向波数和轴向波

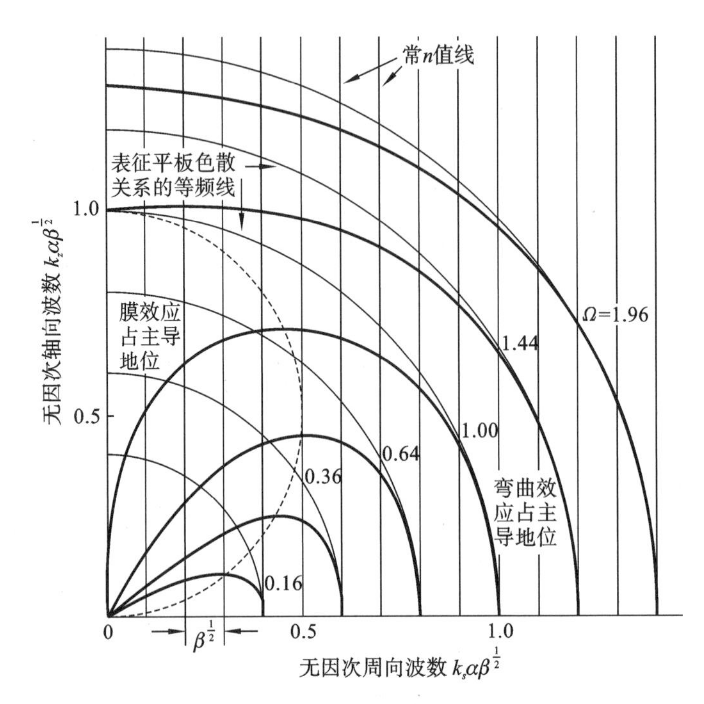

图 3-2-3 用等频线表征的薄壁圆柱壳色散关系

数随频率一定是非连续变化的，它们的值可通过在图 3-2-3 中作 $k_s a\beta^{1/2}=n\beta^{1/2}$ 的垂线并同色散曲线相交获得。

(2) 环频率以下可自由传播的周向模式的数量同壳体厚度相关。因为 β 是壳体厚度参数，所以在给定厚度或 β 值时，满足 $n\beta^{1/2}<1$ 的 n 的数量也是确定的，该值与厚度相关。

(3) 当厚度参数增大时，为膜应力所影响的周向模式的数量会减少。因为 β 增加了，各 $k_s a\beta^{1/2}=n\beta^{1/2}$ 垂线中，可落于膜应力影响区域的垂线数量也会减少。

从图 3-2-3 可看到，当 $k_s a\beta^{1/2}>0.5$ 时，坐标系中的点即落在膜应力影响区边界外。因此，用 n 取代 $k_s a$，可以得出：当 $n>0.5$ 时，膜应力对圆柱壳弯曲波的影响较小。这样，就得出了受膜应力影响的最大周向模式阶数 n_m 满足 $n_m\beta^{1/2}=0.5$，当周向模式 $n>n_m$ 时，与该周向模式相应的圆柱壳弯曲波受膜应力影响小，色散关系具有同平板类似的特征。例如，对厚度直径比 $h/a=0.003$ 的圆柱壳，由式(3-2-6)可得 $\beta=0.0009$，进而 $n_m=17$；对厚度直径比 $h/a=0.05$ 的圆柱壳，由式(3-2-6)可得 $\beta=0.0144$，进而 $n_m=4$。

从图 3-2-3 还可看到，$\Omega<0.25$ 的等频线几乎都落在膜应力影响区内，因此可给出结论：无因次截止频率小于 0.25 的周向模式一定受膜应力主导。

图 3-2-4 是图 3-2-3 的另一种形式，它以无因次频率 Ω 为横坐标，以轴向波数 $k_z a\beta^{1/2}$ 为纵坐标，给出了等 n 值的 Ω-$k_z a\beta^{1/2}$ 的关系，即无因次色散曲线。该曲线可由图 3-2-3 转画得出：在图 3-2-3 中，根据不同的 n 值得到等 $k_s a\beta^{1/2}$ 值，做出系列等 $k_s a\beta^{1/2}$ 值垂线，并同各等频线相交，得到交点的 $k_z a\beta^{1/2}$ 值和对应的 Ω 值，最后转画到图 3-2-4 所示的坐标系下就可得到与各等 n 值对应的无因次色散曲线 Ω-$k_z a\beta^{1/2}$。作为对比，图中同时给出了平板弯曲波的色散曲线，将平板弯曲波色散曲线同圆柱壳弯曲波色散曲线对比可以看到，在环频率以下，膜应力显著增大了轴向相速度，从而导致圆柱壳弯曲波色散曲线具有显著的扭曲。

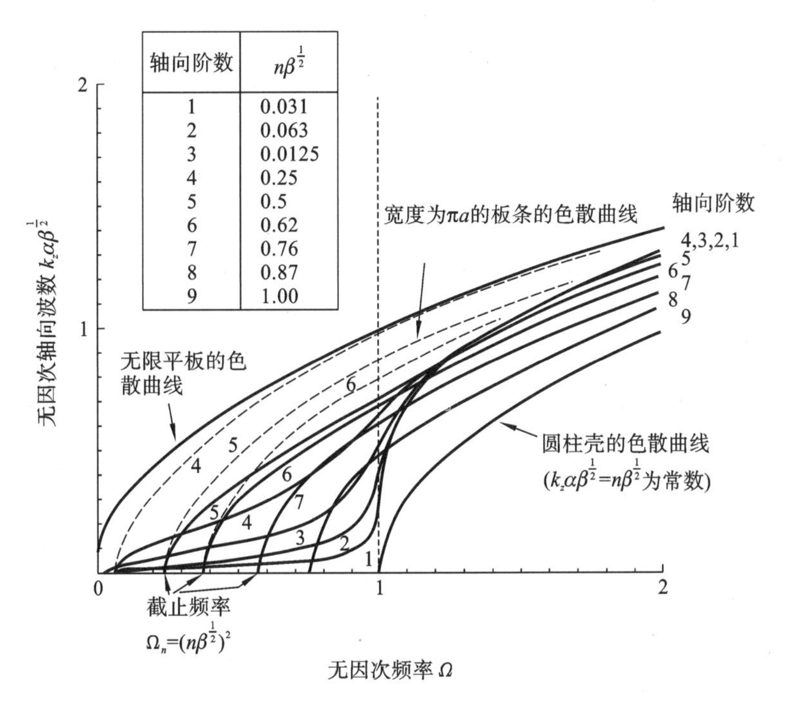

图 3-2-4　用等 n 值线表征的薄壁圆柱壳的色散曲线

第4章

结构的力阻抗、力导纳和功率传递

4.1 力阻抗和力导纳

4.1.1 力阻抗和力导纳

力阻抗是引起单位振速所需激振力的大小，表达为：

$$\widetilde{Z}(\omega)=\frac{\widetilde{F}(\omega)}{\widetilde{v}(\omega)} \tag{4-1-1}$$

式中：$\widetilde{Z}(\omega)$ 是力阻抗，是复数，是圆频率 ω 的函数；$\widetilde{F}(\omega)$ 是作用于结构上某点具有某个自由度的激振力复数幅值；$\widetilde{v}(\omega)$ 是结构上某点具有某个自由度的速度复数幅值响应。

一般而言，力阻抗是复数，表达为：

$$\widetilde{Z}=R+\mathrm{j}X \tag{4-1-2}$$

式中：R 是 $\widetilde{Z}$ 的实部，称为力阻；X 是 $\widetilde{Z}$ 的虚部，称为力抗。

力导纳是力阻抗的倒数，表达为：

$$\widetilde{Y}(\omega)=\frac{\widetilde{v}(\omega)}{\widetilde{F}(\omega)} \tag{4-1-3}$$

因此，采用力阻和力抗表达的 $\widetilde{Y}$ 为：

$$\widetilde{Y}=\frac{(R-\mathrm{j}X)}{R^2+X^2} \tag{4-1-4}$$

当激振力和速度响应的位置和自由度均相同时，力阻抗（或力导纳）被称为驱动点力阻抗（或驱动点力导纳），否则被称为传递力阻抗（或传递力导纳）。本书中后续如不加明确，力阻抗（或力导纳）均指驱动点力阻抗（或驱动点力导纳）。

4.1.2 激振力的功率传递与力阻抗或力导纳的关系

振声分析模型中，采用振动和噪声传递的功率表达部件间的相互作用。例如，两个部件相互连接，它们之间就会存在力的作用，那么对分析的对象部件，所受到另一部件作用的激振力可能会对该部件具有功率传递作用。对与其他部分相连的某个部件，若其他部件对该部件具有作用力 $\widetilde{F}$，与其他部件相连接的点具有速度幅值 $\widetilde{v}$，则其他部件通过连接点对该部件的功率传递用时间平均的传递功率表达：

$$\overline{P}(\omega)=\frac{1}{T}\int_0^T P(t)\,\mathrm{d}t=\frac{\omega}{2\pi}\int_0^{\frac{2\pi}{\omega}}\mathrm{Re}\{\widetilde{F}\mathrm{e}^{\mathrm{j}\omega t}\}\mathrm{Re}\{\widetilde{v}\mathrm{e}^{\mathrm{j}\omega t}\}\,\mathrm{d}t=\frac{1}{2}\mathrm{Re}\{\widetilde{F}\widetilde{v}^*\} \tag{4-1-5}$$

式中：上标“$*$”代表对相应的复数取其共轭；$P(t)$是瞬时功率；T 是周期。

类似地，其他部件通过简谐激振力矩 M 和角速度 $\dot{\theta}$ 对该部件产生的功率可表达为：

$$\overline{P}(\omega)=\frac{1}{2}\mathrm{Re}\{\widetilde{M}\widetilde{\dot{\theta}}^*\} \tag{4-1-6}$$

时间平均的传递功率还可用力阻抗或力导纳表达为：

$$\overline{P}(\omega)=\frac{1}{2}\mid\widetilde{F}\mid^{2}\mathrm{Re}\{\widetilde{Y}\}=\frac{1}{2}\mid\widetilde{F}\mid^{2}\mathrm{Re}\{\widetilde{Z}^{-1}\}=\frac{1}{2}\mid\tilde{v}\mid^{2}\mathrm{Re}\{\widetilde{Y}^{-1}\}=\frac{1}{2}\mid\tilde{v}\mid^{2}\mathrm{Re}\{\widetilde{Z}\}\tag{4-1-7}$$

或

$$\overline{P}(\omega)=\frac{1}{2}\mid\widetilde{F}\mid^{2}\left|\frac{R}{R^{2}+X^{2}}\right|=\frac{1}{2}\mid\tilde{v}\mid^{2}R\tag{4-1-8}$$

可见，只有力阻抗的实部，即力阻，才对功率传递有贡献。

4.1.3 力阻抗和力导纳体现了部件的力学性能

实际的弹性系统通常是多个部件的组合，部件之间相互连接，在连接点处两个部件的运动相等，同时部件与部件之间的相互作用力互为反作用力。若某个部件与系统相连，则该部件将仅通过连接界面与系统相互作用，因而该部件的力学性能只需通过该部件在界面的力阻抗就能完全得出。

为了说明这一论点，我们考察一个弹性安装于地板上的设备在外部激振力作用下的振动模型，如图 4-1-1。如果已知设备的机脚阻抗 $\widetilde{Z}_{\mathrm{I}}$ 和地板在机脚安装处的阻抗 $\widetilde{Z}_{\mathrm{F}}$，同时我们测量了地板在没有安装设备时的振动级 $\tilde{v}_0$，现在需要知道：当设备安装于地板时，地板振动具有多大的改变量？

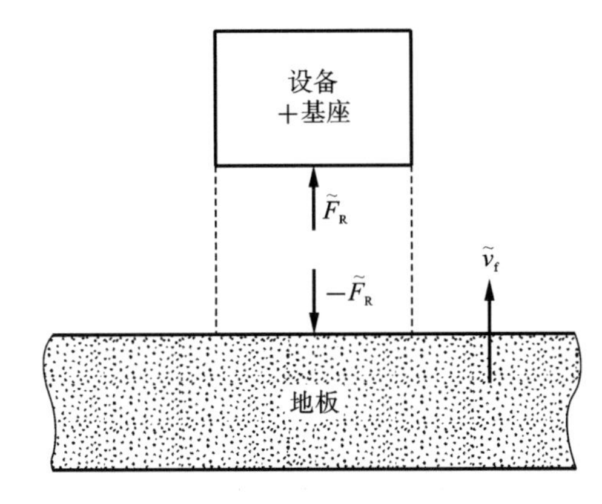

图 4-1-1 设备安装于振动地板

记 $\widetilde{Z}_{\mathrm{I}}$ 是设备在机脚处的力阻抗，$\widetilde{Z}_{\mathrm{F}}$ 是设备安装处地板的力阻抗，$\tilde{v}_{\mathrm{f}}$ 是设备安装于地板上时安装点的速度复数幅值，$\tilde{v}_0$ 是设备未安装在地板上时地板振动速度复数幅值。

如果设备安装于地板，那么若将设备单独隔离分析，有：

$$\widetilde{F}_{\mathrm{R}}=\widetilde{Z}_{\mathrm{I}}\tilde{v}_{\mathrm{f}}\tag{4-1-9}$$

式中：$\widetilde{F}_{\mathrm{R}}$ 是设备机脚和地板之间的相互作用力复数幅值。若将地板单独隔离分析，有：

$$-\widetilde{F}_{\mathrm{R}}=\widetilde{Z}_{\mathrm{F}}\Delta\tilde{v}_{\mathrm{f}}\tag{4-1-10}$$

式中：$\Delta\tilde{v}_{\mathrm{f}}$ 是设备安装于地板上与安装前在安装点处的速度差，表达为

$$\Delta\tilde{v}_{\mathrm{f}}=\tilde{v}_{\mathrm{f}}-\tilde{v}_0\tag{4-1-11}$$

式(4-1-9)、式(4-1-10)中，使用了这样的条件：设备安装在地板上时，设备与地板之间的作用力互为作用力和反作用力，设备与地板在连接点处速度是相等的。式(4-1-10)和式(4-1-11)表明设备对地板作用力的作用改变了地板振速，使其由 $\tilde{v}_0$ 变为 $\tilde{v}_{\mathrm{f}}$，且该变化量与作用力的关系由式(4-1-11)确定。

联立式(4-1-9)、式(4-1-10)和式(4-1-11)，消去变量 $\widetilde{F}_{\mathrm{R}}$ 和 $\Delta\tilde{v}_{\mathrm{f}}$ 可得：

$$\tilde{v}_{\mathrm{f}}=\tilde{v}_0\left(1+\frac{\widetilde{Z}_{\mathrm{I}}}{\widetilde{Z}_{\mathrm{F}}}\right)^{-1}\tag{4-1-12}$$

由式(4-1-12)可见，地板振动速度复数幅值由于设备的存在而发生了改变，由原来的 $\tilde{v}_0$ 变为 $\tilde{v}_{\mathrm{f}}$，两者之比为 $(1+\widetilde{Z}_{\mathrm{I}}/\widetilde{Z}_{\mathrm{F}})^{-1}$，该比值与设备机脚的力阻抗与地板安装点的力阻抗之比

$\tilde{Z}_I/\tilde{Z}_F$ 相关。一般而言，$|\tilde{Z}_I/\tilde{Z}_F|$ 通常远小于 1，由此可知，$|1+\tilde{Z}_I/\tilde{Z}_F|^{-1}$ 接近于 1，即地板振速不因安装设备而产生较大改变。

在上例分析中，虽然没有直接对设备本身和地板结构进行具体的力学或波动分析，仅通过两者的界面力阻抗分析给出了结论，但完全不影响设备同地板之间的相互作用分析，这说明部件之间的界面力阻抗特性反映了部件的力学特性。

4.2 集中机械单元的力阻抗和力导纳

4.2.1 基本集中机械单元的阻抗特性

线性单自由度质量、刚度和黏性阻尼器单元都属于集中机械单元。这些单元是最基本的力阻抗单元，因为只需一个自由度参数就能给出它们的力阻抗(力导纳)特性，实际结构的力阻抗特性可以看作是基本集中机械单元组合的力阻抗特性。图 4-2-1 分别给出了基本集中机械单元的表示方法。

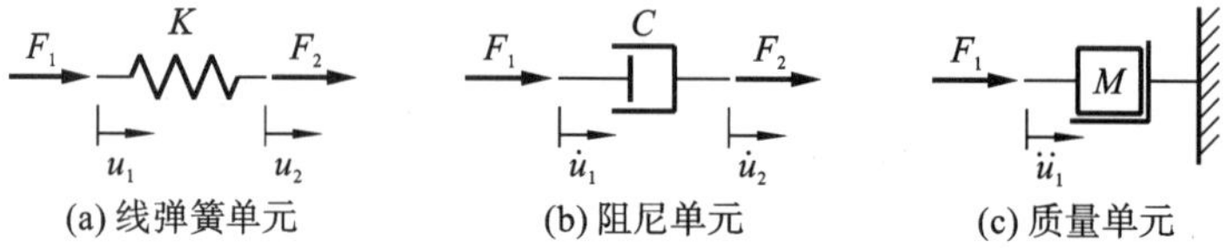

(a) 线弹簧单元　(b) 阻尼单元　(c) 质量单元

图 4-2-1　线弹簧、阻尼和质量单元

线弹簧单元是无质量弹簧的抽象，仅具有刚度。当线弹簧的端点分别受到轴向力的作用时，轴向力分别记为 F_1 和 F_2，线弹簧单元两端的轴向位移分别记为 u_1 和 u_2，如图 4-2-1 所示，则根据胡克定律可对线弹簧单元构造动力方程：

$$F_1 = -F_2 = K(u_1 - u_2) \tag{4-2-1}$$

式中：K 是线弹簧的刚度系数。

类似地，也可给出阻尼单元所满足的动力方程：

$$F_1 = -F_2 = C(\dot{u}_1 - \dot{u}_2) \tag{4-2-2}$$

式中：C 为阻尼系数；$\dot{u}_1$ 和 $\dot{u}_2$ 分别为阻尼单元两个端点的速度，它们分别由阻尼单元两个端点的位移对时间取一阶导数得出。

对质量单元，利用牛顿第二定律可给出动力方程：

$$F_1 = M\ddot{u}_1 \tag{4-2-3}$$

式中：M 是质量单元的质量；$\ddot{u}_1$ 是质量单元的对地速度，由质量单元的位移对时间取二阶导数得出。

为定义力阻抗或力导纳，将线弹簧单元或阻尼单元两点中的一个点固定，并假定另一个端点的激振力形式为 $\tilde{F}\exp(\mathrm{j}\omega t)$，那么受力端点的位移形式为 $\tilde{u}\exp(\mathrm{j}\omega t)$，受力端点的加速度形式为 $\tilde{a}\exp(\mathrm{j}\omega t)$。在简谐振动时，振动位移复数幅值 $\tilde{u}$、振动速度复数幅值 $\tilde{v}$ 和振动加速度速度复数幅值 $\tilde{a}$ 具有如下关系：

$$\tilde{v} = \mathrm{j}\omega\tilde{u} = \frac{\tilde{a}}{\mathrm{j}\omega} \tag{4-2-4}$$

这样，可以分别给出线弹簧单元、阻尼单元和质量单元的力阻抗或力导纳的表达。

力阻抗：

$$\widetilde{Z}_K = \frac{-\mathrm{j}K}{\omega}, \quad \widetilde{Z}_C = C, \quad \widetilde{Z}_M = \mathrm{j}\omega M \tag{4-2-5}$$

力导纳：

$$\widetilde{Y}_K = \frac{\mathrm{j}\omega}{K}, \quad \widetilde{Y}_C = \frac{1}{C}, \quad \widetilde{Y}_M = \frac{-\mathrm{j}}{\omega M} \tag{4-2-6}$$

在针对集中机械单元的力阻抗和力导纳的推导中，力阻抗是具有相对性的：用于定义力阻抗所使用的力是相对于特定点的激振力，如作用于线弹簧单元和阻尼单元的激振力是相对于固定点的激振力，作用于质量单元的激振力是相对于大地的激振力；用于定义力阻抗所使用的速度也是相对于特定点的速度，如线弹簧单元和阻尼单元在激振力作用端点的速度是相对于另一个端点的速度，由于另一个端点固定于大地，所以激振力作用端点的速度才是相对于大地的速度，不然就应该使用两个端点的速度差作为力阻抗计算的输入，而对质量单元而言，其本质上是具有两个端点的集中单元，由于另一个端点始终被固定于地面，所以质量单元的速度是相对于大地的速度。

图4-2-2和图4-2-3分别给出了三种集中机械单元的力阻抗和力导纳随频率的变化规律，其中图(a)分别是力阻抗和力导纳的模随频率的变化，图(b)分别是复数力阻抗和力导纳在复平面的表示，表征了它们的相位。在图(a)中，坐标尺度采用了对数比例。

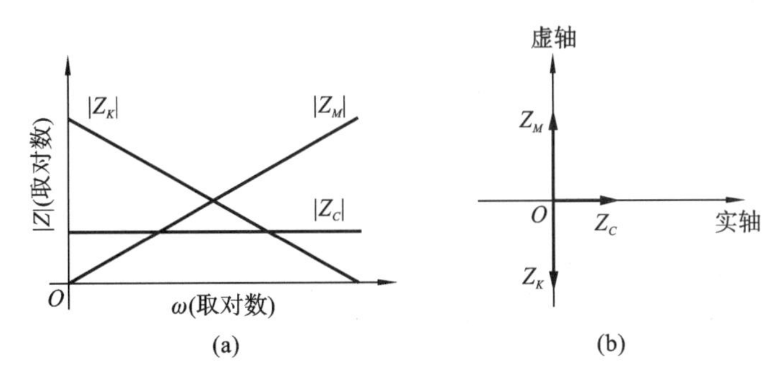

图4-2-2　三种基本集中机械单元的力阻抗随频率的变化规律

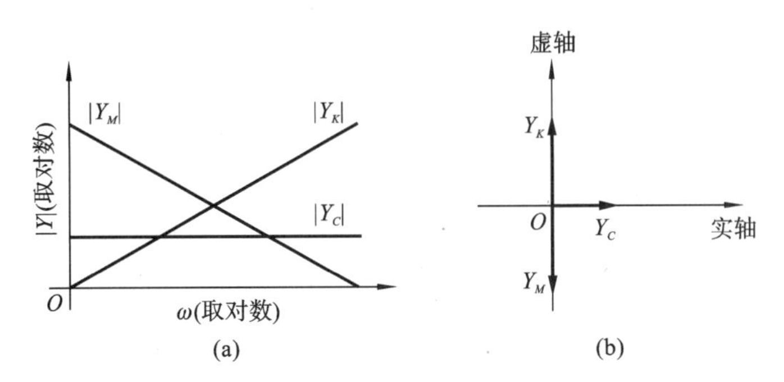

图4-2-3　三种基本集中机械单元的力导纳随频率的变化规律

从图4-2-2(a)可以看到，线弹簧单元力阻抗的模随频率的增大而减小，阻尼单元力阻抗的模为常数，质量单元力阻抗的模随频率的增大而增大。由于力阻抗和力导纳互为倒数，因而三种集中单元的力导纳具有同力阻抗相反的特性，如图4-2-3(a)所示，即线弹簧单元力导纳的模随频率的增大而增大，阻尼单元力导纳的模为常数，质量单元力导纳的模随频率的增大而减小。

从图4-2-2(b)和式(4-2-5)可知，线弹簧单元和质量单元的力阻抗分别是负虚数和正虚数，

由于这两种集中质量单元的力阻抗不具备实部，因而根据式(4-1-8)可知，激振力不能对单元产生功率输入，因此它们称为抗性单元；而阻尼单元的力阻抗是正实数，表明速度与激振力是同相位的，因而由式(4-1-7)可得，激振力对阻尼单元的功率输入(时间平均的传递功率)为 $\overline{P}(\omega)=(1/2)C|\tilde{v}|^2$，$\tilde{v}$ 是阻尼器单元在激振力作用端的速度复数幅值。类似地，从图 4-2-3(b)和方程(4-2-6)可知，线弹簧单元的力阻抗是正虚数，质量单元的力阻抗是负虚数，阻尼单元的力阻抗是正实数。根据式(4-1-7)可知，激振力仅对阻尼单元有功率输入，时间平均的传递功率为 $\overline{P}(\omega)=(1/2)C|\tilde{F}|^2$，$\tilde{F}$ 是施加于阻尼器的激振力复数幅值。

4.2.2 集中机械单元的组合力阻抗与力导纳

多个线弹簧单元、阻尼单元、质量单元可以组合构成复杂的机械系统。最基本的组合形式包括并联和串联。

图 4-2-4 给出了两个同类集中机械单元和不同类集中机械单元的串联和并联形式。式(4-2-7)和式(4-2-8)分别给出了多个集中机械单元并联和串联后的等效力阻抗与力导纳与单个集中机械单元的力阻抗和力导纳的关系。

集中机械单元并联：

$$\tilde{Z}_e=\sum_{n=1}^{N}\tilde{Z}_n,\quad \frac{1}{\tilde{Y}_e}=\sum_{n=1}^{N}\frac{1}{\tilde{Y}_n} \tag{4-2-7}$$

集中机械单元串联：

$$\frac{1}{\tilde{Z}_e}=\sum_{n=1}^{N}\frac{1}{\tilde{Z}_n},\quad \tilde{Y}_e=\sum_{n=1}^{N}\tilde{Y}_n \tag{4-2-8}$$

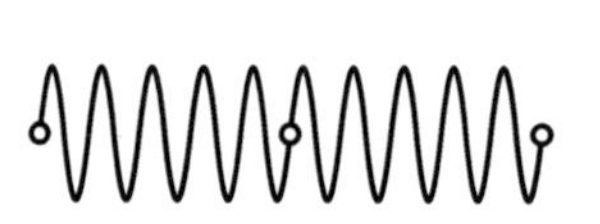

(a) 两个线弹簧单元串联

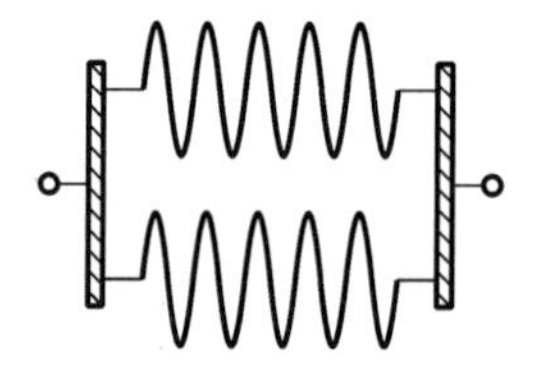

(b) 两个线弹簧单元并联

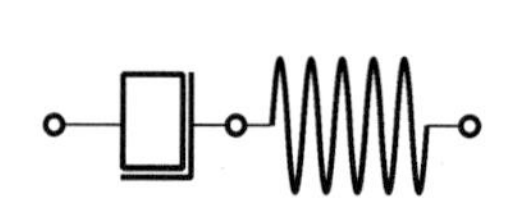

(c) 线弹簧单元和质量单元串联

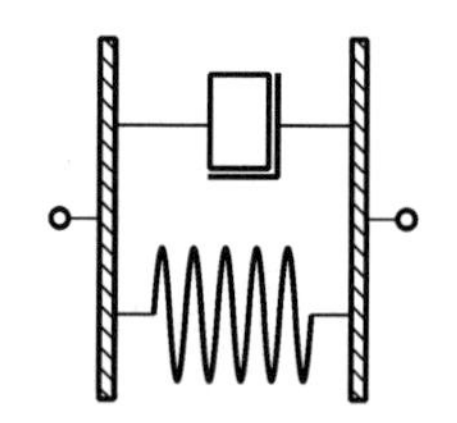

(d) 线弹簧单元和质量单元并联

图 4-2-4 同类单元和不同类单元的串联和并联形式

工程中常见的结构所体现出的机械特性一般都是组合机械单元的机械特性。例如，结构通常被等效为具有阻尼的线弹簧，因结构具有阻尼而将结构的刚度表达为复刚度形式：$K'=K(1+\mathrm{j}\eta)$，其中 η 是损耗因子。这种表示就是将结构视作阻尼单元同线弹簧单元的并联，阻尼系数与线弹簧单元的刚度成比例，比值就是损耗因子 η。在这种情况下，力阻抗为 $Z_K'=Z_K(1+\mathrm{j}\eta)$，力导纳为 $Y_K'=Y_K(1-\mathrm{j}\eta)/(1+\eta^2)$。通常损耗因子很小，即对能量的耗散是弱耗散，因而 $\eta\ll1$，则力导纳还可近似表达为 $Y_K'=Y_K(1-\mathrm{j}\eta)$。

4.2.3 单自由度弹簧振子系统的机械特性

图 4-2-5 是单自由度弹簧振子系统示意图，它是单自由度机械系统的原型，由集中质量单元、阻尼单元和线弹簧单元并联组成。需要注意，虽然在通常的分析中，该单自由度弹簧振子系统的简图被绘制成图 4-2-5(a)所示的形式，但质量单元的机械特性是相对于大地而言的，由于线弹簧单元、阻尼单元的另一端都被固定于大地，因此三者在力学上是并联关系。

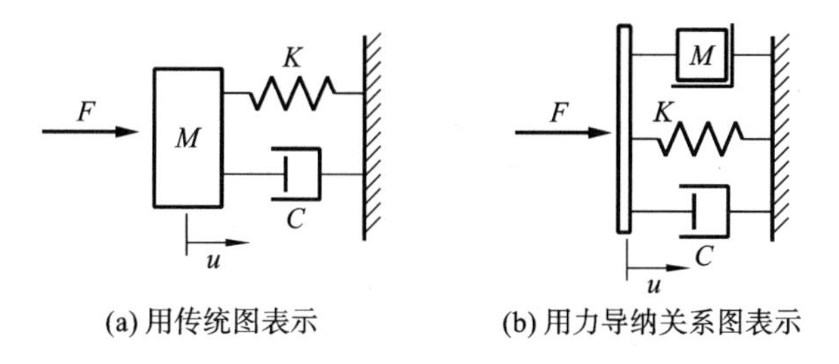

图 4-2-5 单自由度弹簧振子系统示意图

直接使用式(4-2-7)可给出单自由度弹簧振子系统的力导纳：

$$\tilde{Y}_e = \frac{1}{\mathrm{j}\omega M + C - \mathrm{j}\dfrac{K}{\omega}} \tag{4-2-9}$$

单自由度弹簧振子系统的力导纳是随频率变化的，图 4-2-6 给出了变化规律。该变化规律可由图 4-2-3 所给的三种基本集中机械单元的力导纳特性解释：图 4-2-3 表明，在低频时，线弹簧单元的力导纳取模的结果比其他基本单元的力导纳取模的结果大得多，是三种基本集中机械单元串联给出的组合单元力导纳取模结果的主要来源，因而组合单元的力导纳取模结果$|\tilde{Y}_e|$随频率增大而增大，相位角在$+90°$附近，这反映了线弹簧单元的力导纳特性；在高频时，质量单元的力导纳取模结果比其他基本单元力导纳取模的结果大得多，因而组合单元的力导纳取模规律由质量单元的力导纳取模规律决定，从而$|\tilde{Y}_e|$随频率的增大而减小，且相位角在$-90°$附近，这反映了质量单元的力导纳特性。

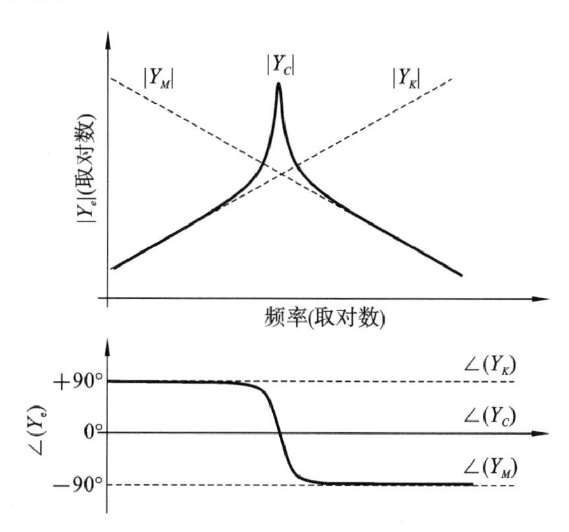

图 4-2-6 单自由度弹簧振子系统的力导纳随频率的变化规律

当单自由度弹簧振子系统的阻尼很小时，共振频率接近于自然频率 $\omega_0 = \sqrt{K/M}$，此时线弹簧单元与质量单元的力导纳取模结果在数值上相等，符号相反，即 $\widetilde{Y}_K(\omega_0)=\mathrm{j}/(\omega_0 M)$，$\widetilde{Y}_M(\omega_0)=-\mathrm{j}/(\omega_0 M)$。当三个基本机械单元串联时，在共振频率下的响应主要由阻尼单元的耗散效应控制，从而导致力导纳 $\widetilde{Y}_C=1/C$ 成为组合单元力导纳的主要贡献来源，由于阻尼很小，因而单位激振力作用下的速度响应值很大，引起了力导纳取模结果在该频率具有峰值，相位角在 0°附近。这反映了阻尼单元的力导纳特性。

由于力阻抗和力导纳互为倒数，所以可类似地分析单自由度弹簧振子系统的力阻抗随频率的变化规律：在低频时，力阻抗的模随频率的增大而减小，相位角在 −90°附近，组合单元的力阻抗特性类似于线弹簧单元的力阻抗特性；在高频时，力阻抗的模随频率的增大而增大，相位角在 90°附近，组合单元的力阻抗特性类似于质量单元的力阻抗特性；在共振频率附近，力阻抗取极小值，相位角在 0°附近，组合单元的力阻抗特性类似于阻尼单元的力阻抗特性。

4.3 等截面弯曲梁的力导纳函数

本节使用第 1 章给出的弯曲梁中的弯曲波分析结果，给出无限或有限弯曲梁中的力导纳函数。至于力阻抗函数，直接对力导纳的结果取倒数就可得到。在力导纳函数的解析推导方法上，我们使用了波动法和模态叠加法。

4.3.1 无限梁的力导纳

1. 无限梁在横向激振力作用下的驱动点力导纳

在第 1 章曾以分段函数的形式给出了无限弯曲梁受横向集中激振力作用时的横向位移解析解：

$$\eta(x,t)=\begin{cases}\dfrac{-\mathrm{j}\widetilde{F}_y}{4EIk_\mathrm{b}^3}(\mathrm{e}^{-\mathrm{j}k_\mathrm{b}x}-\mathrm{j}\mathrm{e}^{-k_\mathrm{b}x})\mathrm{e}^{\mathrm{j}\omega t} & x\geqslant 0\\ \dfrac{-\mathrm{j}\widetilde{F}_y}{4EIk_\mathrm{b}^3}(\mathrm{e}^{\mathrm{j}k_\mathrm{b}x}-\mathrm{j}\mathrm{e}^{k_\mathrm{b}x})\mathrm{e}^{\mathrm{j}\omega t} & x\leqslant 0\end{cases} \tag{4-3-1}$$

这样，在 $x=0$ 处的横向位移复数幅值为：

$$\tilde{\eta}(0,\omega)=\frac{-\mathrm{j}\widetilde{F}_y(1-\mathrm{j})}{4EIk_\mathrm{b}^3} \tag{4-3-2}$$

在 $x=0$ 处的横向速度复数幅值为：

$$\tilde{v}_y=\mathrm{j}\omega\tilde{\eta}(0,\omega)=\frac{\widetilde{F}_y\omega(1-\mathrm{j})}{4EIk_\mathrm{b}^3} \tag{4-3-3}$$

因而驱动点力导纳计算式为：

$$\widetilde{Y}_{v_yF_y}(0,\omega)=\frac{\tilde{v}_y}{\widetilde{F}_y}=\frac{\omega(1-\mathrm{j})}{4EIk_\mathrm{b}^3} \tag{4-3-4}$$

它可进一步写为式(4-3-5)所示的形式：

$$\widetilde{Y}_{v_yF_y}(0,\omega)=\frac{1}{C_\mathrm{eq}(\omega)}-\frac{\mathrm{j}}{\omega M_\mathrm{eq}(\omega)} \tag{4-3-5}$$

无限梁的驱动点力导纳具有实部，意味着功率能通过激振力注入梁，这是因为无限梁能以波的形式将激振源处接受的能量不断传播到无限远处，从效果上看如同阻尼的耗散效应。虚部为负数，表明梁可等效为质量单元，质量大小为 $M_{eq}(\omega)=4[(EI)\cdot m^3\omega^{-2}]^{1/4}$。以上分析表明，无限梁在横向集中激振力的作用下，在效果上可等效为参数与频率相关的质量单元和阻尼单元的串联组合，如图 4-3-1 所示。

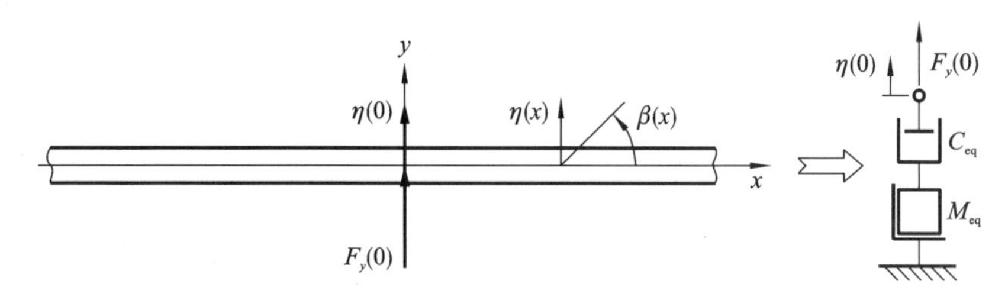

图 4-3-1　无限梁受横向集中激振力作用的驱动点力导纳

2. 无限梁在力矩激励下的驱动点力导纳

在力矩的激励作用下，梁中也会产生纯弯曲波，梁上各点的横截面的转动 $\beta(x,t)$ 与横向位移 $\eta(x,t)$ 关系为 $\beta(x,t)=\partial\eta(x,t)/\partial x$。这样，横截面转动角速度复数幅值 $\widetilde{w}_z(x,\omega)$ 可用角速度复数幅值 $\tilde{\beta}(x,\omega)$ 表达为 $\widetilde{w}_z(x,\omega)=\mathrm{j}\omega\tilde{\beta}(x,\omega)$，横截面转动角速度复数幅值 $\widetilde{w}_z(x,\omega)$ 与力矩复数幅值 $\widetilde{M}_z(\omega)$ 的比值也是一种驱动点力导纳：

$$\widetilde{Y}_{w_zM_z}(0,\omega)=\frac{\widetilde{w}_z(0,\omega)}{\widetilde{M}_z(\omega)} \tag{4-3-6}$$

如图 4-3-2 所示，梁在 $x=0$ 处受力矩激励，$M_z(t)=\mathrm{Re}\{\widetilde{M}_z\exp(\mathrm{j}\omega t)\}$，需首先给出梁中的横向位移波动场，然后再给出角速度的空间分布。类似于 2.2.1 小节的推导过程，假定弯曲波动场具有式(2-2-7)所示形式，然后根据波动场的外传波特性，波动场应采用分段函数表征，即式(2-2-8)。为确定系数 $\widetilde{A}$、$\widetilde{B}$、$\widetilde{C}$ 和 $\widetilde{D}$，将梁沿 $x=0$ 截断，利用断面需满足的边界条件给出系数。

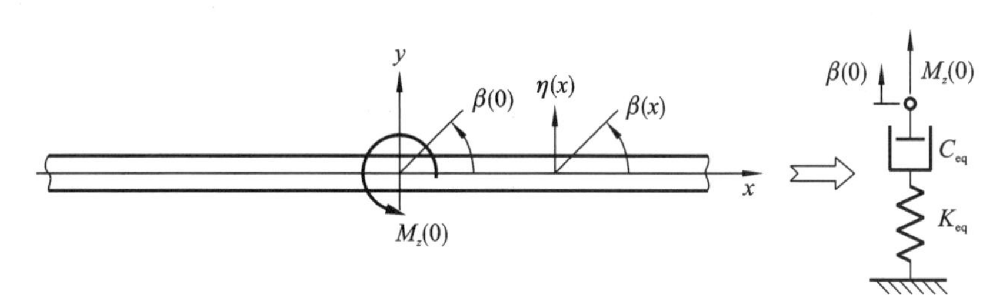

图 4-3-2　无限梁受力矩激振作用的驱动点力导纳

首先是力矩平衡，在 $x=0^-$ 端面有：

$$-EI\left.\frac{\partial^2\tilde{\eta}}{\partial x^2}\right|_{x=0^-}=\frac{\widetilde{M}_z}{2} \tag{4-3-7}$$

在 $x=0^+$ 端面有：

$$-EI\left.\frac{\partial^2\tilde{\eta}}{\partial x^2}\right|_{x=0^+}=\frac{\widetilde{M}_z}{2} \tag{4-3-8}$$

将式(2-2-8)代入式(4-3-7)和式(4-3-8)，得

$$\frac{\widetilde{M}_z}{2}+EI(-k_b^2\widetilde{B}+k_b^2\widetilde{D})=0 \tag{4-3-9}$$

$$\frac{\widetilde{M}_z}{2}+EI(-k_b^2\widetilde{A}+k_b^2\widetilde{C})=0 \tag{4-3-10}$$

此外，由于振动场是反对称的，因而在 $x=0$ 处的横向位移必须为零，即

$$\tilde{\eta}(x=0^{+})=\tilde{\eta}(x=0^{-})=0 \tag{4-3-11}$$

从而有

$$\tilde{A}+\tilde{C}=\tilde{B}+\tilde{D}=0 \tag{4-3-12}$$

这样，由式(4-3-9)、式(4-3-10)和式(4-3-12)可得出：

$$\begin{aligned}\tilde{A}&=-\tilde{B}=-\frac{\widetilde{M}_z}{4EIk_{\mathrm{b}}^2}\\ \tilde{C}&=-\tilde{D}=-\frac{\widetilde{M}_z}{4EIk_{\mathrm{b}}^2}\end{aligned} \tag{4-3-13}$$

进而得出力矩激励下，无限梁的横向位移波动场为：

$$\tilde{\eta}(x,\omega)=\begin{cases}\dfrac{M_z}{4EIk_{\mathrm{b}}^2}(\mathrm{e}^{-\mathrm{j}k_{\mathrm{b}}x}-\mathrm{e}^{-k_{\mathrm{b}}x}) & x\geqslant 0\\ \dfrac{-M_z}{4EIk_{\mathrm{b}}^2}(\mathrm{e}^{\mathrm{j}k_{\mathrm{b}}x}-\mathrm{e}^{k_{\mathrm{b}}x}) & x\leqslant 0\end{cases} \tag{4-3-14}$$

无限梁转动角速度波动场为：

$$\tilde{\beta}(x,\omega)=\begin{cases}\dfrac{M_z}{4EIk_{\mathrm{b}}}(-\mathrm{j}\mathrm{e}^{-\mathrm{j}k_{\mathrm{b}}x}+\mathrm{e}^{-k_{\mathrm{b}}x}) & x\geqslant 0\\ \dfrac{-M_z}{4EIk_{\mathrm{b}}}(\mathrm{j}\mathrm{e}^{\mathrm{j}k_{\mathrm{b}}x}-\mathrm{e}^{k_{\mathrm{b}}x}) & x\leqslant 0\end{cases} \tag{4-3-15}$$

这样，在 $x=0$ 处具有力矩激励的点驱动力导纳函数为：

$$\tilde{Y}_{w_zM_z}(0,\omega)=\frac{\omega(1+\mathrm{j})}{4EIk_{\mathrm{b}}} \tag{4-3-16}$$

该表达式可写为以下形式：

$$\tilde{Y}_{w_zM_z}(0,\omega)=\frac{1}{C_{\mathrm{eq}}(\omega)}+\frac{\mathrm{j}\omega}{K_{\mathrm{eq}}(\omega)} \tag{4-3-17}$$

该点驱动力导纳函数的表达式表明，力矩作用下的无限弯曲梁等效于频率相关的线弹簧单元与频率相关的阻尼单元串联，等效刚度为 $K_{\mathrm{eq}}=4[(EI)^3m\omega^2]^{1/4}$，等效阻尼系数为 $C_{\mathrm{eq}}=4[(EI)^3m\omega^{-2}]^{1/4}$。

3. 无限梁的传递力导纳

传递力导纳包括两类：激振力与响应方向相同，但位置不同；激振力与响应位置相同，但分属于不同的自由度。不同的自由度包括自由度方向或类型不同。如横向激振力与横向速度在方向上相同，它们就属于同一自由度；而横向激振力与纵向速度在方向上不同，就属于不同的自由度；力矩激励表征激励方式是转动方式，属转动自由度。如果速度是横向速度，那么表征转动激励的力矩和表征线运动的横向速度就属于不同的自由度类型，它们的自由度不同。虽然激励位置和响应位置相同，但响应速度和激励分属不同的自由度，那么它们的比值表征的依然是传递力导纳。

下面针对无限梁给出这两类传递力导纳形式。

直接利用导出的横向激振力作用下梁的横向位移波动场解析表达式，我们可以定义并给出由横向激振力引起不同位置横向速度的传递力导纳：

$$\widetilde{Y}_{v_y F_y}(x,\omega)=\begin{cases}\dfrac{\omega}{4EIk_b^3}(e^{-jk_b x}-je^{-k_b x}) & x\geqslant 0\\ \dfrac{\omega}{4EIk_b^3}(e^{jk_b x}-je^{k_b x}) & x\leqslant 0\end{cases}\tag{4-3-18}$$

定义并给出无限梁由力矩激振引起不同位置转动角速度的传递力导纳：

$$\widetilde{Y}_{w_z M_z}(x,\omega)=\begin{cases}\dfrac{-j\omega}{4EIk_b}(je^{-jk_b x}-e^{-k_b x}) & x\geqslant 0\\ \dfrac{-j\omega}{4EIk_b}(je^{jk_b x}-e^{k_b x}) & x\leqslant 0\end{cases}\tag{4-3-19}$$

定义并给出无限梁由横向激振力引起任意位置转动速度的传递力导纳：

$$\widetilde{Y}_{w_z F_y}(x,\omega)=\begin{cases}\dfrac{-j\omega}{4EIk_b^2}(e^{-jk_b x}-e^{-k_b x}) & x\geqslant 0\\ \dfrac{j\omega}{4EIk_b^2}(e^{jk_b x}-e^{k_b x}) & x\leqslant 0\end{cases}\tag{4-3-20}$$

定义并给出无限梁由力矩激振引起任意位置横向速度的传递力导纳：

$$\widetilde{Y}_{v_y M_z}(x,\omega)=\begin{cases}\dfrac{j\omega}{4EIk_b^2}(e^{-jk_b x}-e^{-k_b x}) & x\geqslant 0\\ \dfrac{-j\omega}{4EIk_b^2}(e^{jk_b x}-e^{k_b x}) & x\leqslant 0\end{cases}\tag{4-3-21}$$

4.3.2 采用波动法给出有限梁的力导纳解析解

实际的梁是有限长的，驱动点扰动产生的波会在边界上不断反射，反射波与外传波叠加形成干涉波动场。若已知激振力和干涉波动场，就能给出有限梁的力导纳。

有限梁如图 4-3-3 所示，假定梁的长度为 l，结构无阻尼，两端简支。我们将给出横向集中激振力作用于梁中点时的力导纳。针对该激振工况，驱动点力导纳函数可以用相对简单的解析解给出。

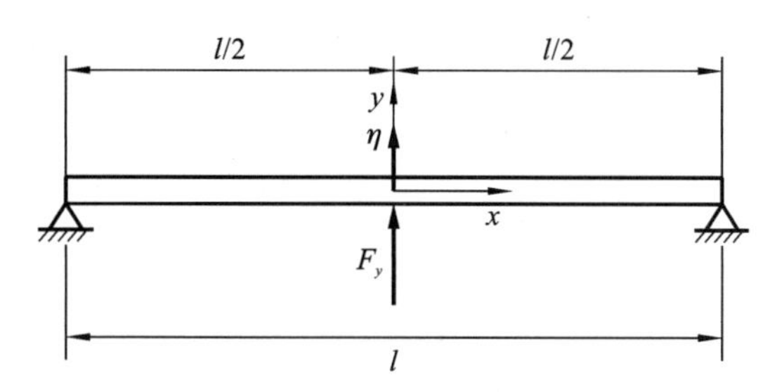

图 4-3-3　两端简支梁在中点受到横向集中激振力作用

直接利用 2.2.2 小节针对两端简支梁给出的受横向集中激振力作用的波动场公式 (2-2-38)，将 $a=l/2$，$b=l/2$ 和 $\Delta x=0$ 代入其中，可得梁中点的位移响应为：

$$\begin{aligned}\eta(0,\omega)&=\frac{\widetilde{F}_y}{4EIk_b^3}\left(\tan\frac{k_b l}{2}+\frac{1-e^{k_b l}}{1+e^{-k_b l}}\right)e^{j\omega t}\\&=\frac{\widetilde{F}_y}{4EIk_b^3}\left(\tan\frac{k_b l}{2}-\tanh\frac{k_b l}{2}\right)e^{j\omega t}\end{aligned}\tag{4-3-22}$$

因而速度响应为：

$$v_y(0,\omega)=\frac{\mathrm{j}\omega\widetilde{F}_y}{4EIk_\mathrm{b}^3}\left(\tan\frac{k_\mathrm{b}l}{2}-\tanh\frac{k_\mathrm{b}l}{2}\right)\mathrm{e}^{\mathrm{j}\omega t} \tag{4-3-23}$$

最终，在梁的中点的驱动点力导纳为：

$$\widetilde{Y}_{v_yF_y}(0,\omega)=\frac{\widetilde{v}_y(0,\omega)}{\widetilde{F}_y(0,\omega)}=\frac{\mathrm{j}\omega}{4EIk_\mathrm{b}^3}\left(\tan\frac{k_\mathrm{b}l}{2}-\tanh\frac{k_\mathrm{b}l}{2}\right) \tag{4-3-24}$$

式(4-3-24)表明，有限梁的力导纳是纯虚数，这和无限梁的性质完全不同(见式(4-3-4))：横向激振力作用于有限梁，在周期平均意义上是不对其做功的，因为假定梁是无阻尼梁，不具备耗散作用；无限梁是具有实部的，在周期平均意义上横向激振力对无限梁有功率输入，因为无限梁中的波会以外传波的形式向无穷远处传递，因而横向激振力需不断通过功率输入维持梁中的波动。

当结构具有阻尼时，阻尼效应可由材料的复数弹性模量 $E'=E(1+\mathrm{j}\eta)$ 表达。对无阻尼弯曲梁，弯曲波数由式(1-6-18)给出：

$$k_\mathrm{b}=\left(\frac{\omega^2 m}{EI}\right)^{1/4} \tag{4-3-25}$$

将复数弹性模量 $E'=E(1+\mathrm{j}\eta)$ 代入式(4-3-25)，可得对应的复弯曲波数为

$$k'_\mathrm{b}=k_\mathrm{b}(1+\mathrm{j}\eta)^{-\frac{1}{4}}\approx k_\mathrm{b}\left(1-\mathrm{j}\frac{\eta}{4}\right) \tag{4-3-26}$$

式中：η 为损失因子。当考虑梁结构的阻尼时，可以将复数弹性模量 E' 和复波数 k'_b 代入式(4-3-24)，得到有阻尼有限梁的力导纳函数。

对无限梁，当以复波数 k'_b 取代 k_b 后，梁中弯曲行进波的波动场表达为：

$$\eta(x,t)=\widetilde{A}\mathrm{e}^{\mathrm{j}(\omega t\mp k_\mathrm{b}x)}\mathrm{e}^{\frac{-k_\mathrm{b}\eta x}{4}} \tag{4-3-27}$$

该式表明，阻尼的存在导致出现 $\exp(-k_\mathrm{b}\eta x/4)$ 项，从而使行进波的波幅随着传播距离的增加而呈指数级数衰减。行进波传递到边界时会产生反射，并在返回过程中以同样的规律衰减。如果因子 $k_\mathrm{b}\eta l/4$ 足够大，则梁边界的存在不会显著影响驱动点力导纳的结果，因为反射波在驱动点处已经产生了较大衰减，不会和激振力引起的外传波产生显著的干涉，此时，当激振力作用于梁时，好似作用于无限梁一样，共振和反共振行为也将消失。对这种情况，我们可以给出标准：当 η 满足式(4-3-28)时，边界的作用可以忽略，有限梁的驱动点力导纳近似等于无限梁的驱动点力导纳。

$$\eta\gg\frac{4}{k_\mathrm{b}l} \tag{4-3-28}$$

对给定的梁，将式(4-3-25)代入式(4-3-28)可得：

$$\eta\gg\frac{4}{m^{1/4}l}\frac{(EI)^{\frac{1}{4}}}{\omega^{\frac{1}{2}}}=\eta_\mathrm{c} \tag{4-3-29}$$

可见，满足可忽略边界作用条件的损失因子 η_c 在数值上是随着频率的增加而减小的，因为 $\eta_\mathrm{c}\propto\omega^{-1/2}$；同时，随着梁的刚度的增加，$\eta_\mathrm{c}$ 值会微弱增加，因为 $\eta_\mathrm{c}\propto(\mathrm{EI})^{1/4}$。

4.3.3 采用模态叠加法给出有限梁的力导纳

1. 结构响应的模态叠加法概述

模态叠加法也将用于导出有限梁的力导纳表达式。模态叠加法适用于研究低频结构振动，因为在低频时结构的响应可由若干低频模态响应叠加得到。

一般地，对简单均匀结构，只有针对特定位置的激振由才能解析解给出力导纳，因为这些位置通常具有特殊性，如对称性、某些量在该位置的值为零等。对更复杂的模型，只能使用模态叠加法。

前面曾给出了自然频率和模态的概念。结构的自然频率是在无激振条件下结构可自由振动的频率。对连续有限结构，自然频率的数量无限多，与每个自然频率相关的是物理量的空间分布形态，即自然模态，物理量包括位移、压力等，模态同结构的材料、几何属性及其边界条件相关。这种与频率相关的空间分布被表达为无因次形式，即模态函数，模态函数通常被取为规范化模态，如将模态函数的最大值规范为单位 1，那么这样的模态函数就是规范化模态。结构响应的模态叠加法就是用所有模态函数的线性组合获得任意形式激振下的结构响应。本小节将以两端简支梁的受迫振动为例，说明模态叠加法的具体方法。

2. 两端简支梁的受迫振动(无阻尼情形)

1) 两端简支梁振动响应的模态叠加表示

记 $\phi_n(x)$代表两端简支梁的第 n 阶自然模态的模态函数。采用模态叠加法，梁的响应表达为：

$$\eta(x,t)=\mathrm{Re}\left\{\sum_{n=1}^{\infty}\phi_n(x)\tilde{q}_n(\omega)\mathrm{e}^{\mathrm{j}\omega t}\right\} \tag{4-3-30}$$

式中：$q_n(\omega)$是各阶模态的系数，代表该阶模态对整体响应的贡献。

2) 两端简支梁的模态函数

两端简支梁的模态函数在式(2-1-25)中已给出，为：

$$\phi_n(x)=\sqrt{2}\sin\left(\frac{n\pi x}{l}\right) \tag{4-3-31}$$

与之对应的自然频率为：

$$\omega_n=\frac{n^2\pi^2}{l^2}\left(\frac{EI}{m}\right)^{1/2} \tag{4-3-32}$$

图 4-3-4 给出了两端简支梁的前四阶模态。

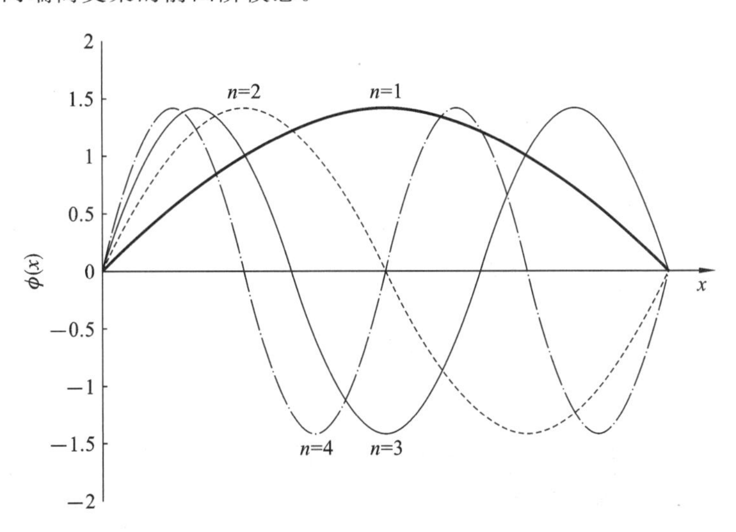

图 4-3-4　两端简支梁的前四阶模态

两端简支梁的模态函数具有正交性，即对两个不同阶的自然模态 ϕ_r 和 ϕ_s，有

$$\int_0^l \phi_r\phi_s \mathrm{d}x = 0, \quad r \neq s \tag{4-3-33}$$

以及

$$\int_0^l \phi''_r\phi''_s \mathrm{d}x = 0, \quad \int_0^l \phi''''_r\phi_s \mathrm{d}x = 0, \quad r \neq s \tag{4-3-34}$$

式中：$\phi''_r = \partial^2\phi_r/\partial x^2$，$\phi''''_r = \partial^4\phi_r/\partial x^4$。

如果 $r=s$，则 $\int_0^l [\phi_r(x)]^2 \mathrm{d}x$ 是常数，例如，由简支梁的自然模态式(4-3-31)可得出：

$$\int_0^l [\phi_r(x)]^2 \mathrm{d}x = l, \quad r = s \tag{4-3-35}$$

并且

$$\int_0^l [\phi''_r(x)]^2 \mathrm{d}x = k_{\mathrm{br}}^4 l, \quad \int_0^l \phi''''_r(x)\phi_s(x) \mathrm{d}x = k_{\mathrm{br}}^4 l, \quad r = s \tag{4-3-36}$$

3）模态函数各阶模态系数的求解

为了求各阶模态系数 $q_n(\omega)$，将式(4-3-30)代入梁的受迫振动动力方程(2-2-6)，有

$$\sum_{r=1}^{\infty} [EI\phi''''_r(x)\tilde{q}_r - \omega^2 m\phi_r(x)\tilde{q}_r]\mathrm{d}x = \tilde{F}_y\delta(x-a) \tag{4-3-37}$$

若我们用自然模态 $\phi_s(x)$ 与该式相乘，并沿梁的长度积分，可得

$$\sum_{r=1}^{\infty}\left[EI\tilde{q}_r\int_0^l \phi''''_r\phi_s \mathrm{d}x - \omega^2 m\tilde{q}_r\int_0^l \phi_r\phi_s \mathrm{d}x\right] = \int_0^l \phi_r(x)\tilde{F}_y\delta(x-a)\mathrm{d}x \tag{4-3-38}$$

使用正交条件式(4-3-33)至式(4-3-36)，以及狄拉克函数的性质，可得

当 $r\neq s$ 时，积分为零；

当 $r=s$ 时，方程(4-3-38)可约简为：

$$-\omega^2 M_r\tilde{q}_r + K_r\tilde{q}_r = \tilde{F}_r \tag{4-3-39}$$

式中：$\tilde{F}_r$ 称为模态力，表达为

$$\tilde{F}_r = \int_0^l \phi_r(x)\tilde{F}_y\delta(x-a)\mathrm{d}x = \phi_r(a)\tilde{F}_y \tag{4-3-40}$$

M_r 和 K_r 称之为模态质量和模态刚度，分别表达为

$$M_r = m\int_0^l \phi_r^2 \mathrm{d}x = ml \tag{4-3-41}$$

$$K_r = EI\int_0^l \phi''''_r\phi_r \mathrm{d}x = EIk_{\mathrm{br}}^4 l \tag{4-3-42}$$

从方程(4-3-39)的形式看，它类似于单自由度弹簧-质量系统受到激振力作用的动力方程，其中该系统的自然频率为 $\omega_r = \sqrt{K_r/M_r} = (r^2\pi^2/l^2)\sqrt{EI/m}$，激振力复数幅值为 $\tilde{F}_r = \phi_r(a)\tilde{F}_y$。

求解式(4-3-39)可得：

$$\tilde{q}_r = \frac{\tilde{F}_r}{M_r(\omega_r^2-\omega^2)} = \frac{\phi_r(a)}{M_r(\omega_r^2-\omega^2)}\tilde{F}_y \tag{4-3-43}$$

针对 $r=1,2,3,\cdots$ 均可以进行类似的操作，从而获得各阶模态系数。

从上面的分析可以看到，模态叠加法可以实现将表征波动的偏微分方程求解问题变为一系列代数方程的求解问题。

4）简支梁的受迫振动响应表达式

在获得各阶模态系数 $q_n(\omega)$ 后，可将它们代入式(4-3-30)，得出梁的受迫振动响应表达式：

$$\tilde{\eta}(x,\omega)=\sum_{r=1}^{\infty}\phi_r(x)\tilde{q}_r=\sum_{r=1}^{\infty}\frac{\phi_r(x)\tilde{F}_r}{M_r(\omega_r^2-\omega^2)}=\sum_{r=1}^{\infty}\frac{\phi_r(x)\phi_r(a)}{M_r(\omega_r^2-\omega^2)}\tilde{F}_y(\omega) \tag{4-3-44}$$

3. 考虑阻尼时两端简支梁的受迫振动

结构通常会具有阻尼，为考虑阻尼的效果，一般采用复模态刚度 k_r' 取代无阻尼情形的模态刚度 k_r，即复模态刚度表达为：

$$K_r'=K_r(1+\mathrm{j}\eta) \tag{4-3-45}$$

式中：η 为损失因子。

则受迫简支梁的动力方程为：

$$-\omega^2M_r\tilde{q}_r+K_r(1+\mathrm{j}\eta)\tilde{q}_r=\tilde{F}_r \tag{4-3-46}$$

当阻尼是黏性阻尼时，受迫简支梁的动力方程具有更一般的形式：

$$-\omega^2M_r\tilde{q}_r+\mathrm{j}\omega C_r\tilde{q}_r+K_r\tilde{q}_r=\tilde{F}_r \tag{4-3-47}$$

式中：C_r 是第 r 阶模态阻尼系数。

最终简支梁的响应为：

$$\tilde{\eta}(x,\omega)=\sum_{r=1}^{\infty}\frac{\phi_r(x)\phi_r(a)}{M_r[\omega_r^2(1+\mathrm{j}\eta)-\omega^2]}\tilde{F}_y(\omega) \tag{4-3-48}$$

或

$$\tilde{\eta}(x,\omega)=\sum_{r=1}^{\infty}\frac{\phi_r(x)\phi_r(a)}{M_r(\omega_r^2-\omega^2+\mathrm{j}2\zeta_r\omega_r\omega)}\tilde{F}_y(\omega) \tag{4-3-49}$$

其中

$$\zeta_r=\frac{C_r}{2M_r\omega_r} \tag{4-3-50}$$

是模态阻尼比，对简谐振动，它与损失因子相关：

$$\zeta_r=\frac{1}{2}\frac{\omega_r}{\omega}\eta \tag{4-3-51}$$

这样，我们用一系列梁的规范模态线性叠加给出了梁的振动响应，而每阶响应都可看作质量-弹簧系统的振动响应。

4. 两端简支梁的驱动点力导纳和传递力导纳

作为例子，这里推导给出图 4-3-5 所示两端简支梁在集中激振力作用下的力导纳，使用模态叠加法。

由式(4-3-48)或式(4-3-49)，直接将之乘以 $\mathrm{j}\omega$ 并除以 $\tilde{F}_y(\omega)$ 就能得出驱动点力导纳和传递力导纳：

$$\tilde{Y}_{v_yF_y}(\omega)=\mathrm{j}\omega\sum_{r=1}^{\infty}\frac{\phi_r(b)\phi_r(a)}{M_r(\omega_r^2-\omega^2+\mathrm{j}2\zeta_r\omega_r\omega)} \tag{4-3-52}$$

或

$$\tilde{Y}_{v_yF_y}(\omega)=\mathrm{j}\omega\sum_{r=1}^{\infty}\frac{\phi_r(b)\phi_r(a)}{M_r[\omega_r^2(1+\mathrm{j}\eta)-\omega^2]} \tag{4-3-53}$$

在式(4-3-52)和式(4-3-53)中，当 $a=b$ 时，即为驱动点力导纳；当 $a\neq b$ 时，即为驱动点与响应位置不同、驱动方向与传递方向相同的传递力导纳。

图 4-3-6 给出了两端简支梁在特定横向激振力作用下驱动点力导纳随频率的变化，其中图(a)给出的是力导纳幅值随频率的变化，图(b)给出的是力导纳相位随频率的变化。

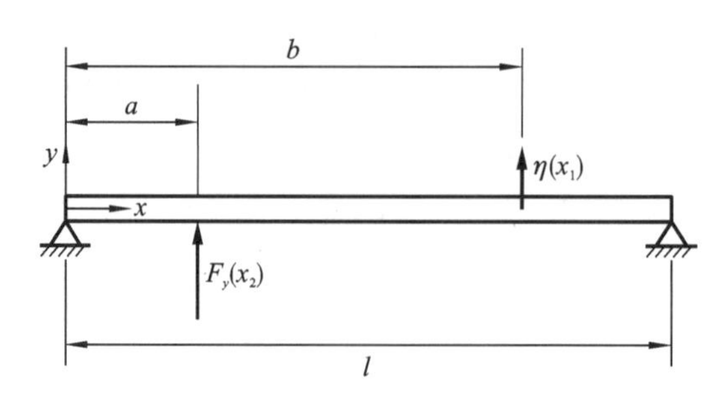

图 4-3-5　两端简支梁受集中激振力作用

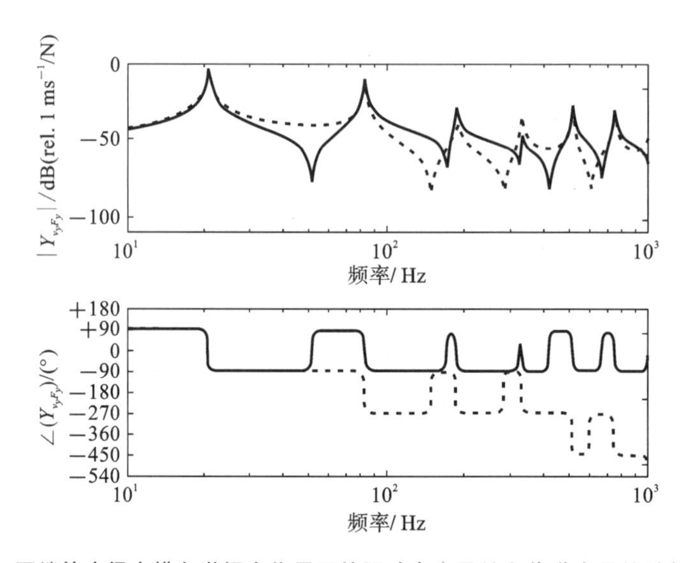

图 4-3-6　两端简支梁在横向激振力作用下的驱动点力导纳和传递力导纳随频率的变化

从幅值变化规律看(图 4-3-6(a)),驱动点力导纳幅值随频率在较大的范围内具有振荡变化特征,其中峰值频率对应于共振频率,谷值频率对应于反共振频率。存在共振与反共振现象是有界梁同无限梁的差别特征。有关共振与反共振的形成机理在 2.2.2 小节中已有过讨论。

如果将图 4-3-6 的驱动点力导纳同单自由度弹簧振子系统的力导纳(如图 4-2-6)对比,可以看到:在共振频率以下频率,简支梁的驱动点力导纳也呈现出线弹簧单元所表现的特征,即幅值随频率的增大而增大,相位在+90°附近;在共振频率以上频率,呈现出质量单元所表现的特征,即幅值随频率的增大而减小,相位在−90°附近;在共振频率处,幅值为峰值,相位改变了−180°,即滞后了 180°,相应的力学特性由线弹簧单元特性转变为质量单元特性,从而在共振频率处表现为阻尼单元特性。此后,驱动点力导纳又经历反共振频率,相位角再次改变+180°,即相位超前了 180°,力导纳特性由质量单元特性转变为线弹簧单元特性,然后再次按照线弹簧单元特性—阻尼单元特性—质量单元特性的规律随频率的增大而变化。这种变化是交替的,因此,驱动点力导纳的相位始终被限制在±90°之间。该物理现象可由集中激振力作用下时间平均的功率输入解释,激振力作用下时间平均的功率输入为

$$\overline{P} = \frac{1}{2} | \widetilde{F} |^2 \mathrm{Re}\{\widetilde{Y}_{v_yF_y}\} \tag{4-3-54}$$

因为激振力对梁的功率输入必须为正(因为激振力不可能从梁中吸收功率),驱动点力导纳的实部必须为正,所以驱动点力导纳的相位只能限定在±90°之间。必须强调的是,虽然从直观

上看，图 4-3-6 中相邻共振频率的间隔是随着频率的增大而减小的，但实际上相邻共振频率间隔是随着频率的增大而增大的，这是因为图中的横坐标是以“取对数”(log(　))的比例绘制的。

驱动点力导纳随频率以弹簧单元和质量单元的特性交替变化这一现象可以通过式(4-3-52)或式(4-3-53)解释。例如，图 4-3-7 中的虚线、点画线和点线给出了首三阶模态对驱动点力导纳的贡献。在低于第一共振频率处，力导纳主要贡献于第一阶模态，并表现为线弹簧单元的特性；此后随着频率的增大，高于第一共振频率后，第一阶模态表现为质量单元的特性。接下来，在第二阶共振频率附近，当频率低于第二阶共振频率时，第二阶模态成为力导纳的主要贡献来源，它表现为线弹簧单元特性，从而导致整体力导纳也表现为线弹簧单元的特性，直到频率高于第二阶共振频率后，力导纳又按照质量单元特性的规律随频率变化。类似地，在第三阶共振频率、第四阶共振频率……附近都会有这样的规律，从而使该过程交替重复发生于此后的所有共振频率处。在相邻的两个共振频率之间，两阶相邻模态的贡献具有相同的幅值，但相位相反。越过共振频率时，较低阶模态的质量单元特性会转化为较高阶模态的线弹簧单元特性，由于这两阶模态相位相反，因而叠加后的结果会因彼此抵消而导致非常小的响应，从而在该频率处，力导纳幅值的最终取值由更高阶的模态贡献，进而相关特性表现为更高阶模态的线弹簧单元特性。

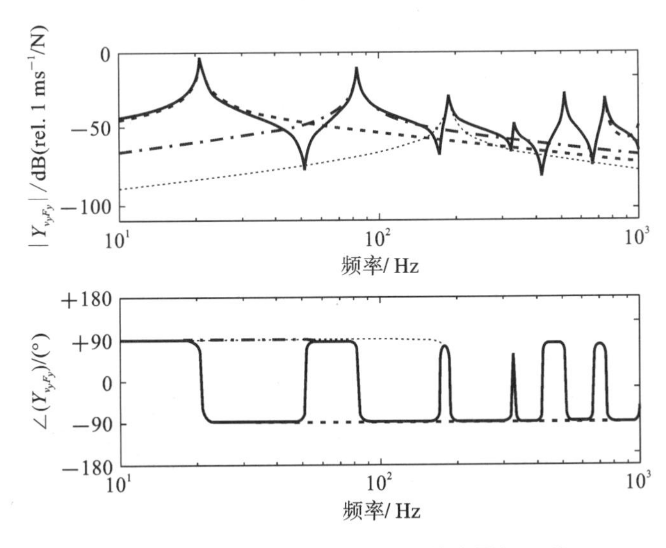

图 4-3-7 驱动点力导纳由各阶模态叠加贡献

从图 4-3-6 中的传递力导纳特性曲线上看，传递力导纳的共振频率与反共振频率不是交替出现的，传递力导纳不一定总是具有反共振频率。例如在第一共振频率和第二共振频率之间，传递力导纳并未经历反共振频率，虽然传递力导纳的幅值是谷值，但从相位上看，传递力导纳相位并未经历 180°的翻转，而是随频率的增大，相位连续滞后，然后在第二共振频率处再次经历 −180°的相位翻转，最终导致传递力导纳的相位不能限定于±90°之间。

在利用式(4-3-52)或式(4-3-53)计算力导纳时，本应通过对无限项进行求和来获得结果，但在实际使用中，通常只选取有限项进行求和。这样，分析人员必须决策：究竟需要对多少项进行求和才能在给定频率范围内得出具有足够精度的结果，即通过模态截断简化计算量。以计算两端简支梁在 1 kHz 以下频率的驱动点力导纳为例，图 4-3-8 说明了模态截断的决策方法。首先，由图 4-3-8(a)可见，在 1 kHz 以下频段内，所有自然频率处于该频段内的模态都对驱动点力导纳的结果有贡献，必须加以考虑；此外由图 4-3-8(b)可见，自然频率高于 1 kHz 的共振模态对反共振频率处的结果具有一定的影响，而对其他多数频率的结果具有相对较小的影响，因为与反共振频率相邻的两阶模态的结果在数值上相互抵消，使得高阶模态对力导纳的贡献凸显出来。不过，共振频率较高的高阶模态在所考虑的计算频段内只体现为线弹簧单元特性，因为1 kHz以下的频率都远低于这些高阶模态的共振频率，这样一来，高频模态对力导纳的贡献只需使用表征线弹簧单元特性的项表达就足够精确了。最终，式(4-3-52)和式(4-3-53)可表达为共振频率处于分析频段内的模态项加上仅表征弹簧单元的剩余项：

$$\widetilde{Y}_{v_yF_y}(\omega) \approx \mathrm{j}\omega \sum_{r=1}^{R} \frac{\phi_r(b)\phi_r(a)}{M_r[\omega_r^2(1+\mathrm{j}\eta)-\omega^2]} + \mathrm{j}\omega \sum_{r=R+1}^{\infty} \frac{\phi_r(b)\phi_r(a)}{M_r\omega_r^2} \tag{4-3-55}$$

由图4-3-8还可发现，在所考虑的频段内，随着模态阶数的增加，它们在分析频段内的幅值是快速下降的。这是由于：梁弯曲模型的相邻共振频率间隔会随着模态阶数的增加而增大，这导致高阶模态共振频率远离分析频段，它们作为剩余项对驱动点力导纳的贡献将随着模态阶数的增加而快速减小。因此，高阶剩余项的数量无须取得太多，因为它们对力导纳的贡献已显得微不足道。

需要说明的是，二维结构（如平板和曲壳）的平均相邻共振频率间隔随着频率的增大可以是常数，也可能减小，此时，剩余项不能随意截断，因为在考虑的分析频段内会存在数量较大的高阶模态剩余项，对驱动点力导纳具有不可忽略的贡献，简单随意的截断会带来较大误差。

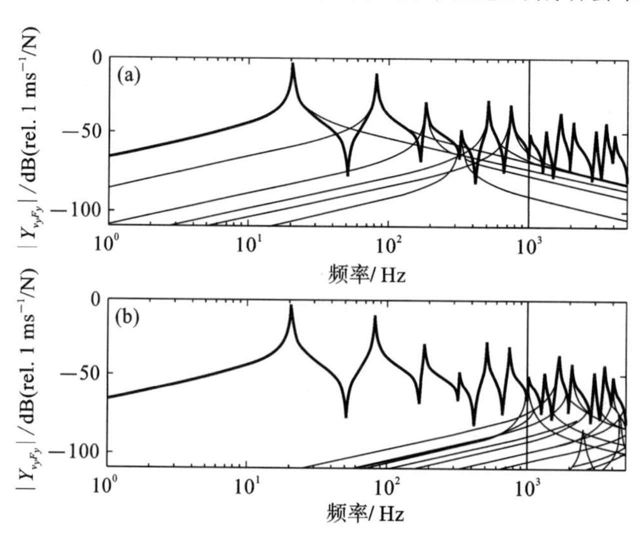

图4-3-8 各阶模态对简支梁驱动点导纳的贡献

5. 当驱动力与响应方向不同时两端简支梁的传递力导纳

$x=b$处的角速度复数幅值与$x=a$处的激振力复数幅值之比是传递力导纳：

$$\widetilde{Y}_{w_zF_y}(\omega) = \frac{\widetilde{w}_z(b,\omega)}{\widetilde{F}_y(a,\omega)} \tag{4-3-56}$$

它可由式(4-3-52)或式(4-3-53)对x求微分给出：

$$\widetilde{Y}_{w_zF_y}(\omega) = \mathrm{j}\omega \sum_{r=1}^{\infty} \frac{\psi_r(b)\phi_r(a)}{M_r[\omega_r^2(1+\mathrm{j}\eta)-\omega^2]} \tag{4-3-57}$$

式中

$$\psi_r(x) = \frac{\mathrm{d}\phi_r(x)}{\mathrm{d}x} \tag{4-3-58}$$

如图 4-3-9 所示，当梁被 $x=a$ 处的简谐力矩 $\widetilde{M}_z\exp(\mathrm{j}\omega t)$ 激振，为求梁的响应，将激振力矩用一对横向力偶取代：

$$\pm\widetilde{F}_y=\pm\widetilde{M}_z/d,\quad d\to 0 \tag{4-3-59}$$

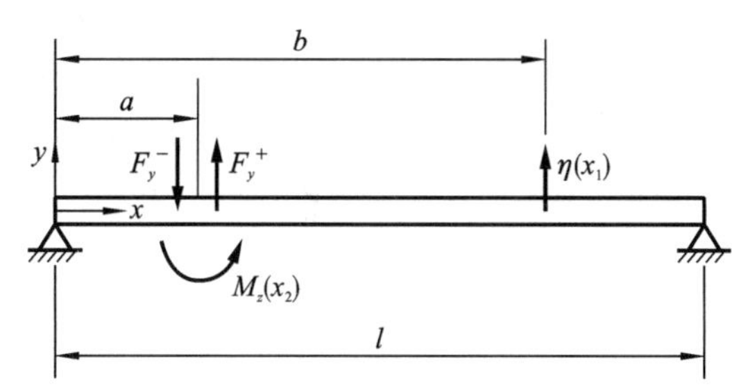

图 4-3-9　两端简支梁受到激振力矩作用可等效为受到一对横向激振力偶作用

梁的响应是这两个力引起的结果的叠加：

$$\begin{aligned}\widetilde{\eta}(x)&=\lim_{d\to 0}\sum_{r=1}^{\infty}\frac{\phi_r(x)\left[\phi_r\left(a+\dfrac{d}{2}\right)-\phi_r\left(a-\dfrac{d}{2}\right)\right]}{M_r[\omega_r^2(1+\mathrm{j}\eta)-\omega^2]}\widetilde{F}_y(\omega)\\&=\sum_{r=1}^{\infty}\frac{\phi_r(x)}{M_r[\omega_r^2(1+\mathrm{j}\eta)-\omega^2]}\lim_{d\to 0}\frac{\phi_r\left(a+\dfrac{d}{2}\right)-\phi_r\left(a-\dfrac{d}{2}\right)}{d}\widetilde{M}_z(\omega)\end{aligned} \tag{4-3-60}$$

式(4-3-60)中的极限对应于 $\phi_r(x)$ 在相应点的导数，即激振力矩。这样，$x=b$ 处的横向速度复数幅值与 $x=a$ 处的激振力矩复数幅值之比给出的传递力导纳为：

$$\widetilde{Y}_{v_yM_z}(\omega)=\mathrm{j}\omega\frac{\widetilde{\eta}(b,\omega)}{\widetilde{M}_z(a,\omega)}=\mathrm{j}\omega\sum_{r=1}^{\infty}\frac{\phi_r(b)\psi_r(a)}{M_r[\omega_r^2(1+\mathrm{j}\eta)-\omega^2]} \tag{4-3-61}$$

将式(4-3-60)对 x 求微分可得到由 $x=b$ 处的角速度复数幅值与 $x=a$ 处的激振力矩复数幅值之比定义的传递力导纳：

$$\widetilde{Y}_{w_zM_z}(\omega)=\frac{\widetilde{w}_z(b,\omega)}{\widetilde{M}_z(a,\omega)}=\mathrm{j}\omega\sum_{r=1}^{\infty}\frac{\psi_r(b)\psi_r(a)}{M_r[\omega_r^2(1+\mathrm{j}\eta)-\omega^2]} \tag{4-3-62}$$

6. 容抗与加速度抗

容抗定义为单位激振力引起的位移响应，表达为

$$\widetilde{\alpha}=\frac{\widetilde{\eta}}{\widetilde{F}} \tag{4-3-63}$$

加速度抗定义为单位激振力引起的加速度响应，表达为

$$\widetilde{A}=-\omega^2\frac{\widetilde{\eta}}{\widetilde{F}} \tag{4-3-64}$$

加速度抗也称惯性抗。

容抗、力导纳或加速度抗的倒数被分别称为动刚度、力阻抗和质量抗。

动刚度：

$$\widetilde{K}=\frac{\widetilde{F}}{\widetilde{\eta}}=\frac{1}{\widetilde{\alpha}} \tag{4-3-65}$$

力阻抗：

$$\widetilde{Z}=\frac{\widetilde{F}}{\mathrm{j}\omega\widetilde{\eta}}=\frac{1}{\widetilde{Y}} \tag{4-3-66}$$

质量抗：

$$\widetilde{M}=-\frac{\widetilde{F}}{\omega^{2}\widetilde{\eta}}=\frac{1}{\widetilde{A}} \tag{4-3-67}$$

图 4-3-10 给出了两端简支梁的容抗 $\widetilde{\alpha}$、力阻抗 $\widetilde{Y}$ 和质量抗 $\widetilde{A}$ 随频率的变化情况。其中激振力的位置取为 $x_1=0.27l$，响应位置取为 $x_2=0.63l$。由图可见，它们的峰谷特性在频率上是完全一致的，但它们的几何平均曲线不同：容抗 $\widetilde{\alpha}$ 的几何平均曲线随频率按照正比于 $1/\omega$ 的规律降低，惯性抗 $\widetilde{A}$ 的几何均曲线随频率按照正比于 ω 的规律上升。

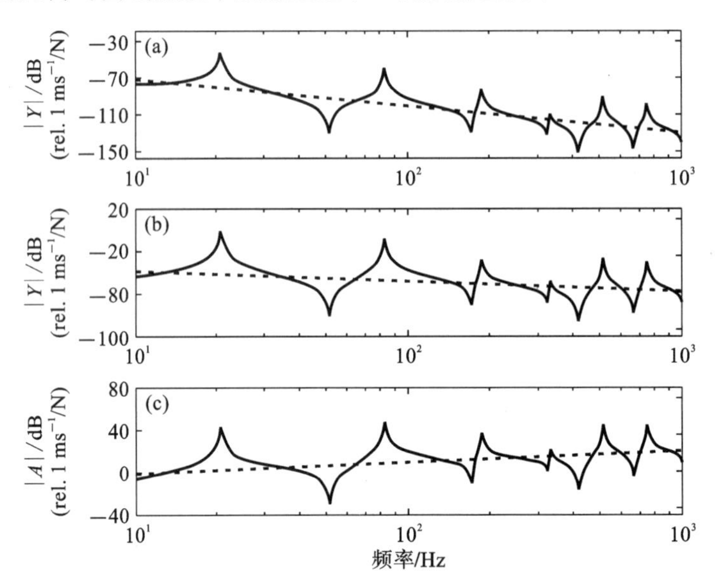

图 4-3-10　两端简支梁的容抗、力阻抗和质量抗随频率的变化情况

4.4　均匀薄平板的力导纳和力阻抗

本节将给出无限薄平板和矩形薄平板的弯曲力导纳和力阻抗。对矩形薄平板，因为解析解很难给出，所以只能通过模态叠加法给出结果。

4.4.1　无限薄平板的力导纳

1. 无限薄平板在集中横向激振力作用下的动力响应

在平板弯曲波动方程（见式（1-7-2））的基础上，可以给出具有横向力分布激振的薄平板动力方程：

$$D\left(\frac{\partial^4 \eta(x,z)}{\partial x^4}+2\frac{\partial^4 \eta(x,z)}{\partial x^2 \partial z^2}+\frac{\partial^4 \eta(x,z)}{\partial z^4}\right)+m\frac{\partial^2 \eta(x,z)}{\partial t^2}=p_y(x,z,t) \tag{4-4-1}$$

式中：D 为平板的弯曲刚度；m 为平板单位面积的质量；$p_y(x,z,t)$ 为平板上垂直于平板的单位面积激振力分布。它们具体表达分别为：

$$D=\frac{Eh^3}{12(1-\upsilon^2)},\quad m=\rho h,\quad p_y(x,z,t)=\widetilde{p}_y(x,z)e^{j\omega t} \tag{4-4-2}$$

当横向激振力为集中激振力时，激振力表达为：

$$p_y(x,z,t)=\widetilde{F}_y\delta(x-a,y-b)\mathrm{e}^{\mathrm{j}\omega t} \tag{4-4-3}$$

其中，$\delta(x-a,y-b)$是 Dirac 函数，满足：

$$\delta(x-a,y-b)=\begin{cases}1 & x=a \text{ 且 } z=b\\ 0 & x\neq a \text{ 或 } z\neq b\end{cases} \tag{4-4-4}$$

横向集中激振力作用下的薄平板响应推导过程十分复杂，其基本过程类似于梁在横向集中激振力作用下的响应推导过程，只不过使用了圆柱坐标系，如图 4-4-1 所示，响应表达为：

$$\tilde{\eta}(r,\alpha)=\frac{-\mathrm{j}\widetilde{F}_y}{8Dk_{\mathrm{b}}^2}\left[\mathrm{H}_0^{(2)}(k_{\mathrm{b}}r)-\mathrm{j}\frac{2}{\pi}K_0(k_{\mathrm{b}}r)\right] \tag{4-4-5}$$

式中：$H_0^{(2)}(k_{\mathrm{b}}r)$是第二类 0 阶 Hankel 函数；$K_0(k_{\mathrm{b}}r)$是第二类 0 阶修正的 Bessel 函数；$k_{\mathrm{b}}=(\omega^2m/D)^{1/4}$，为弯曲波波数。

图 4-4-2 是集中激振力作用下平板横向速度的实部和虚部所形成的空间场波形。由图可见，在无因次距离 $k_{\mathrm{b}}r$ 很小时，实部项由近场主控，因为在源点附近的值很大，但随着无因次距离 $k_{\mathrm{b}}r$ 的增加而快速衰减；虚部随着 $k_{\mathrm{b}}r$ 的增加而趋于零。

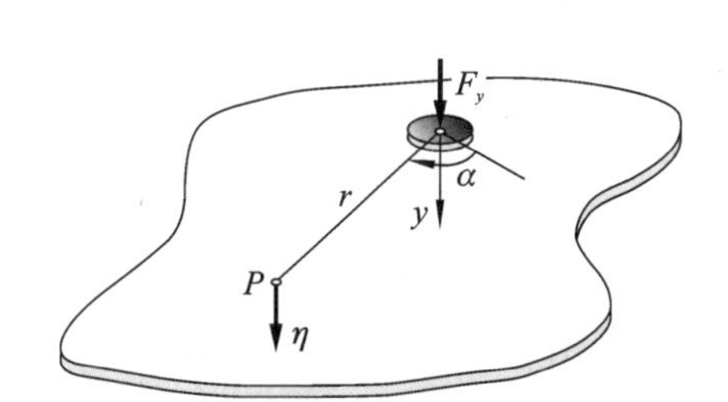

图 4-4-1 在圆柱坐标系中推导集中激振力作用下平板的运动响应

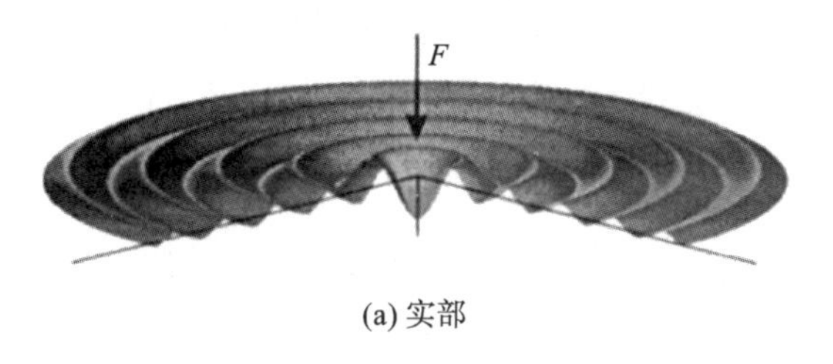

(a) 实部

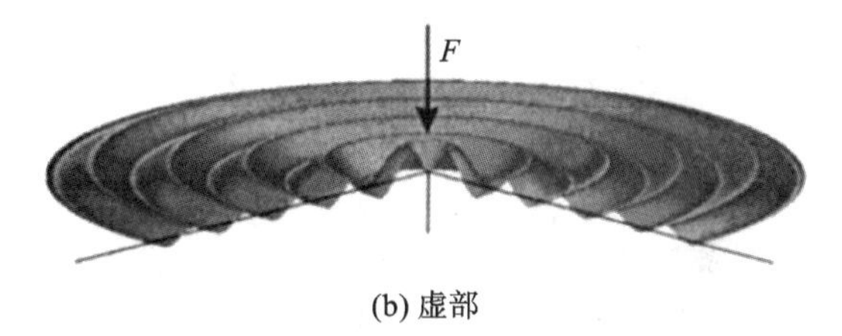

(b) 虚部

图 4-4-2 集中激振力作用下平板横向速度的实部和虚部所形成的空间场波形

2. 无限薄平板在激振力矩作用下的动力响应

假定薄平板受到一对距离为 $2e$、作用方向相反的横向激振力，当 e 趋于零时，薄平板的动力响应就是平板在力矩 M_u 作用下的响应，如图 4-4-3 所示。

在圆柱坐标系下，无限薄平板在激振力矩作用下的动力响应表达式：

$$\tilde{\eta}(r,\alpha)=\frac{-\mathrm{j}\widetilde{M}_y\sin(\alpha-\varepsilon)}{8Dk_{\mathrm{b}}}\left[\mathrm{H}_1^{(2)}(k_{\mathrm{b}}r)-\mathrm{j}\frac{2}{\pi}K_1(k_{\mathrm{b}}r)\right] \tag{4-4-6}$$

式中：$H_1^{(2)}(k_{\mathrm{b}}r)$是第二类 1 阶 Hankel 函数；$K_1(k_{\mathrm{b}}r)$是第二类 1 阶修正的 Bessel 函数；$\varepsilon$ 为表征激振力矩方向的极角；α 为响应点位置的极角。

图 4-4-4 是激振力矩作用下平板横向速度的实部和虚部所形成的空间场波形。由图可见，在力矩激振情形下，近场特征不是十分显著。

3. 无限薄平板的力导纳

根据式(4-4-5)和式(4-4-6)可直接给出响应为横向速度的力导纳：

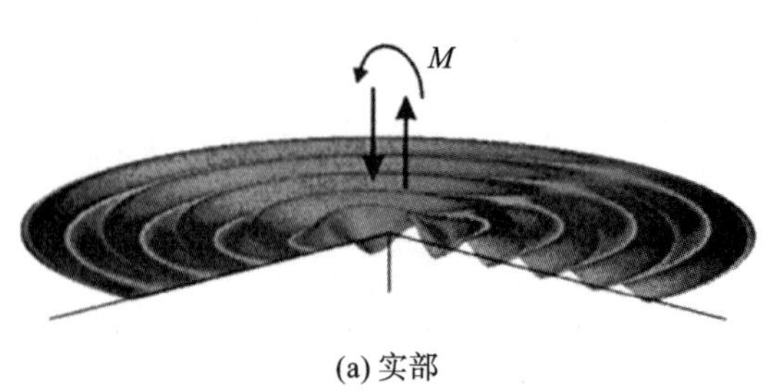

(a) 实部

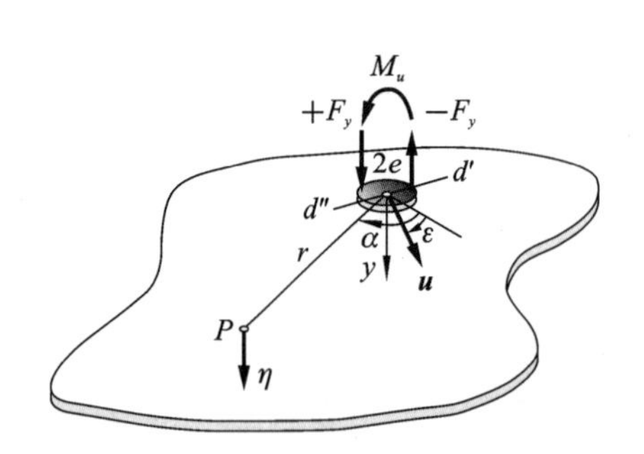

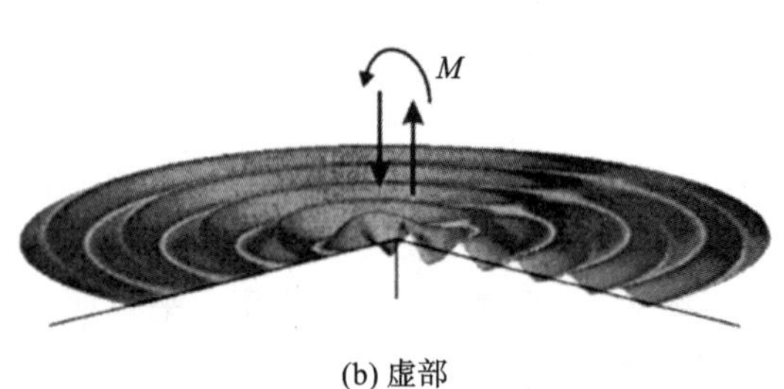

(b) 虚部

图 4-4-3　在圆柱坐标系中推导激振力矩作用下平板的运动响应

图 4-4-4　激振力矩作用下平板横向速度的实部和虚部所形成的空间场波形

$$\widetilde{Y}_{v_yF_y}=\frac{\omega}{8Dk_b^2}\left[H_0^{(2)}(k_br)-j\frac{2}{\pi}K_0(k_br)\right]\tag{4-4-7}$$

$$\widetilde{Y}_{v_yM_u}=\frac{\omega\sin(\alpha-\varepsilon)}{8Dk_b}\left[H_1^{(2)}(k_br)-j\frac{2}{\pi}K_1(k_br)\right]\tag{4-4-8}$$

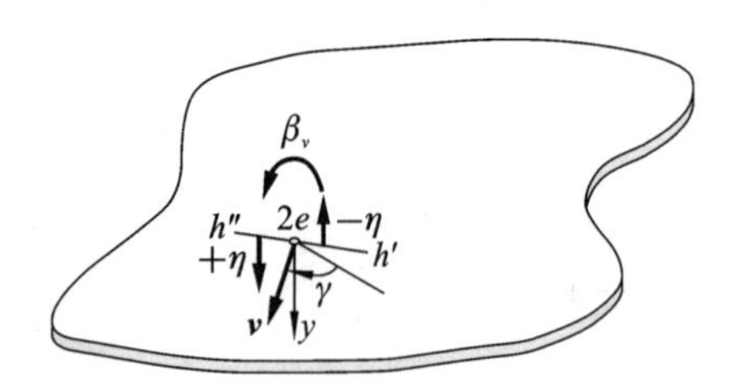

图 4-4-5　平板在 v 方向的角位移

除了垂直于平板的横向速度可作为力导纳的响应量外，平板截面的转角速度也可作为力导纳的响应量。

如图 4-4-5 所示，如果已知转动方向为 $\boldsymbol{v}$，则平板截面绕 $\boldsymbol{v}$ 的转角为：$\beta_v=\partial\eta(r,\alpha)/\partial h$，$h$ 指向垂直于 $\boldsymbol{v}$ 的方向；相应的转动角速度表达为 $\widetilde{w}_v=j\omega\beta_v$。由此，可以在前面推导的基础上给出以平板截面转动速度为运动量的力导纳：

$$\widetilde{Y}_{w_vF_y}=-\frac{\omega\sin(\alpha-\gamma)}{8Dk_b}\left[H_1^{(2)}(k_br)-j\frac{2}{\pi}K_1(k_br)\right]\tag{4-4-9}$$

及

$$\widetilde{Y}_{w_vM_u}=\frac{\omega}{8D}\left\{\begin{aligned}&\sin(\alpha-\gamma)\sin(\alpha-\varepsilon)\left[\begin{aligned}&H_0^{(2)}(k_br)-j\frac{2}{\pi}K_0(k_br)-\\&\frac{H_1^{(2)}(k_br)}{k_br}+j\frac{2}{\pi k_br}K_1(k_br)\end{aligned}\right]\\&+\frac{\cos(\alpha-\gamma)\cos(\alpha-\varepsilon)}{k_br}\left[H_1^{(2)}(k_br)-j\frac{2}{\pi}K_1(k_br)\right]\end{aligned}\right\}\tag{4-4-10}$$

以上结果中，令 $r=0$，可得：

$$\widetilde{Y}_{w_vF_y}\mid_{r=0}=0,\quad \widetilde{Y}_{v_yM_u}\mid_{r=0}=0\tag{4-4-11}$$

即横向激振力 $\widetilde{F}_y$ 不能在激振点处产生角速度，激振力矩 $\widetilde{M}_u$ 也不能在激振点处产生垂向速度。

还可得到：

$$\widetilde{Y}_{v_y F_y}\Big|_{r=0} = \frac{\omega}{8Dk_b^2} = \frac{1}{8\sqrt{Dm}} \tag{4-4-12}$$

及

$$\widetilde{Y}_{w_v M_u}\Big|_{r=0} = \frac{\omega}{16D}\left[1 - \mathrm{j}\,\frac{4}{\pi}\ln(k_b \mathrm{e})\right] \tag{4-4-13}$$

由式(4-4-12)和式(4-4-13)可见，当集中横向激振力作用于无限薄平板时，驱动点力导纳是纯实数，激振力如同作用于频率相关的阻尼单元。当方向处于平板内的激振力矩作用于无限薄平板时，驱动点力导纳既具有正实部，也具有虚部，激振力矩如同作用于频率相关的阻尼单元和线弹簧单元串联的组合。

4.4.2 简支矩形薄平板的力导纳

1. 简支矩形薄板在激振力(矩)作用下的位移响应

简支矩形薄板边长分别为 l_x、l_z，坐标原点在矩形的一个角点上，坐标轴 x、z 沿着矩形边，y 轴垂直于平板。记激振力(矩)作用位置为(x_1,z_1)，响应点位置为(x_2,z_2)。

采用模态叠加法可以给出垂直于平面的横向位移响应：

$$\tilde{\eta}(x,z) = \sum_{r=1}^{\infty} \frac{\phi_r(x,z)\widetilde{F}_r}{M_r[\omega_r^2(1+\mathrm{j}\eta)-\omega^2]} \tag{4-4-14}$$

该式是考虑了结构阻尼的表达式。式中：η 为结构阻尼系数；$\widetilde{F}_r$ 为模态激振力，表达为

$$\widetilde{F}_r = \int_0^{l_x}\int_0^{l_z} \tilde{p}_y(x,z)\phi_r(x,z)\,\mathrm{d}x\mathrm{d}z \tag{4-4-15}$$

其中，$M_r=\rho l_x l_z h$，是模态质量。自然频率和模态振型表达为：

$$\omega_r = \sqrt{\frac{D}{m}}\left[\left(\frac{r_1\pi}{l_x}\right)^2 + \left(\frac{r_2\pi}{l_y}\right)^2\right] \tag{4-4-16}$$

$$\phi_r(x,z) = 2\sin\left(\frac{r_1\pi}{l_x}\right)\sin\left(\frac{r_2\pi}{l_y}\right) \tag{4-4-17}$$

其中，r_1 和 r_2 为模态阶数，即第 r_1 阶模态，第 r_2 阶模态。m、D 的含义在无限薄平板的有关论述中已经给予了说明。

激振力作用于(x_1,z_1)引起的(x_2,z_2)位置处的位移响应为：

$$\tilde{\eta}(x_2,z_2,\omega) = \sum_{r=1}^{\infty} \frac{\phi_r(x_2,z_2)\phi_r(x_1,z_1)}{M_r[\omega_r^2(1+\mathrm{j}\eta)-\omega^2]}\widetilde{F}_r(\omega) \tag{4-4-18}$$

当激振力矩作用于(x_1,z_1)时，要给出它引起(x_2,z_2)位置处的位移响应，可取两个具有一定距离、方向相反的激振力组成力偶来等效激振力矩，对这两个集中激振力分别引起的响应结果进行叠加，然后令距离趋近于零，最终获得由激振力矩引起的位移响应结果。最终结果为：

$$\tilde{\eta}(x_2,z_2,\omega) = \sum_{r=1}^{\infty} \frac{\phi_r(x_2,z_2)\psi_r(x_1,z_1)}{M_r[\omega_r^2(1+\mathrm{j}\eta)-\omega^2]}\widetilde{M}_u(\omega) \tag{4-4-19}$$

式中

$$\psi_r^u(x,z) = -2\sin\left(\varepsilon\frac{\partial\phi_r(x,z)}{\partial z}\right) + \cos\left(\varepsilon\frac{\partial\phi_r(x,z)}{\partial x}\right) \tag{4-4-20}$$

2. 简支矩形薄板的力导纳

在获得激振力(或力矩)作用下的位移响应表达式后,可以给出四个力导纳:

$$\widetilde{Y}_{v_yF_y} = \frac{\widetilde{v}_y}{\widetilde{F}_y},\quad \widetilde{Y}_{w_vF_y} = \frac{\widetilde{w}_v}{\widetilde{F}_y},\quad \widetilde{Y}_{v_yM_u} = \frac{\widetilde{v}_y}{\widetilde{M}_u},\quad \widetilde{Y}_{w_vM_u} = \frac{\widetilde{w}_v}{\widetilde{M}_u} \tag{4-4-21}$$

用统一的表达式可写为:

$$\widetilde{Y}(\omega) = \mathrm{j}\omega\sum_{r=1}^{\infty}\frac{f_r(x_2,z_2)g_r(x_1,z_1)}{M_r[\omega_r^2(1+\mathrm{j}\eta)-\omega^2]} \tag{4-4-22}$$

对 $\widetilde{Y}_{v_yF_y}$,

$$f_r = \phi_r,\quad g_r = \phi_r \tag{4-4-23}$$

对 $\widetilde{Y}_{w_vF_y}$,

$$f_r = \psi_r^v,\quad g_r = \phi_r \tag{4-4-24}$$

对 $\widetilde{Y}_{v_yM_u}$,

$$f_r = \phi_r,\quad g_r = \psi_r^u \tag{4-4-25}$$

对 $\widetilde{Y}_{w_vM_u}$,

$$f_r = \psi_r^v,\quad g_r = \psi_r^u \tag{4-4-26}$$

图 4-4-6 是针对平板给出的力导纳 $\widetilde{Y}_{v_yF_y}$、$\widetilde{Y}_{v_yM_x}$ 和 $\widetilde{Y}_{w_xM_x}$ 的模和相位随频率的变化曲线,其中驱动点与响应点在相同位置的结果以粗实线表示,驱动点与响应点在不同位置的结果以细实线表示。作为对比,图 4-4-6(a)和图 4-4-6(c)中还以虚线形式给出了无限薄平板的驱动点力导纳 $\widetilde{Y}_{v_yF_y}$ 和 $\widetilde{Y}_{w_xM_x}$ 随频率的变化曲线。

这些图解释了一系列重要的特征:

(1) $\widetilde{Y}_{v_yF_y}$ 和 $\widetilde{Y}_{w_xM_x}$ 具有典型的驱动点力导纳特征,它们的频率曲线都具有共振与反共振交替出现的特征,相位在±90°之间交替变化,实部是正数。而 $\widetilde{Y}_{v_yM_x}$ 的相位就不仅限于±90°之间,其相位随频率的增大而不断滞后,例如,在 1 kHz 频率时,$\widetilde{Y}_{v_yM_x}$ 的相位滞后了 32 rad,这说明,虽然驱动点和相应点为同一位置,但 $\widetilde{Y}_{v_yM_x}$ 不是驱动点力导纳。

(2) 将无限薄平板的驱动点力导纳频率曲线和有限薄平板的驱动点力导纳频率曲线相对比,可以看到,无限薄平板的驱动点力导纳是有限薄平板驱动点力导纳的几何平均曲线。对无限薄平板,$\widetilde{Y}_{v_yF_y}$ 是常数,不随频率变化;$\widetilde{Y}_{w_xM_x}$ 随频率的增大呈线性增大趋势,这一规律可从式(4-4-12)和式(4-4-2)得到印证。激振力矩引起角位移力导纳的频率变化规律似乎可以表明,力激振和角位移在高频结构噪声问题中具有特别的重要性,而且工程实践表明,力矩激振和角位移的控制对多部件组合复杂结构中的结构噪声传递具有重要的影响。

(3) 在较高频率处,频率响应呈现出广带谱特征——相邻共振频率间的间隔变得极小,使得离散的共振频率难以被区分。这意味着响应结果由成簇的共振模态控制。对本例而言,在 220 Hz 以上,就呈现了高频振动特征。

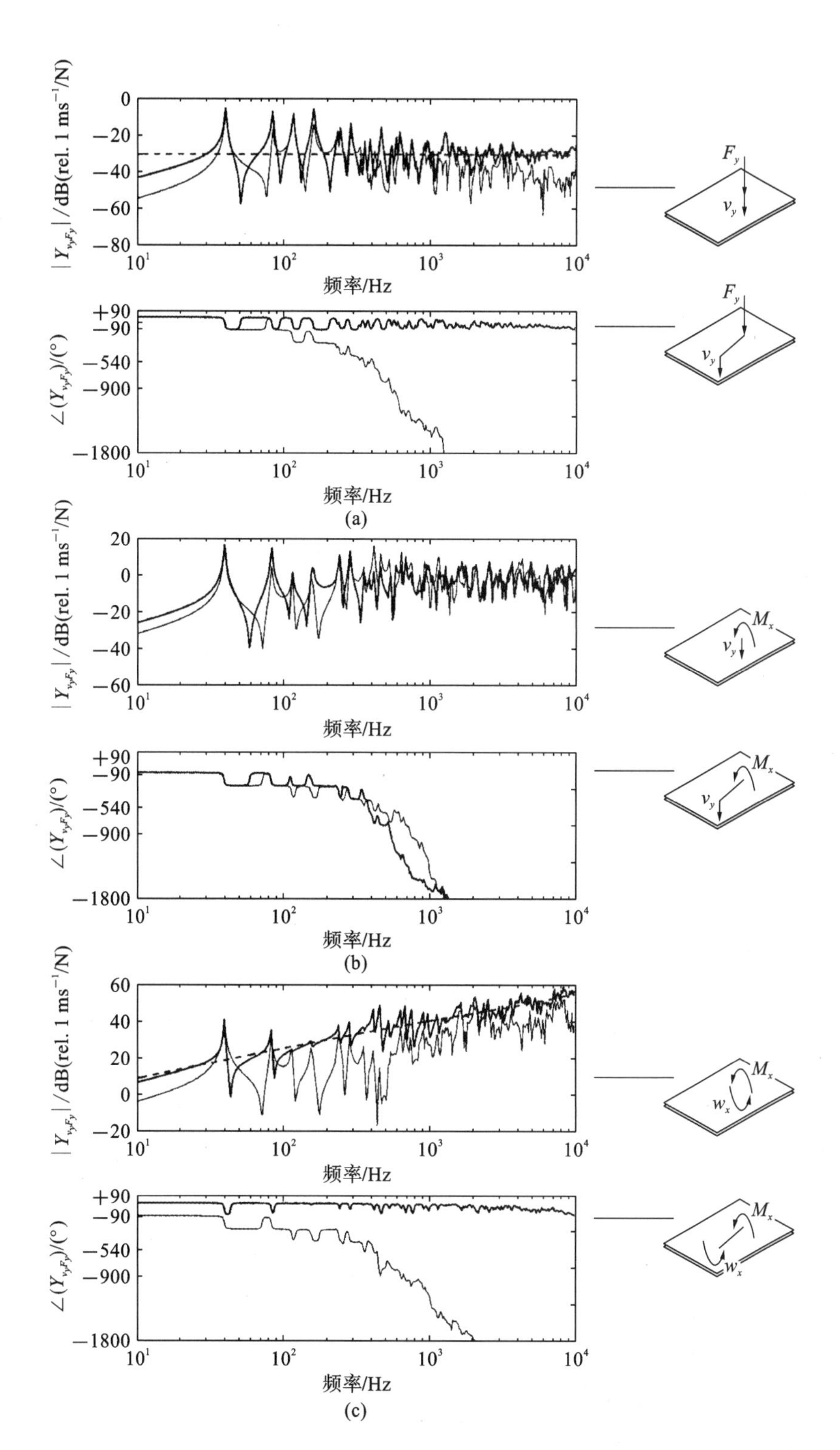

图 4-4-6　简支矩形薄板的驱动点力导纳和传递力导纳

4.5 力导纳和力阻抗的矩阵模型

本节将给出具有分布机械特性的结构力阻抗和力导纳。由于分布机械特性的结构具有不止一个自由度，因此对力阻抗的表示需采用矩阵形式。如弯曲梁的振动响应既包括平动位移也包括转动位移，激振源既包括横向力也包括力矩。为了统一表述，需要基于矩阵方法构造多自由度力导纳或力阻抗模型。

4.5.1 力导纳和力阻抗的矩阵模型

考虑如图 4-5-1 所示的一般线性系统，它具有 n 个自由度，对每个自由度都可以给出力导纳，力导纳有 $n\times n$ 个，其一般形式可表示为：

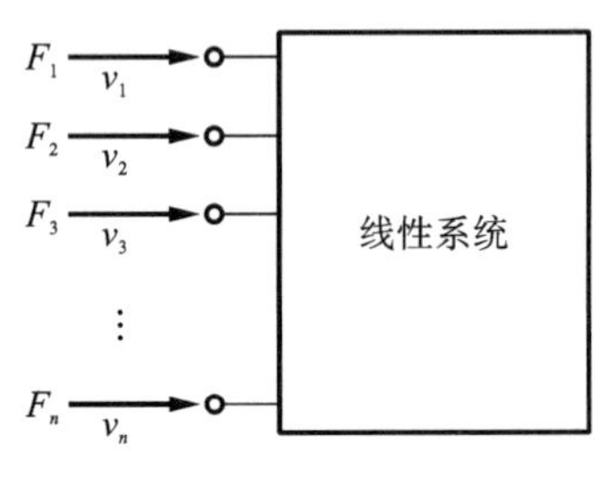

图 4-5-1 具有 n 个自由度的一般线性系统

$$\widetilde{Y}_{ij}=\frac{\widetilde{v}_i}{\widetilde{F}_j}\bigg|_{\widetilde{F}_{k\neq j}=0} \tag{4-5-1}$$

若将 n 个速度和 n 个力分别用矩阵向量表示为 $\boldsymbol{v}$ 和 $\boldsymbol{f}$，则该系统的动力关系就可用力导纳矩阵表达为：

$$\boldsymbol{v}=\boldsymbol{Y}\boldsymbol{f} \tag{4-5-2}$$

式中，矩阵 $\boldsymbol{Y}$ 的元素就由式(4-5-1)给出。与此对应，还可以定义力阻抗矩阵 $\boldsymbol{Z}$，满足：

$$\boldsymbol{f}=\boldsymbol{Z}\boldsymbol{v} \tag{4-5-3}$$

其中，矩阵 $\boldsymbol{Z}$ 的元素表达为：

$$\widetilde{Z}_{ij}=\frac{\widetilde{F}_i}{\widetilde{v}_j}\bigg|_{\widetilde{v}_{k\neq j}=0} \tag{4-5-4}$$

力导纳和力阻抗矩阵是针对具有特定约束条件的结构给出的，反映了结构在特定约束条件下的机械特征。如在力导纳矩阵的定义中，针对每个 $\widetilde{F}_j$ 和每个 $\widetilde{v}_i$ 给出力导纳矩阵的元素 $\widetilde{Y}_{ij}$，特定的约束条件就是对 $k\neq j$，$\widetilde{F}_k=0$；在力阻抗矩阵的定义中，针对每个 $\widetilde{v}_j$ 和每个 $\widetilde{F}_i$ 给出力阻抗矩阵的元素 $\widetilde{Z}_{ij}$，特定的约束条件为对 $k\neq j$，$\widetilde{v}_k=0$。再例如，如果需要增加考虑某个自由度的激振力机械特性，新的力导纳矩阵可以通过在原力导纳矩阵的基础上增加一行、一列元素得到；但对力阻抗矩阵则需要重新定义，而不能直接在原力阻抗矩阵的基础通过增加一行、一列元素得到，因为增加了自由度后，约束条件也随之改变了，原来力阻抗矩阵的每一元素都因增加了约束自由度而需要重写。

力阻抗矩阵与力导纳矩阵具有互逆关系：

$$\boldsymbol{Z}=\boldsymbol{Y}^{-1} \tag{4-5-5}$$

矩阵的互逆关系意味着，对一般多自由度系统，$\widetilde{Z}_{ij}\neq 1/\widetilde{Y}_{ij}$，这是和单自由度系统不同的地方。

根据弹性结构的互易性原理，力阻抗矩阵具有对称性，即满足 $\widetilde{Z}_{ij}=\widetilde{Z}_{ji}$，$\widetilde{Y}_{ij}=\widetilde{Y}_{ji}$。此外，对弹性结构，力阻抗矩阵是非负定的，该结论意味着：系统的振动功率是由外部激振力输入的。

4.5.2 四端参数法

四端参数法是用系统的力阻抗(力导纳)关系所给出的、用以表达系统对振动和力的传递关系的方法。四端参数法特别适用于这样的工程场景：多个机械系统通过单点或多点成串连接，一个或多个自由度的物理量通过每个连接点进行传递。此时，各自由度物理量间的关系通过分组的方式表达。例如，针对图 4-5-2 所示的线性系统，该系统同其他部件的连接接口被分为两组：组 1 具有物理量 $\boldsymbol{f}_1$、$\boldsymbol{v}_1$，组 2 具有物理量 $\boldsymbol{f}_2$、$\boldsymbol{v}_2$，它们的关系表达为：

图 4-5-2　具有 n 个终端的线性系统

$$\begin{bmatrix}\boldsymbol{v}_1\\ \boldsymbol{v}_2\end{bmatrix}=\begin{bmatrix}\boldsymbol{Y}_{11} & \boldsymbol{Y}_{12}\\ \boldsymbol{Y}_{21} & \boldsymbol{Y}_{22}\end{bmatrix}\begin{bmatrix}\boldsymbol{f}_1\\ \boldsymbol{f}_2\end{bmatrix} \tag{4-5-6}$$

或

$$\begin{bmatrix}\boldsymbol{f}_1\\ \boldsymbol{f}_2\end{bmatrix}=\begin{bmatrix}\boldsymbol{Z}_{11} & \boldsymbol{Z}_{12}\\ \boldsymbol{Z}_{21} & \boldsymbol{Z}_{22}\end{bmatrix}\begin{bmatrix}\boldsymbol{v}_1\\ \boldsymbol{v}_2\end{bmatrix} \tag{4-5-7}$$

即利用四组变量间的关系描述系统的传递特性。

在式(4-5-6)或式(4-5-7)的基础上，还可给出系统两个端口物理量的传递关系：

$$\begin{bmatrix}\boldsymbol{v}_2\\ \boldsymbol{f}_2\end{bmatrix}=\begin{bmatrix}\boldsymbol{T}_{11} & \boldsymbol{T}_{12}\\ \boldsymbol{T}_{21} & \boldsymbol{T}_{22}\end{bmatrix}\begin{bmatrix}\boldsymbol{v}_1\\ -\boldsymbol{f}_1\end{bmatrix} \tag{4-5-8}$$

4.5.3　四端参数法的应用例子

下面，通过例子说明四端参数法的具体应用。

图 4-5-3 是通过弹性结构连接的双梁系统模型：下梁和上梁通过弹性结构连接，弹性连接结构被简化为线弹簧单元和角弹簧单元的并联组合，线弹簧单元能够通过平动形变传递力，角弹簧单元能够通过转动形变传递力矩，它们的刚度系数是常数。若已知下梁在一端受到横向简谐激振力 F_{yp} 的作用，则下梁将通过弹性连接结构将激振力或力矩传递给上梁，从而使整个系统产生振动。这里，希望给出两根梁的动力响应及弹性连接结构所传递的激振力和力矩。在后续分析中，下梁同弹性结构的连接点被标记为 1，上梁同弹性结构的连接点被标记为 2。

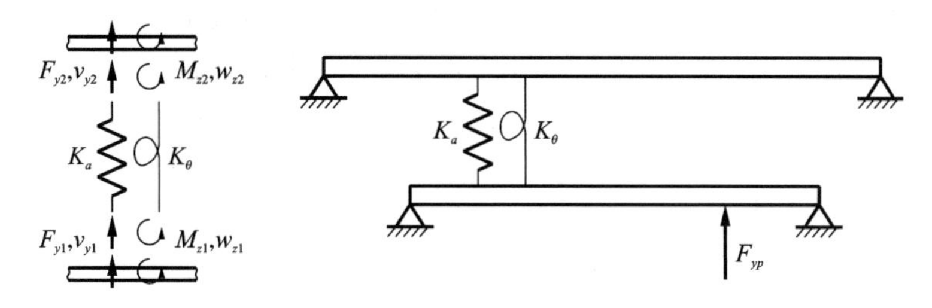

图 4-5-3　通过线弹簧和角弹簧连接的双梁系统

首先，根据力阻抗的定义，可给出上梁和下梁在连接点处的响应与激振力或力矩间的关系。对下梁有：

$$\begin{bmatrix}\tilde{v}_{y1}\\ \tilde{w}_{z1}\end{bmatrix}=\begin{bmatrix}\tilde{Y}'_{v_{y1}F_{y1}} & \tilde{Y}'_{v_{y1}M_{z1}}\\ \tilde{Y}'_{w_{z1}F_{y1}} & \tilde{Y}'_{w_{z1}M_{z1}}\end{bmatrix}\begin{bmatrix}\tilde{F}_{y1}\\ \tilde{M}_{z1}\end{bmatrix}+\begin{bmatrix}\tilde{Y}'_{v_{y1}F_{yp}} & 0\\ \tilde{Y}'_{w_{z1}F_{yp}} & 0\end{bmatrix}\begin{bmatrix}\tilde{F}'_{yp}\\ 0\end{bmatrix} \tag{4-5-9}$$

或

$$\boldsymbol{v}_1=\boldsymbol{Y}_{11}\boldsymbol{f}_1+\boldsymbol{Y}_{1p}\boldsymbol{F}_p \tag{4-5-10}$$

式中：$\tilde{v}_{y1}$、$\tilde{w}_{z1}$ 为1点处的线速度和转动角速度；$\tilde{Y}'_{v_{y1}F_{y1}}$、$\tilde{Y}'_{v_{y1}M_{z1}}$、$\tilde{Y}'_{w_{z1}F_{y1}}$ 和 $\tilde{Y}'_{w_{z1}M_{z1}}$ 为下梁在1点处的力导纳，$\tilde{Y}'_{v_{y1}F_{yp}}$ 和 $\tilde{Y}'_{w_{z1}F_{yp}}$ 分别为下梁由激振点到1点的传递力导纳；$\tilde{F}_{y1}$ 和 $\tilde{M}_{z1}$ 为下梁受到的弹性连接结构的反作用力。

对上梁，有：

$$\begin{bmatrix} \tilde{v}_{y2} \\ \tilde{w}_{z2} \end{bmatrix} = \begin{bmatrix} \tilde{Y}''_{v_{y2}F_{y2}} & \tilde{Y}''_{v_{y2}M_{z2}} \\ \tilde{Y}''_{w_{z2}F_{y2}} & \tilde{Y}''_{w_{z2}M_{z2}} \end{bmatrix} \begin{bmatrix} \tilde{F}_{y2} \\ \tilde{M}_{z2} \end{bmatrix} \tag{4-5-11}$$

或

$$\boldsymbol{v}_2 = \boldsymbol{Y}_{22}\boldsymbol{f}_2 \tag{4-5-12}$$

式中：$\tilde{v}_{y2}$、$\tilde{w}_{z2}$ 为2点处的线速度和转动角速度；$\tilde{Y}''_{v_{y2}F_{y2}}$、$\tilde{Y}''_{v_{y2}M_{z2}}$、$\tilde{Y}''_{w_{z2}F_{y2}}$ 和 $\tilde{Y}''_{w_{z2}M_{z2}}$ 为上梁在2点处的力导纳；$\tilde{F}_{y2}$ 和 $\tilde{M}_{z2}$ 为上梁受到的弹性连接结构的反作用力。

根据以上关系，可以给出响应、激振力（矩）、传递力（矩）之间的关系：

$$\boldsymbol{v} = \boldsymbol{Y}\boldsymbol{f} + \boldsymbol{Y}_p\boldsymbol{F}_a \tag{4-5-13}$$

式中：

$$\boldsymbol{v} = \begin{bmatrix} \boldsymbol{v}_1 \\ \boldsymbol{v}_2 \end{bmatrix},\quad \boldsymbol{f} = \begin{bmatrix} \boldsymbol{f}_1 \\ \boldsymbol{f}_2 \end{bmatrix},\quad \boldsymbol{Y} = \begin{bmatrix} \boldsymbol{Y}_{11} & \boldsymbol{0} \\ \boldsymbol{0} & \boldsymbol{Y}_{22} \end{bmatrix},\quad \boldsymbol{Y}_p = \begin{bmatrix} \boldsymbol{Y}_{1p} & \boldsymbol{0} \\ \boldsymbol{0} & \boldsymbol{0} \end{bmatrix},\quad \boldsymbol{F}_a = \begin{bmatrix} \boldsymbol{F}_p \\ \boldsymbol{0} \end{bmatrix} \tag{4-5-14}$$

对弹性连接结构，可使用四端参数法建立两个连接端物理量间的关系：

$$\begin{bmatrix} \tilde{F}_{y1} \\ \tilde{M}_{y1} \\ \tilde{F}_{y2} \\ \tilde{M}_{y2} \end{bmatrix} = \begin{bmatrix} \tilde{Z}_{F_{y1}v_{y1}} & 0 & \tilde{Z}_{F_{y1}v_{y2}} & 0 \\ 0 & \tilde{Z}_{M_{y1}w_{z1}} & 0 & \tilde{Z}_{M_{y1}w_{z2}} \\ \tilde{Z}_{F_{y2}v_{y1}} & 0 & \tilde{Z}_{F_{y2}v_{y2}} & 0 \\ 0 & \tilde{Z}_{M_{y2}w_{z1}} & 0 & \tilde{Z}_{M_{y2}w_{z2}} \end{bmatrix} \begin{bmatrix} \tilde{v}_{y1} \\ \tilde{w}_{z1} \\ v_{y2} \\ \tilde{w}_{z2} \end{bmatrix} \tag{4-5-15}$$

或

$$\boldsymbol{f} = \boldsymbol{Z}\boldsymbol{v} \tag{4-5-16}$$

式中，各力阻抗由线弹簧单元和角弹簧单元的刚度参数给出，表达为：

$$\begin{cases} \tilde{Z}_{F_{y1}v_{y2}} = \tilde{Z}_{F_{y2}v_{y1}} = -\tilde{Z}_{F_{y1}v_{y1}} = -\tilde{Z}_{F_{y2}v_{y2}} = \dfrac{K_a}{\mathrm{j}\omega} + C_a \\ \tilde{Z}_{M_{y1}w_{z2}} = \tilde{Z}_{M_{y2}w_{z1}} = -\tilde{Z}_{M_{y1}w_{z1}} = -\tilde{Z}_{M_{y2}w_{z2}} = \dfrac{K_\theta}{\mathrm{j}\omega} + C_\theta \end{cases} \tag{4-5-17}$$

其中：K_a、K_θ 分别为耦合弹簧单元的轴向刚度和弯曲刚度；C_a、C_θ 分别为耦合弹簧单元的轴向阻尼系数和弯曲阻尼系数。

由此，可给出激振力和整个双梁系统的响应：

$$\boldsymbol{v} = (\boldsymbol{I} - \boldsymbol{YZ})^{-1}\boldsymbol{Y}_p\boldsymbol{F}_a \tag{4-5-18}$$

进一步还可给出连接点处传递的激振力（或力矩）：

$$\boldsymbol{f} = \boldsymbol{Z}(\boldsymbol{I} - \boldsymbol{YZ})^{-1}\boldsymbol{Y}_p\boldsymbol{F}_a \tag{4-5-19}$$

4.6 结构功率

工程中的结构声学问题通常是这样的场景：某个机械连接于结构，由于机械运转，将产生激振力，激振力将激起结构产生振动，受激的结构将振动传递给与之相连的其他结构。该问题是多组件系统中某个部件被激振而后将振动传递至系统其他部件的例子。

结构功率流是表征振动部件间功率传递率的物理量，通常用来定量评价振动在组件中的传递。采用功率评价振动传递的原因在于功率具有量纲的统一性，这是单纯使用“运动”或“力”作为度量量所不具备的优点。例如运动的传递包括线速度和角速度，由于线速度和角速度具有不同的量纲，当组件间同时具有线速度和角速度的传递时，就无法直接评价哪种形式的振动传递是主要的形式。再如，组件间振动可以通过力和力矩传递同时传递，由于它们不具备量纲的统一性，工程人员也就无法评价振动传递的主导因素是什么。

由于力导纳和力阻抗是表述组件界面力学特性的物理量，因此我们使用力导纳和力阻抗表达组件间的功率传递。

4.6.1 组件间刚性连接时的单自由度功率传递

考虑如图4-6-1所示的两个弹性组件，它们在某点刚性连接。组件1可视作某个机械，组件2被视作支撑结构。假定组件1被外部简谐激振力(振源)激振，振动只能通过连接点以单自由度方式传递至组件2，由于连接点是刚性的，因此在连接点处，两个组件都会受到大小相等、方向相反的相互作用力，记组件1给组件2的作用力复数幅值为$\widetilde{F}$，那么组件2给组件1的作用力复数幅值就为$-\widetilde{F}$；在刚性连接点处，两个组件的速度相同，复数幅值为$\tilde{v}_c$。根据前面的知识，组件1将对组件2产生功率输入，功率为

$$\overline{P}_{12}=\frac{1}{2}\mid\widetilde{F}\mid^2\mathrm{Re}\{\widetilde{Y}_2\}\tag{4-6-1}$$

式中：$\widetilde{Y}_2$是组件2孤立存在时在连接点处的驱动点力导纳。由于两个组件间的相互作用力在工程中难以测量，而且具体的作用力大小同施加于组件1的激振力相关，因而难以直接利用上述功率关系定量给出两个组件间的功率传递。后续将依据各组件在刚性连接点处的阻抗特性给出适宜于工程操作的功率传递表达式。

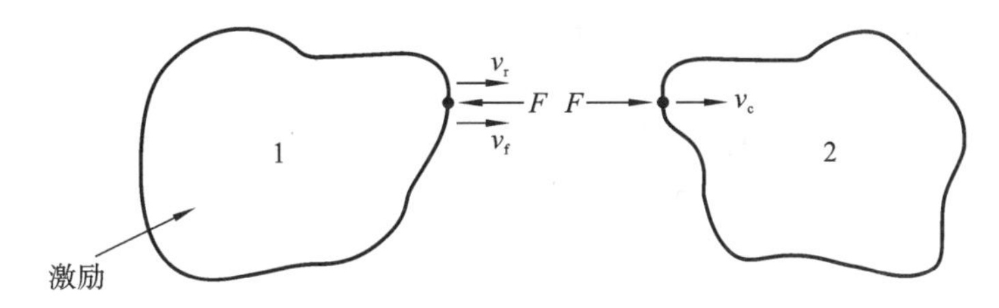

图4-6-1 两个弹性组件刚性连接

现在对组件2进行隔离分析，组件2受到组件1的反力作用，从而在连接点处具有速度，有：

$$\tilde{v}_c=\widetilde{F}\widetilde{Y}_2\tag{4-6-2}$$

然后对组件1进行隔离分析。

若组件2与组件1被断开，连接点将处于自由状态，那么在振源激振力的作用下，组件1在连接点的速度复数幅值为$\tilde{v}_f$，它被称为自由速度。

当组件2同组件1刚性连接后，组件1在连接点处受到组件2的反力作用，导致连接点处的速度发生变化，变化量(称为修正速度)为：

$$\tilde{v}_r=-\widetilde{F}\widetilde{Y}_1\tag{4-6-3}$$

式中：$\widetilde{Y}_1$为组件1在连接点处的驱动点力导纳。

最终，当组件 2 同组件 1 刚性连接后，在连接点处的速度为

$$\tilde{v}_c = \tilde{v}_f + \tilde{v}_r = \tilde{v}_f - \tilde{F}\tilde{Y}_1 \tag{4-6-4}$$

即在连接点处组件 1 的速度是自由速度和修正速度的和。

这样，根据式(4-6-2)和式(4-6-4)可得出组件 1 作用于组件 2 的激振力：

$$\tilde{F} = \frac{\tilde{v}_f}{\tilde{Y}_1 + \tilde{Y}_2} \tag{4-6-5}$$

进而将式(4-6-5)代入式(4-6-1)就可得出组件 1 对组件 2 的功率输入：

$$\overline{P}_{12} = \frac{\frac{1}{2}|\tilde{v}_f|^2 \mathrm{Re}\{\tilde{Y}_2\}}{|\tilde{Y}_1 + \tilde{Y}_2|^2} = \frac{\frac{1}{2}|\tilde{v}_f|^2 \mathrm{Re}\{\tilde{Y}_2\}}{[\mathrm{Re}\{\tilde{Y}_1 + \tilde{Y}_2\}]^2 + [\mathrm{Im}\{\tilde{Y}_1 + \tilde{Y}_2\}]^2} \tag{4-6-6}$$

式(4-6-6)表明，$\overline{P}_{12}$的计算仅需测量组件 1 和组件 2 在连接点处的力导纳 $\tilde{Y}_1$ 和 $\tilde{Y}_2$，以及组件 1 的自由速度 $\tilde{v}_f$。对工程问题，这些物理量均易于测量。如对某个机械，将机械自由悬挂并运转，就可以测量该机械在安装机脚处的振动，获得 $\tilde{v}_f$；在该机械安装前，分别测量安装基座的力导纳 $\tilde{Y}_2$ 及机械在自由悬挂时机脚的力导纳 $\tilde{Y}_1$。获得以上参数后，便可以推导机械对基座的功率输入 $\overline{P}_{12}$。

由于 $\mathrm{Re}\{\tilde{Y}_1 + \tilde{Y}_2\}$ 代表阻尼的作用，而对实际的工程结构而言，该值通常很小，因此功率传递的量值 $\overline{P}_{12}$ 主要由 $\mathrm{Im}\{\tilde{Y}_1 + \tilde{Y}_2\}$ 所控制。实际工程结构是多模态系统，力导纳虚部的符号是随频率而振荡变化的，因此 $\mathrm{Im}\{\tilde{Y}_1 + \tilde{Y}_2\}$ 会在多个频率处具有极小值，因而 $\overline{P}_{12}$将在宽频激振范围内呈现出峰、谷交替的特征。为了获得宽频带的平均功率传递，则需要采用统计方法估计 $\overline{P}_{12}$的频带平均值。

4.6.2 组件间通过无质量隔振器连接时的单自由度功率传递

假定组件 1 和组件 2 通过单自由度无质量弹性隔振器连接，如图 4-6-2 所示，隔振器被理想化为线弹簧单元，其力导纳为 $\tilde{Y}_I$。我们将在前述结果的基础上给出该情形的功率传递表达式。

对组件 1 的隔离分析和前面完全相同，连接点处的速度为 $\tilde{v}_f + \tilde{v}_r$。对组件 2，由于有隔振器，因而连接点处的速度记为 $\tilde{v}_t$，它不再等于组件 1 与隔振器连接点处的速度，而是满足：

$$\tilde{v}_t = \tilde{F}\tilde{Y}_2 \tag{4-6-7}$$

现对隔振器进行隔离分析，可以得出隔振器两端的速度差与隔振器力导纳的关系为：

$$\tilde{Y}_I = \frac{(\tilde{v}_f + \tilde{v}_r) - \tilde{v}_t}{\tilde{F}} = \frac{\tilde{v}_f - \tilde{F}\tilde{Y}_1 - \tilde{v}_t}{\tilde{F}} \tag{4-6-8}$$

式中：$\tilde{F}$ 为两个组件通过隔振器传递的激振力复数幅值。因为隔振器是无质量的线弹簧单元，所以隔振器两端的力始终大小相等、方向相反。

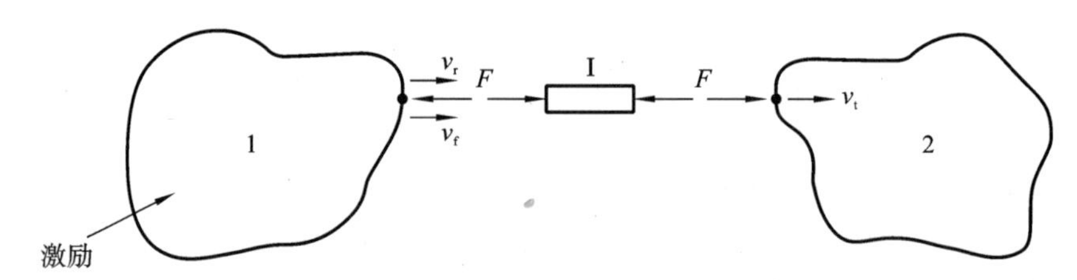

图 4-6-2　两个弹性组件通过隔振器连接

由式(4-6-7)和式(4-6-8)可得出通过隔振器传递的激振力：

$$\widetilde{F}=\frac{\widetilde{v}_{\mathrm{f}}}{\widetilde{Y}_{\mathrm{I}}+\widetilde{Y}_{1}+\widetilde{Y}_{2}} \tag{4-6-9}$$

进而可得出组件 1 通过隔振器传递给组件 2 的功率：

$$[\overline{P}_{12}]_{\mathrm{I}}=\frac{1}{2}\mid \widetilde{F}\mid^{2}\mathrm{Re}\{\widetilde{Y}_{2}\}=\frac{\frac{1}{2}\mid \widetilde{v}_{\mathrm{f}}\mid^{2}\mathrm{Re}\{\widetilde{Y}_{2}\}}{\mid \widetilde{Y}_{\mathrm{I}}+\widetilde{Y}_{1}+\widetilde{Y}_{2}\mid^{2}} \tag{4-6-10}$$

当隔振器为无弹性隔振器时，有 $\widetilde{Y}_{\mathrm{I}}=0$，结果将退化为刚性连接时的情形。式(4-6-11)给出了组件 1 传递给组件 2 的功率在通过隔振器连接和通过刚性连接两种情形下的比值：

$$\begin{aligned}\frac{[\overline{P}_{12}]_{\mathrm{I}}}{[\overline{P}_{12}]_{\mathrm{R}}}&=\frac{\mid \widetilde{Y}_{1}+\widetilde{Y}_{2}\mid^{2}}{\mid \widetilde{Y}_{I}+\widetilde{Y}_{1}+\widetilde{Y}_{2}\mid^{2}}\\&=\frac{[\mathrm{Re}\{\widetilde{Y}_{1}+\widetilde{Y}_{2}\}]^{2}+[\mathrm{Im}\{\widetilde{Y}_{1}+\widetilde{Y}_{2}\}]^{2}}{[\mathrm{Re}\{\widetilde{Y}_{\mathrm{I}}+\widetilde{Y}_{1}+\widetilde{Y}_{2}\}]^{2}+[\mathrm{Im}\{\widetilde{Y}_{\mathrm{I}}+\widetilde{Y}_{1}+\widetilde{Y}_{2}\}]^{2}}\end{aligned} \tag{4-6-11}$$

式(4-6-11)表明，虽然两种情形功率传递的比例依赖于六个量的特定值，但可以明确的是，只有使得 $\widetilde{Y}_{\mathrm{I}}$ 的实部和虚部充分超过 $(\widetilde{Y}_{1}+\widetilde{Y}_{2})$ 的相应实部和虚部(即隔振器力导纳的模很大)时，该比值才会更小，相对于刚性连接，采用隔振器才能获得更少的功率传递。不过要设计出具有较大力导纳模的隔振器，在工程上并不容易实现。

4.6.3 组件间的多自由度功率传递

在实际的工程中，各结构组件通过多自由度连接，即便两个组件通过单点连接，但振动在每个连接点也是通过六个自由度传递的。

功率的传递包括两种方式，一种是通过力和线速度进行传递，传递的功率可表达为：

$$\overline{P}_{vF}=\frac{1}{2}\mathrm{Re}(\widetilde{F}^{*}\widetilde{v}) \tag{4-6-12}$$

另一种是通过力矩和角速度进行传递，传递的功率可表达为：

$$\overline{P}_{wM}=\frac{1}{2}\mathrm{Re}(\widetilde{M}^{*}\widetilde{w}) \tag{4-6-13}$$

以上式子中：$\widetilde{F}$ 代表组件间相互作用的激振力；$\widetilde{v}$ 代表组件连接点处的速度；$\widetilde{M}$ 代表组件间相互作用的激振力矩；$\widetilde{w}$ 代表组件连接点处的角速度；上标“ * ”代表对相应复数取共轭。在应用上述公式中，要求激振力 $\widetilde{F}$ 和速度 $\widetilde{v}$ 或激振力矩 $\widetilde{M}$ 和角速度 $\widetilde{w}$ 具有相同的方向。

由于每个自由度都有可能传递功率，因此，组件间的功率传递应当是每个自由度功率传递之和。

现考虑图 4-6-3 的双梁系统，这里将分析上、下梁间的功率传递情况。

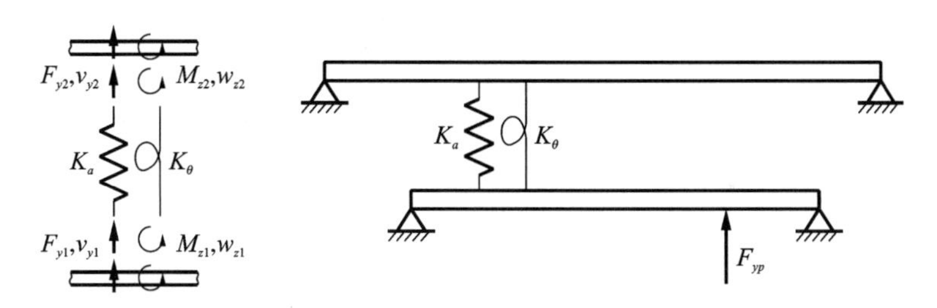

图 4-6-3 通过线弹簧和角弹簧连接的双梁系统

首先分析上梁的功率关系：

对上梁，它在连接点受到弹性连接结构所传递的激振力和激振力矩作用，在连接点同时具有线速度和角速度，则激振力和激振力矩所产生的功率之和为弹性连接结构所传递的功率。根据式(4-5-11)可得出弹性连接结构传递给上梁的功率为四项之和：

$$\begin{aligned}\overline{P}_{\mathrm{inp2}} &= \frac{1}{2}\mathrm{Re}\{\widetilde{F}_{y2}^{*}\widetilde{Y}''_{v_{y2}F_{y2}}\widetilde{F}_{y2}\} + \frac{1}{2}\mathrm{Re}\{\widetilde{F}_{y2}^{*}\widetilde{Y}''_{v_{y2}M_{z2}}\widetilde{M}_{z2}\} \\ &+ \frac{1}{2}\mathrm{Re}\{\widetilde{M}_{z2}^{*}\widetilde{Y}''_{w_{z2}F_{y2}}\widetilde{F}_{y2}\} + \frac{1}{2}\mathrm{Re}\{\widetilde{M}_{z2}^{*}\widetilde{Y}''_{w_{z2}M_{z2}}\widetilde{M}_{z2}\}\end{aligned} \tag{4-6-14}$$

一般而言，横向激振力不仅使结构产生横向线速度，也会使结构产生转动角速度，转动角速度是由横向激振力同转动方向的运动的耦合作用而产生的。类似地，激振力矩也会因耦合而产生横向线速度。式(4-6-14)的第一项和最后一项分别对应于不考虑耦合作用时横向激振力和转动激振力矩所传递的功率，被称为独立功率。剩下的两项则与耦合作用相关：横向力耦合作用产生角速度，该角速度同激振力矩相乘给出功率；力矩耦合作用产生线速度，该线速度与横向激振力相乘形成功率。这两者都与耦合作用相关，它们被称为协同功率。

式(4-6-14)可写为矩阵形式：

$$\begin{aligned}\overline{P}_{\mathrm{inp2}} &= [\widetilde{F}_{y2}^{*} \quad \widetilde{M}_{z2}^{*}]\mathrm{Re}\left\{\begin{bmatrix}\widetilde{Y}''_{v_{y2}F_{y2}} & \widetilde{Y}''_{v_{y2}M_{z2}} \\ \widetilde{Y}''_{w_{z2}F_{y2}} & \widetilde{Y}''_{w_{z2}M_{z2}}\end{bmatrix}\right\}\begin{bmatrix}\widetilde{F}_{y2} \\ \widetilde{M}_{z2}\end{bmatrix} \\ &= \boldsymbol{f}_2^{\mathrm{H}}\mathrm{Re}\{\boldsymbol{Y}_{22}\}\boldsymbol{f}_2\end{aligned}$$

其中上标“H”代表取共轭转置。

图 4-6-4 是针对特定参数的模型给出的上梁与弹性连接结构在连接点处的四个力导纳随频率的变化曲线。由图 4-6-4 可见，力导纳 $\widetilde{Y}''_{v_{y2}F_{y2}}$ 和 $\widetilde{Y}''_{w_{z2}M_{z2}}$ 的实部是正数，意味着式(4-6-14)中的第一项和第四项一定为正数，即独立功率一定为正数，由它们表示的功率是不断被“注入”上梁的；而力导纳 $\widetilde{Y}''_{v_{y2}M_{z2}}$ 和 $\widetilde{Y}''_{w_{z2}M_{y2}}$ 的实部根据频率的不同可以为正数，也可以是负数，因而式(4-6-14)中第二项和第三项所代表的协同功率可以是正的，也可以是负的，在图 4-6-4 中，分别用实线和点画线表示正、负符号，因而这两项产生的功率可能被“注入”上梁，也可能是从上梁中“吸收”出来的。

对下梁也可类似分析，给出激振力输入给下梁或由下梁通过弹性连接结构输出的功率。

通过激振力 $\widetilde{F}_{yp}$ 输入下梁的功率为：

$$\overline{P}_{\mathrm{inp1}} = \frac{1}{2}\mathrm{Re}\{\widetilde{F}_{yp}^{*}\tilde{v}_{yp}\} \tag{4-6-15}$$

式中：$\tilde{v}_{yp}$ 为激振力 $\widetilde{F}_{yp}$ 作用点处的横向线速度。$\tilde{v}_{yp}$ 可用激振力 $\widetilde{F}_{yp}$ 作用点处的力导纳 $\widetilde{Y}'_{v_{yp}F_{yp}}$ 和连接点处到激振点处的传递力导纳矩阵 $\boldsymbol{Y}_{p1}$ 表达为：

$$\tilde{v}_{yp} = \widetilde{Y}'_{v_{yp}F_{yp}}\widetilde{F}_{yp} + \boldsymbol{Y}_{p1}\boldsymbol{f}_1 \tag{4-6-16}$$

式中：$\boldsymbol{Y}_{p1} = [\widetilde{Y}_{v_{yp}F_{y1}} \quad \widetilde{Y}_{v_{yp}M_{y1}}]$；而 $\boldsymbol{f}_1$ 可根据式(4-5-18)的结论导出，写为

$$\begin{aligned}\boldsymbol{f}_1 &= \begin{bmatrix}1 & 0 & 0 & 0 \\ 0 & 1 & 0 & 0\end{bmatrix}\boldsymbol{Z}(\boldsymbol{I}-\boldsymbol{YZ})^{-1}\boldsymbol{Y}_p\boldsymbol{F}_a \\ &= \begin{bmatrix}1 & 0 & 0 & 0 \\ 0 & 1 & 0 & 0\end{bmatrix}\boldsymbol{Y}^{-1}(\boldsymbol{I}-\boldsymbol{YZ})^{-1}\boldsymbol{Y}_p\begin{bmatrix}1 \\ 0 \\ 0 \\ 0\end{bmatrix}\widetilde{F}_{yp}\end{aligned} \tag{4-6-17}$$

由此，为考虑双梁系统的完全耦合响应，由激振力 $\widetilde{F}_{yp}$ 产生的时间平均功率输入为：

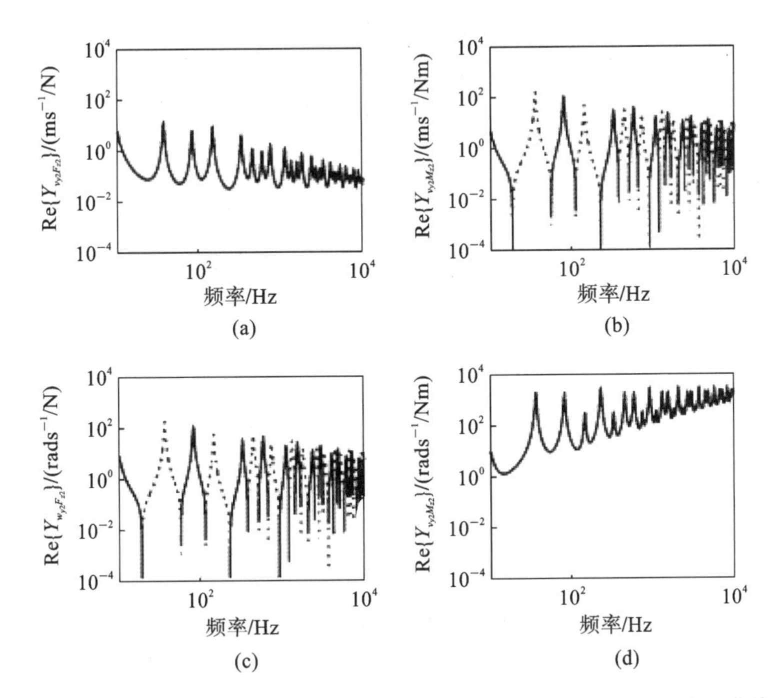

图 4-6-4 上梁与弹性连接结构在连接点处的四个力导纳随频率的变化曲线

$$\overline{P}_{\text{inp1}} = \frac{1}{2}\left|\widetilde{F}_{yp}\right|^2 \text{Re}\left\{\widetilde{Y}'_{v_pF_{yp}} + \boldsymbol{Y}_{p1}\begin{bmatrix}1 & 0 & 0 & 0\\0 & 1 & 0 & 0\end{bmatrix}\boldsymbol{Y}^{-1}[(\boldsymbol{I}-\boldsymbol{YZ})^{-1}-\boldsymbol{I}]\boldsymbol{Y}_p\right\} \tag{4-6-18}$$

该式说明，由点力 $\widetilde{F}_{yp}$ 所输入的功率不仅仅依赖于激振点处的局部力导纳，而且还通过

$$\boldsymbol{Y}_{p1}\begin{bmatrix}1 & 0 & 0 & 0\\0 & 1 & 0 & 0\end{bmatrix}\boldsymbol{Y}^{-1}[(\boldsymbol{I}-\boldsymbol{YZ})^{-1}-\boldsymbol{I}]\boldsymbol{Y}_p\begin{bmatrix}1\\0\\0\\0\end{bmatrix} \tag{4-6-19}$$

依赖于双梁系统的耦合响应。从激振力 $\widetilde{F}_{yp}$ 所输入的功率流向看，输入下梁的功率一部分在下梁中通过阻尼耗散了，剩余的部分会传递给弹性连接结构，在那里，又有一部分被进一步耗散，最终的剩余部分将传递给上梁。

对连接结构进行分析，可以得出由下梁传递到弹性连接结构的功率：

$$\begin{aligned}\overline{P}_{\text{out1}} &= [\widetilde{F}^*_{y1} \quad \widetilde{M}^*_{z1}]\text{Re}\left\{\begin{bmatrix}\widetilde{Y}'_{v_{y1}F_{y1}} & \widetilde{Y}'_{v_{y1}M_{z1}}\\ \widetilde{Y}'_{w_{z1}F_{y1}} & \widetilde{Y}'_{w_{z1}M_{z1}}\end{bmatrix}\right\}\begin{bmatrix}\widetilde{F}_{y1}\\ \widetilde{M}_{z1}\end{bmatrix} \\ &= \boldsymbol{f}_1^{\text{H}}\text{Re}\{\boldsymbol{Y}_{11}\}\boldsymbol{f}_1\end{aligned} \tag{4-6-20}$$

根据能量守恒原理，由弹性连接结构的阻尼所耗散的功率可由 $\overline{P}_{\text{out1}}$ 和 $\overline{P}_{\text{inp2}}$ 之差给出：

$$\overline{P}_{\text{diss12}} = \overline{P}_{\text{out1}} - \overline{P}_{\text{inp2}} \tag{4-6-21}$$

图 4-6-5 给出了输入下梁的功率谱 $\overline{P}_{\text{inp1}}(\omega)$，由下梁向弹性连接结构传递的功率谱 $\overline{P}_{\text{out1}}(\omega)$ 以及传递到上梁的功率谱 $\overline{P}_{\text{inp2}}(\omega)$，由该图可得出一些极具说服力的结论：

(1) 由这三根曲线的峰谷频率的相对位置可看到，耦合系统的响应是通过系统的共振频率来控制的；

(2) 从总体上看，在 200 Hz 以下频段，由激振力输入下梁的所有功率几乎都被传递到了上梁；在 200 Hz 以上，连接两根梁的弹性连接结构具有足够大的力导纳，其作用如同隔振器，因而传递到上梁的功率随频率的增大而逐渐减小；在 1 kHz 以下，传递到上梁的功率几乎等于由下梁传递到弹性连接结构的功率，说明在弹性连接结构内的功率耗散是可忽略的；在高频处，曲线分离，表明弹性连接结构的功率耗散增加了。

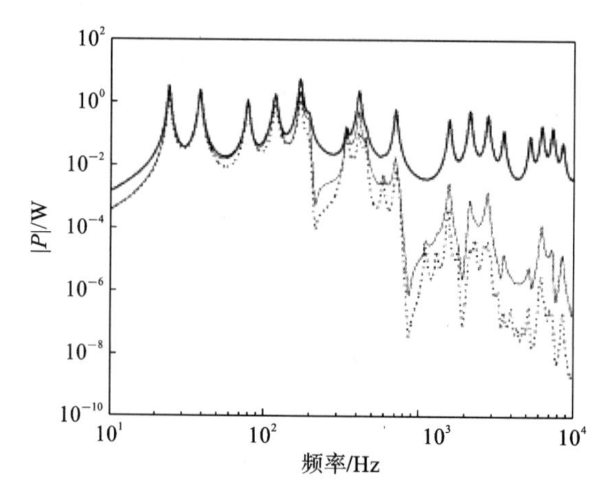

图 4-6-5　双梁系统中的功率流向关系

图 4-6-6 给出了式(4-6-14)中的四个功率分量随频率的变化曲线，它们将用于分析振动传递的机理：

(1) 激振力传递的功率要远大于力矩传递的功率；

(2) 协同功率既可能是正值，也可能是负值；

(3) 两个协同功率完全相同，即 $\widetilde{Y}''_{w_{z2}F_{y2}}=\widetilde{Y}''_{v_{y2}M_{z2}}$，这是弹性结构具有互易性所导致的必然结果。

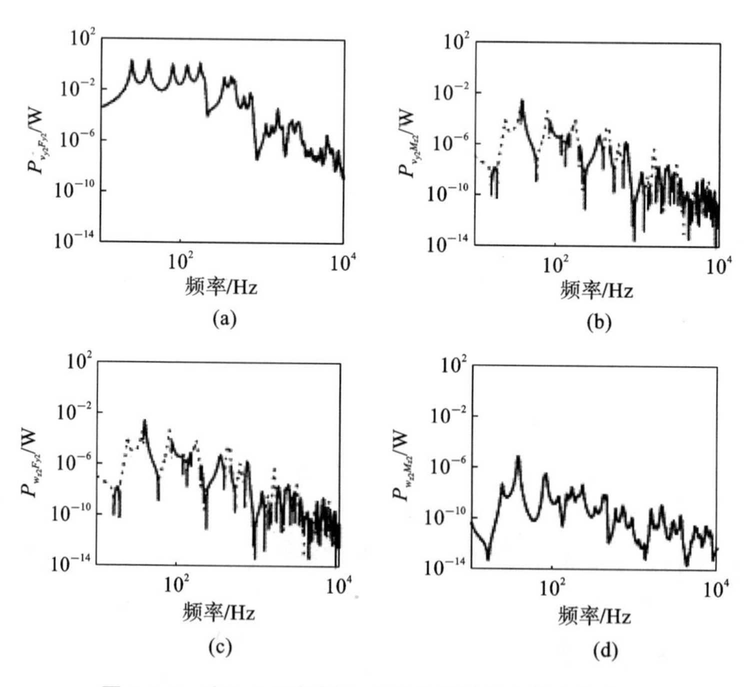

图 4-6-6　流入上梁的四个功率分量随频率的变化曲线

针对上述具有耦合作用的双梁系统所开展的分析还是相对较为简单的，我们可以直接推断:激振力对下梁的功率输入,通过弹性连接结构传递到上梁。但实际工程结构的组件会更多,激振源也不是一个,直接推断功率的流向将十分困难。为了解决这样的问题,需要事先规定各连接自由度处的正向运动方向和激振力方向,这样在完成功率计算后,可以根据功率的符号确定功率的流向。事实上,在许多情况下,一些外部激振机械也可以吸收功率,而不是单纯注入功率,如某些主动控制系统中,激振源不是对系统注入功率,而是吸收功率。此外,在用曲线表达功率谱时常常需要对功率绝对值取对数,即采用 dB 尺度的表达,这种尺度不能表达数值为负的量,该问题可采用双梁系统的表述方式:采用实线表示正值,虚线表示负值。

对振动传递分析采用功率流方法比直接采用力导纳分析方法更有优势,因为功率在量纲上是统一的。比如,比较图 4-6-4 中关于力导纳的四个图可以看到:力导纳 $\widetilde{Y}''_{w_{z2}M_{z2}}$ 随频率单调递增,进一步比较 $\widetilde{Y}''_{v_{y2}F_{y2}}$ 和 $\widetilde{Y}''_{w_{z2}M_{z2}}$,可能让人认为:在高频处力矩激振会产生比力激振相对大的振动,因而激振力矩会比激振力更重要。然而该结论并不成立,因为激振力和激振力矩不具备相同的量纲,它们产生的相对效果不能直接从力导纳的频率曲线得出结论。但是激振力和激振力矩产生的功率具有相同的量纲,因此可通过比较图 4-6-6(a)和 4-6-6(b)得出结论:即便在高频处,由激振力导致的振动传递也是主流,因为它产生的功率传递在数值上更大。

第5章

高频振动简介

5.1 高频振动的概念

5.1.1 周期信号和非周期信号的频谱

1. 信号的分类

信号 $g(t)$通常表征某个物理量随时间的变化，它是时间的函数。

根据信号在时域是否重复的特征，信号可分为周期信号和非周期信号。

对周期信号，存在时间间隔 T，满足：

$$g(t) = g(t+T) \tag{5-1-1}$$

若时间间隔 T 为无穷大，则信号就是非周期信号。

对通过 1 Ω 电阻的电流 $g(t)$，$g^2(t)$表示瞬时电功率，$\lim\limits_{T\to\infty}\left[\frac{1}{T}\int_0^T g^2(t)\right]$就是时间平均的功率，$\lim\limits_{T\to\infty}\left[\int_0^T g^2(t)\right]$就是电能量。根据上述结果是否有限，信号 $g(t)$还可分为：功率有限信号和能量有限信号。如果 $\lim\limits_{T\to\infty}\left[\frac{1}{T}\int_0^T g^2(t)\right]$有限，$g(t)$就是功率有限信号，简称功率信号；如果 $\lim\limits_{T\to\infty}\left[\int_0^T g^2(t)\right]$有限，$g(t)$就是能量有限信号，简称能量信号。

显然，周期信号可以是功率信号，但一定不是能量信号；能量信号是时间平均的功率为零的信号。

2. 使用傅里叶变换技术可将周期信号表达为系列简谐信号的叠加

简谐信号是最简单的周期信号，因为一般的周期信号是系列简谐信号的叠加，每个简谐分量都有各自的幅值、频率（周期）和相位。

一般的周期信号可表达为：

$$\begin{aligned} g(t) &= \frac{C_0}{2} + \sum_{n=1}^{\infty}[C_n\cos(n\omega t) + D_n\sin(n\omega t)] \\ &= A_0 + \sum_{n=1}^{\infty}A_n\cos(n\omega t + \phi_n) \end{aligned} \tag{5-1-2}$$

式中：n 为正整数，称为谐波次数。当 $n=1$ 时，相应的谐波分量为：

$$g_1(t) = C_1\cos(\omega t) + D_1\sin(\omega t) = A_1\cos(\omega t + \phi_1) \tag{5-1-3}$$

该谐波分量称为基波，对应的频率 $f_1=\omega/2\pi$ 被称为基频，基波的周期是合成信号的周期。式中：$A_1 = \sqrt{C_1^2 + D_1^2}$，$\phi_1 = \tan^{-1}|D_1/C_1|$。可见，基波的相位是由系数 C_1 和 D_1 得到的。类似地，还可以给出其他谐波分量。与各 n 值相对应的谐波分量被称为 n 次谐波。

考虑一个振动的例子：振动位移由三个谐波分量组成，表达为

$$g(t)=3\sin\frac{2\pi}{150}t+\cos\left(\frac{6\pi}{150}t-\frac{\pi}{3}\right)+0.8\sin\frac{8\pi}{150}t \tag{5-1-4}$$

三个分量的圆频率之比为 1∶3∶4，因此三个分量分别称为基波、三次谐波和四次谐波，图 5-1-1 给出了谐波分量信号的波形和叠加波形，可见，频率比为有理数的简谐波叠加，依然得到周期信号。

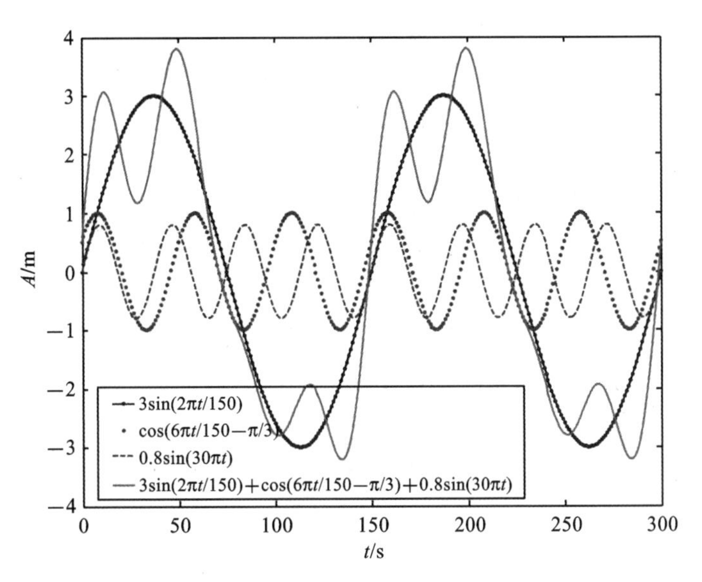

图 5-1-1 复杂周期振动是多个谐波振动的叠加

将周期信号分解为系列谐波信号叠加的过程称为傅里叶级数展开。一般地，周期为 T 的周期信号 $g(t)$ 的傅里叶级数展开式表达为：

$$g(t)=\frac{C_0}{2}+\sum_{n=1}^{\infty}\left[C_n\cos(n\omega t)+D_n\sin(n\omega t)\right] \tag{5-1-5}$$

式中：

$$\begin{cases} C_0=\dfrac{2}{T}\displaystyle\int_{-\frac{2}{T}}^{\frac{2}{T}}g(t)\mathrm{d}t \\ C_n=\dfrac{2}{T}\displaystyle\int_{-\frac{2}{T}}^{\frac{2}{T}}g(t)\cos(n\omega t)\mathrm{d}t \\ D_n=\dfrac{2}{T}\displaystyle\int_{-\frac{2}{T}}^{\frac{2}{T}}g(t)\sin(n\omega t)\mathrm{d}t \\ \omega=\dfrac{2\pi}{T} \\ n=0,1,2,\cdots \end{cases} \tag{5-1-6}$$

周期信号是功率信号。信号的平均功率可由均方值表征，它是周期信号在一个周期内的平均功率。例如，简谐振动信号 $g(t)=A\cos(\omega t+\phi)$ 的均方值为：

$$\overline{g^2(t)}=\frac{1}{T}\int_{-\frac{T}{2}}^{\frac{T}{2}}g^2(t)\mathrm{d}t=\frac{A^2}{T}\int_{-\frac{T}{2}}^{\frac{T}{2}}\cos^2(\omega t+\phi)\mathrm{d}t=\frac{A^2}{2} \tag{5-1-7}$$

对定常信号 $g(t)=A$，其均方值为：

$$\overline{g^2(t)}=\frac{1}{T}\int_{-\frac{T}{2}}^{\frac{T}{2}}g^2(t)\mathrm{d}t=\frac{1}{T}\int_{-\frac{T}{2}}^{\frac{T}{2}}A^2\mathrm{d}t=A^2 \tag{5-1-8}$$

对一般的周期信号，其均方值为

$$\begin{aligned}\overline{g^2(t)} &= \frac{1}{T}\int_{-\frac{T}{2}}^{\frac{T}{2}} g^2(t)\mathrm{d}t \\ &= \frac{1}{T}\int_{-\frac{T}{2}}^{\frac{T}{2}} \left\{\frac{C_0}{2} + \sum_{n=1}^{\infty}[C_n\cos(n\omega t) + D_n\sin(n\omega t)]\right\}^2 \mathrm{d}t \\ &= \left(\frac{C_0}{2}\right)^2 + \sum_{n=1}^{\infty}\left(\frac{C_n^2 + D_n^2}{2}\right) \\ &= A_0^2 + \sum_{n=1}^{\infty}\frac{A_n^2}{2}\end{aligned} \tag{5-1-9}$$

这说明，周期信号的均方值是各谐波分量均方值的和。

$\sqrt{\overline{g^2(t)}}$ 称为信号 $g(t)$ 的均方根值，又称有效值。对简谐信号 $g(t) = A\cos(\omega t + \phi)$，其均方根为：

$$\sqrt{\overline{g^2(t)}} = \frac{\sqrt{2}}{2}A \tag{5-1-10}$$

对一般的周期信号

$$g(t) = \frac{C_0}{2} + \sum_{n=1}^{\infty}[C_n\cos(n\omega t) + D_n\sin(n\omega t)] \tag{5-1-11}$$

其均方根值为：

$$\sqrt{\overline{g^2(t)}} = \sqrt{\left(\frac{C_0}{2}\right)^2 + \sum_{n=1}^{\infty}\left(\frac{C_n^2 + D_n^2}{2}\right)} \tag{5-1-12}$$

周期信号的傅里叶级数展开还可用复数表示为：

$$g(t) = \sum_{n=0}^{\infty}\mathrm{Re}\{\widetilde{B}_n \mathrm{e}^{\mathrm{j}n\omega t}\} \tag{5-1-13}$$

式中：$\widetilde{B}_n$ 均为复数，满足

$$\widetilde{B}_0 = \frac{C_0}{2},\quad \widetilde{B}_n = C_n - \mathrm{j}D_n,\quad \omega = \frac{2\pi}{T},\quad n = 0,1,2,\cdots \tag{5-1-14}$$

这样，采用复数表示的一般周期信号的均方值为：

$$\overline{g^2(t)} = |\widetilde{B}_0|^2 + \sum_{n=1}^{\infty}\frac{|\widetilde{B}_n|^2}{2} \tag{5-1-15}$$

均方根值为：

$$\sqrt{\overline{g^2(t)}} = \sqrt{|\widetilde{B}_0|^2 + \sum_{n=1}^{\infty}\frac{|\widetilde{B}_n|^2}{2}} \tag{5-1-16}$$

频谱用来直观显示各谐波信号的平均功率随频率的分布，它以频率作为横坐标，每个频率分量的均方值作为纵坐标。对周期信号，频谱体现为“谱线”的形式。

图 5-1-2 给出了信号

$$g(t) = 3\sin\frac{2\pi}{150}t + \cos\left(\frac{6\pi}{150}t - \frac{\pi}{3}\right) + 0.8\sin\frac{8\pi}{150}t \tag{5-1-17}$$

的频谱。由图可见，该信号的功率由三个谐波分量贡献，其中频率为 1/150 Hz 的基波分量均方值最大，所以从图中可以看到，整个信号的波形特征体现为该分量的波形特征。

2. 非周期信号需要用能量谱或功率谱表征其频域组成

对非周期能量信号，数学上采用傅里叶积分变换技术进行分析。非周期能量信号可表

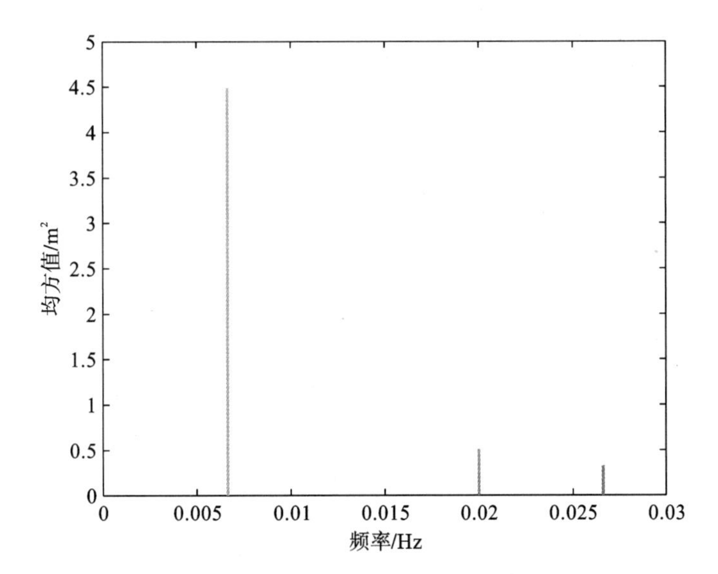

图 5-1-2　典型信号的频谱图(谐波分量均方值的频域分布)

达为：

$$g(t)=\frac{1}{2\pi}\int_{-\infty}^{+\infty}F(\omega)\mathrm{e}^{\mathrm{j}\omega t}\mathrm{d}\omega \tag{5-1-18}$$

式中：

$$F(\omega)=\int_{-\infty}^{+\infty}g(t)\mathrm{e}^{-\mathrm{j}\omega t}\mathrm{d}\omega \tag{5-1-19}$$

是信号 $g(t)$的傅里叶变换，而 $g(t)$被称为 $F(\omega)$的逆变换。

非周期能量信号的能量为：

$$E=\int_{-\infty}^{+\infty}g^2(t)\mathrm{d}t \tag{5-1-20}$$

由积分变换知识可知：

$$E=\int_{-\infty}^{+\infty}g^2(t)\mathrm{d}t=\int_0^{+\infty}\frac{1}{\pi}F(\omega)\overline{F(\omega)}\mathrm{d}\omega \tag{5-1-21}$$

若记

$$S(\omega)=S(2\pi f)=2F(\omega)\overline{F(\omega)}=2\mid F(\omega)\mid^2 \tag{5-1-22}$$

式中：$S(\omega)$或 $S(2\pi f)$称为能量密度。则：

$$E=\int_{-\infty}^{+\infty}g^2(t)\mathrm{d}t=\frac{1}{\pi}\int_0^{+\infty}\mid F(\omega)\mid^2\mathrm{d}\omega=\frac{1}{2\pi}\int_0^{+\infty}S(\omega)\mathrm{d}\omega=\int_0^{+\infty}S(2\pi f)\mathrm{d}f \tag{5-1-23}$$

式中的 $f=2\pi/\omega$ 是以赫兹(Hz)为单位的频率。该式说明，非周期信号的能量由能量密度沿频率积分获得。$S(2\pi f)$是信号平均在每赫兹频段的能量。能量密度是频率的函数，函数表达式表征了非周期信号中能量密度随频率的分布。

考虑信号

$$g(t)=\begin{cases}\cos 2\pi t & \mid t\mid\leqslant 1.5\\ 0 & \mid t\mid>1.5\end{cases} \tag{5-1-24}$$

其波形如图 5-1-3 所示，它不是严格的简谐信号，仅在一个周期内具有简谐波动，是能量信号。它的傅里叶变换为：

$$F(\omega)=\int_{-\infty}^{+\infty}g(t)\mathrm{e}^{-\mathrm{j}n\omega t}\mathrm{d}t=\int_{-1.5}^{1.5}\cos 2\pi t\cdot\mathrm{e}^{-\mathrm{j}\omega t}\mathrm{d}t=\left(\frac{1}{2\pi-\omega}-\frac{1}{2\pi+\omega}\right)\sin 1.5\omega \quad (5\text{-}1\text{-}25)$$

因此，其能量密度为：

$$\begin{aligned}S(2\pi f)&=S(\omega)\\&=2\mid F(\omega)\mid^2=2\times\left|\frac{1}{2\pi-\omega}-\frac{1}{2\pi+\omega}\right|^2\sin^2 1.5\omega \quad (5\text{-}1\text{-}26)\\&=\frac{1}{2\pi^2}\left|\frac{1}{1-f}-\frac{1}{1+f}\right|^2\sin^2 3\pi f\end{aligned}$$

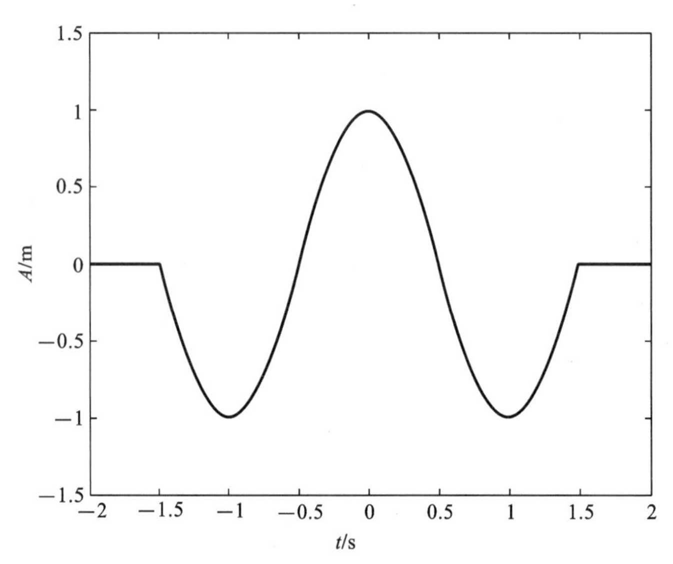

图 5-1-3　仅在一个周期内具有简谐波动的时域信号

图 5-1-3 给出了由式(5-1-24)表示的时域信号，图 5-1-4 是它的能量密度频谱图。由图可见，该非周期信号的主要能量贡献来自于 2π rad/s，除此之外，其他频率也对总能量具有贡献。沿频率轴对能量密度积分将得到信号的总能量。

对非周期功率信号，信号的能量为无穷大，能量密度也为无穷大，傅里叶变换不存在。但同时非周期功率信号的时间平均的功率有限，因此功率密度存在。非周期功率信号的功率密度用数学表达式表示为：

$$G(\omega)=G(2\pi f)=\lim_{T\to\infty}\frac{2\mid F(\omega)\mid^2}{T} \quad (5\text{-}1\text{-}27)$$

它表示：对功率信号先截取时长为 T 的一段，其余部分置零，则得到的片段信号是能量信号，可以给出傅里叶变换。变换结果除以时长 T，然后对时长 T 取极限，此时片段信号的能量也因时长的增长而增大，傅里叶变换的结果也趋于无穷大。不过，比值的结果是具有极限的，该极限值就是功率密度。

功率密度是信号平均到每赫兹的功率，是频率的函数，函数表达式表征了非周期信号中功率密度随频率的分布。类似于非周期能量信号，将非周期功率信号的功率密度沿频率轴积分，将得出非周期信号的时间平均功率：

$$P=\frac{1}{T}\int_{-\infty}^{+\infty}g^2(t)\mathrm{d}t=\frac{1}{2\pi}\int_0^{+\infty}G(\omega)\mathrm{d}\omega=\int_0^{+\infty}G(2\pi f)\mathrm{d}f \quad (5\text{-}1\text{-}28)$$

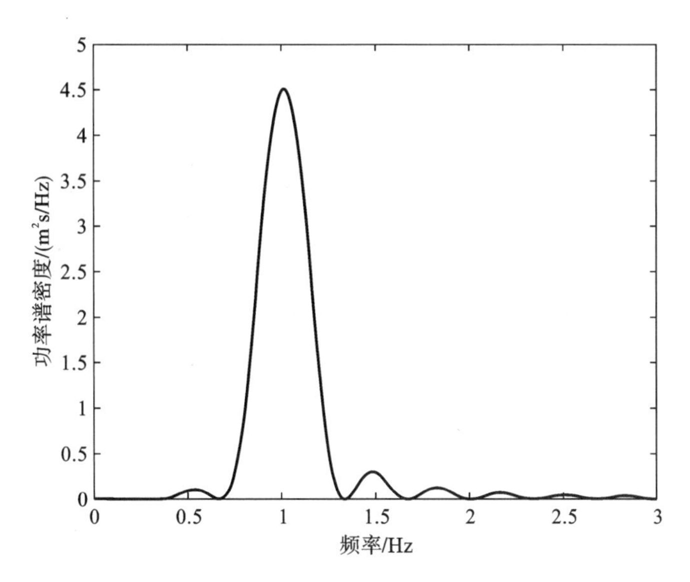

图 5-1-4　仅在一个周期内具有简谐波动信号的能量密度频谱图

3．工程激振力信号的数学抽象

如果激振力具有窄频带特征，如图 5-1-5，说明频率分布范围不大，激振力谱是尖峰，激振力信号的功率（反映了激振力的大小）可用尖峰下的面积表示。因而在分析中，这样的激振力被抽象为简谐激振力，因为信号特征近似于周期信号，如图 5-1-6。具体简化时，简谐力的频率为尖峰频带中的某个频率，功率由尖峰下的面积取代，表达式为：

$$P = G(\omega)\Delta\omega \tag{5-1-29}$$

至于取尖峰频带中的哪个具体频率，其实是无关紧要的，因为频带足够窄，在频带内 $G(\omega)$ 都是常数。只要确定了频带，比该频带窄的激振力都可视作简谐激振力。

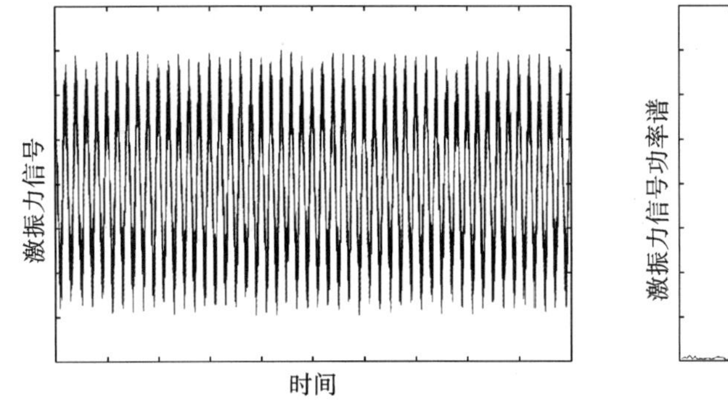

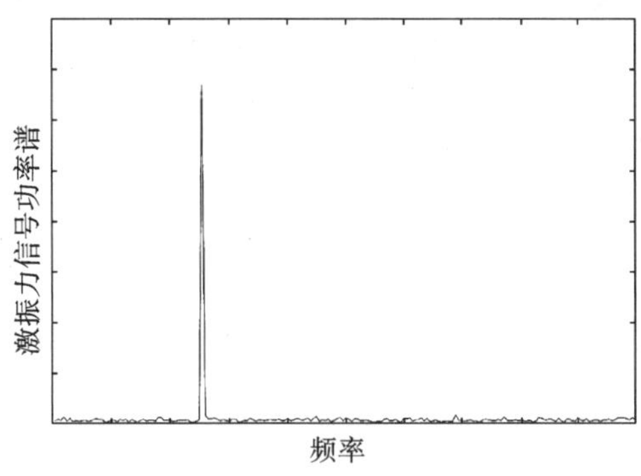

图 5-1-5　具有窄频带特征的激振力时域信号及其功率谱

如果激振力信号频率范围很广，则激振力称为广谱激振力。广谱激振力的频率分布很广，不具有显著的周期性，如图 5-1-7。广谱激振力可抽象为在各频率都具有相同的激振功率密度，例如激振力谱在各频率都具有单位 1 的功率密度。

4．已知激振力谱和频率响应函数可以预报该激振力下的响应

线性系统的频率响应函数（FRF）可广泛定义为：单位力作用下某点的振动或噪声响应的复数幅值。

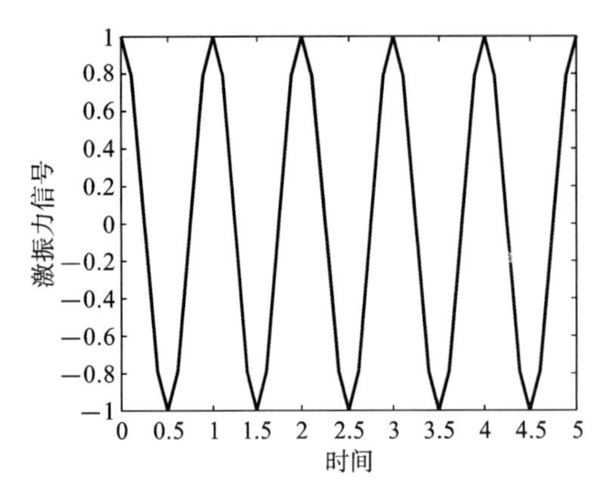

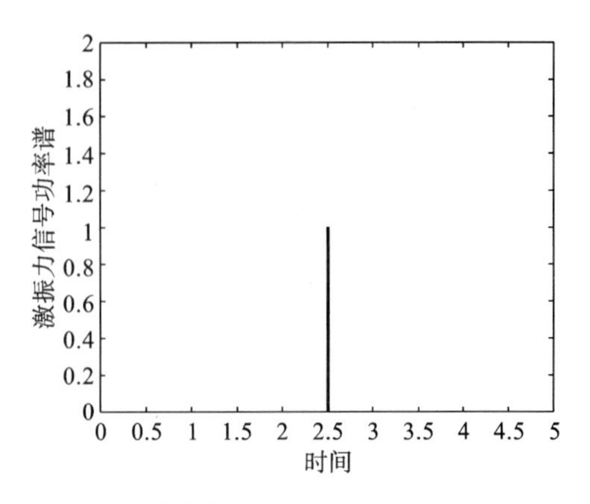

图 5-1-6　简谐激振力时域信号及其功率谱

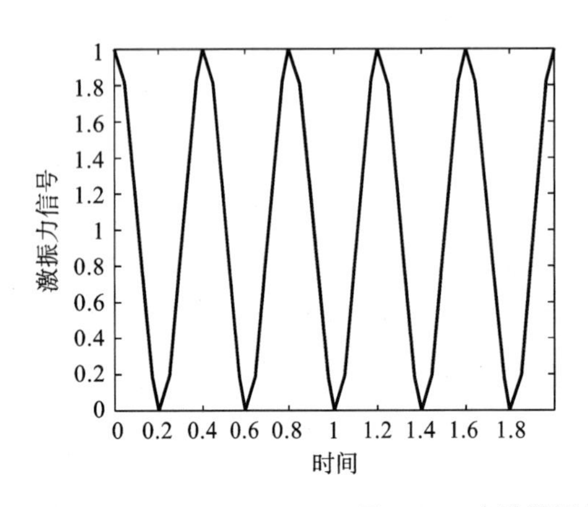

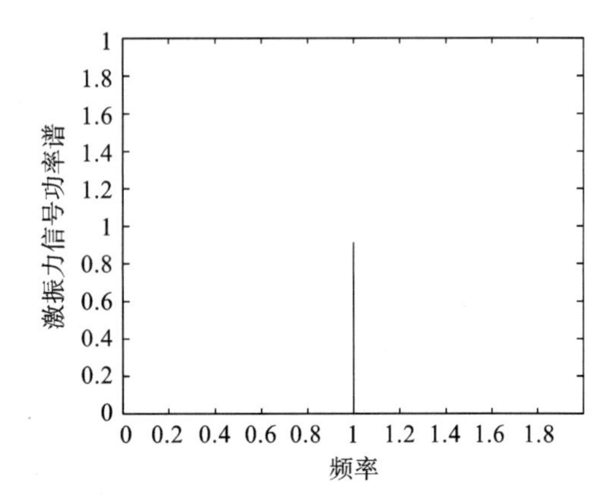

图 5-1-7　广谱激振力时域信号及其功率谱

频率响应函数是复数，意味着它针对复数激振力进行了规范化，考虑了响应同激振力之间的相位。频率响应函数是频率的函数，也就是单位幅值的激振力以给定频率激励所得到的响应复数幅值。不同的物理量可以有不同的频率响应函数，如加速度、位移、压力等（力导纳就是FRF中的一种）。频率响应函数与力的输入和响应点位置相关。频率响应函数的结果是模态叠加的结果，叠加包括了幅值和频率因素，是复数叠加。

对简谐激振力，因为频率是确定的，所以直接由激振力幅值和频率函数获得响应结果：

$$R(\omega)=\mathrm{FRF}(\omega)\times F(f=2\pi\omega) \tag{5-1-30}$$

即响应也是单频的。换成功率表示就是：

$$|R(\omega)|^2=|\mathrm{FRF}(\omega)|^2\times|F(\omega)|^2 \tag{5-1-31}$$

对某个窄带激振力，它被等效为简谐激振力，因此窄带激振力引起的响应功率为：

$$|R(\omega)|^2=|\mathrm{FRF}(\omega)|^2\times G(\omega)\Delta\omega \tag{5-1-32}$$

由于激振力实际是窄带的，所以响应其实也是窄带的，对响应功率在频带 $\Delta\omega$ 内进行平均，得到响应的功率谱：

$$T(\omega)=\frac{|R(\omega)|^2}{\Delta\omega}=|\mathrm{FRF}(\omega)|^2\times G(\omega) \tag{5-1-33}$$

可见，$T(\omega)$代表响应的功率谱密度。

对非周期宽带激振力，激振力功率是若干窄频段功率的叠加，因此它所引起的响应功率应

由每个窄带激振力引起的响应功率求和给出，即

$$P = \sum |T(\omega_n)|^2 \Delta\omega = \sum |\mathrm{FRF}(\omega)|^2 \times G(\omega) \times \Delta\omega \tag{5-1-34}$$

如果是窄带激振力，对带宽取极限，即 $\Delta\omega \to 0$，那么式(5-1-34)变为积分形式：

$$P = \int |\mathrm{FRF}(\omega)|^2 \times G(\omega) \times \mathrm{d}\omega = \int T(\omega)\mathrm{d}\omega \tag{5-1-35}$$

5.1.2 广谱力激振与高频振动

由于响应功率谱 $T(\omega)$、激振力谱 $G(\omega)$ 和频率响应函数 FRF 具有式(5-1-33)所示的关系，因而对广谱激振力的响应谱研究就被归结为对频率响应函数 FRF 的研究，因为 $|\mathrm{FRF}(\omega)|^2$ 代表激振力谱在各频率都是单位1时的响应谱。例如针对梁以单位1的激振力谱激振，可以给出 $|\mathrm{FRF}(\omega)|$ 的曲线，如图5-1-8所示，可见，$|\mathrm{FRF}(\omega)|$ 曲线具有谱峰特征，谱峰频率对应于梁的自然频率，当单位激振力频率处于自然频率附近时，梁会产生共振，形成响应谱峰。

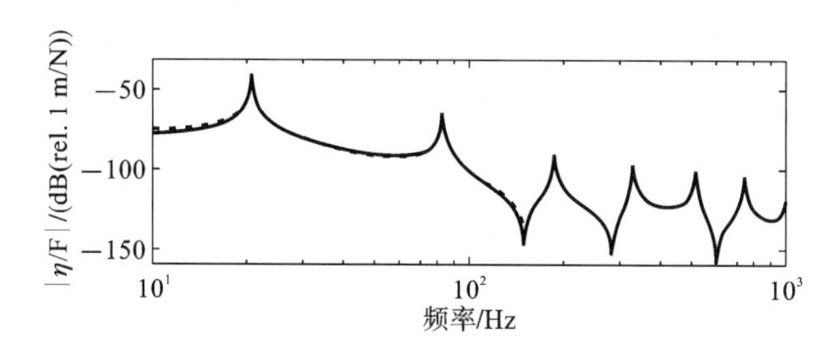

图 5-1-8　$|\mathrm{FRF}(\omega)|$ 随频率变化的曲线

为了通过试验测量得到频率响应函数，可利用窄带激振力激振结构，因为如果激振力谱是窄带的，激振力谱 $G(\omega)$ 在该窄带范围内是常数，根据式(5-1-33)，响应功率谱也是窄带的，响应的功率就可近似由 $|\mathrm{FRF}(\omega)|^2 \times \Delta\omega$ 给出。根据这个原理，通过窄带激振力激振结构，测量响应的功率，就能得出频率响应函数。

但是如果激振力是广谱的，那么通过测量得出的响应功率贡献来自于大量被激发模态的功率，这可由式(5-1-34)得到响应结论。

然而，广谱激振力谱的"广"是相对的，它是激振力频带相对于相邻的两个自然频率间隔而言的：对给定的频带激振力，如果频带范围比 FRF 的峰值带窄，就是窄带；反之，频带范围包含了多个 FRF 峰值，就是宽带。

此外，研究表明，二、三维结构的模态间隔在高频变小，对给定频带的广谱激振力而言，若中心频率高，就会涵盖大量的峰值，意味着同样带宽的激振力在高频会激发更多的模态，所以，高频激振实质上就是广谱激振。高频的"高"也是相对的，它是针对激振力的"广谱"而言的。

实际工程中，激振力都具有一定带宽，因此，在激振力中心频率高到特定值，满足激振力带宽包含多个 FRF 谱峰时，就认为它是高频的。

5.1.3 广谱力激振与高频振动预报精度问题

使用传统的动力观点对广谱力激振或高频振动进行动力响应预报通常会存在预报不准的问题，一般认为，该问题来源于以下三个方面。

1. 高频模态对边界条件更为敏感

高频结构波长短,在边界处,短波反射更强,意味着微小的变化将导致模态频率和模态振型变化很大。微小的变化来源于实际结构在制造中产生的不确定性,这种不确定性会对高阶模态产生较大影响。例如,图 5-1-9 是具有质量的等概率随机分布梁的弯曲模态概率密度,当梁上的质量分布具有随机性时,其高阶模态概率密度的分布带宽也随着频率的增大而变大,这意味着预报更高阶模态时会因存在更大的随机性而产生较大的误差,即高频模态对质量分布边界条件十分敏感。这就给对具体结构的预报建模带来了问题,因为许多结构对象的细节无法在设计阶段精确给出,制造或设计的偏差都会存在随机性。

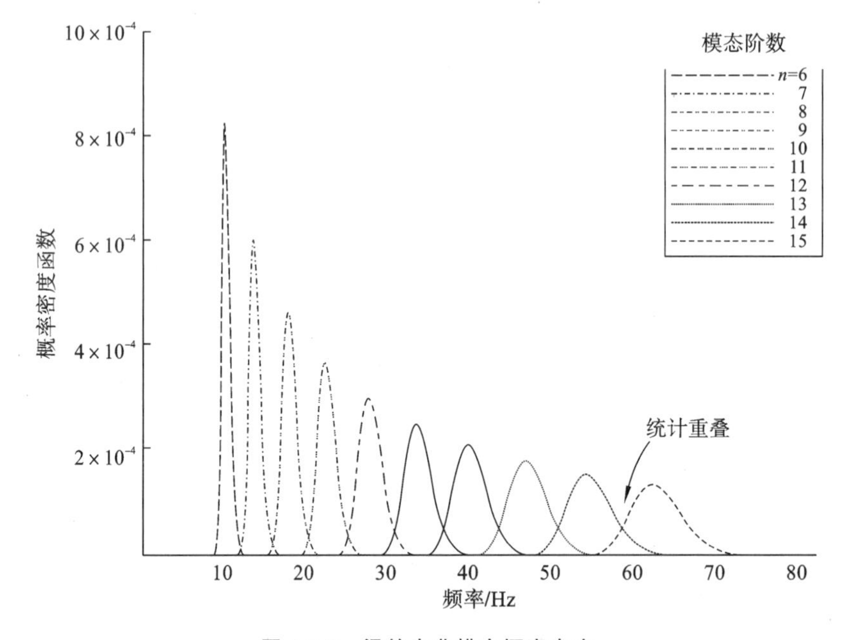

图 5-1-9 梁的弯曲模态概率密度

高频模态敏感性意味着实际测量也存在问题。例如,从针对多辆同一型号汽车的 FRF 测量结果(见图 5-1-10)可以看到,低频重复性好,高频随机性大。这是因为汽车制造必然有误差。

2. 高频模态分离度小导致预报和测量振动频率响应不准

半能量带宽是以自然频率 $\omega_0=2\pi f_0$ 为中心频率、响应功率是中心频率处响应功率一半的频率点所决定的频带宽,如图 5-1-11。若记 η 为丧失因子,一个具有自然频率 $\omega_0=2\pi f_0$ 模态的半能量带宽为 $\eta\omega_0$ rad/s(或 ηf_0 Hz)。

模态分离度取决于半能量带宽和模态间隔。在高频,二维结构的半能量带宽增大,同时自然频率间隔减小,模态分离度变差。

模态分离度变差可以解释高频 FRF 的特征:高频 FRF 具有山包型的谱密度特征,山包被窄频带分割,这不同于低频尖峰特征。尖峰意味着独立的自然模态,激振力频带相对更窄,稍微偏离自然频率的窄带激振力也可激起共振响应。山包意味着相对更宽频带的激振力激发了更多的共振响应。但是,在特定时候,更多的响应相位不同,产生了抵消,形成窄带谷。图 5-1-12 是针对平板给出的频率响应函数曲线,从中可以看出从低频的独立模态控制的"尖峰型响应"向高频"山包型响应"的过渡过程。

高频模态分离度差意味着预报和测量具有随机性:稍微偏离某个目标自然频率的激振,可

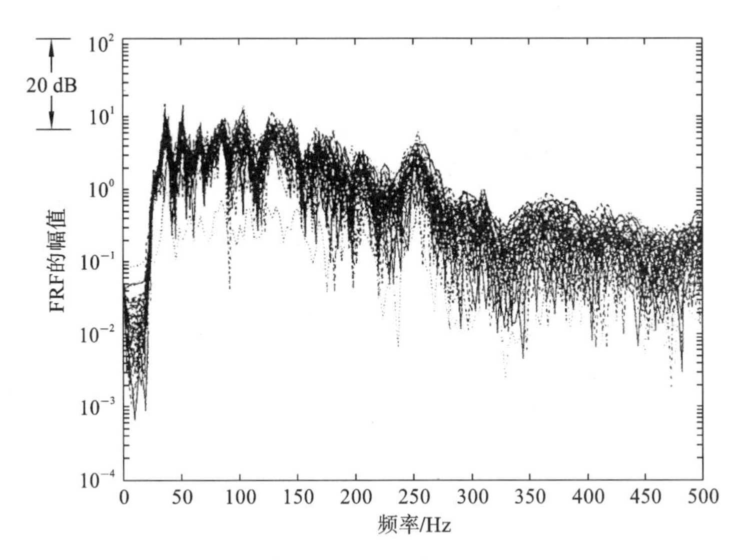

图 5-1-10 针对多辆同一型号汽车的 FRF 多次测量结果

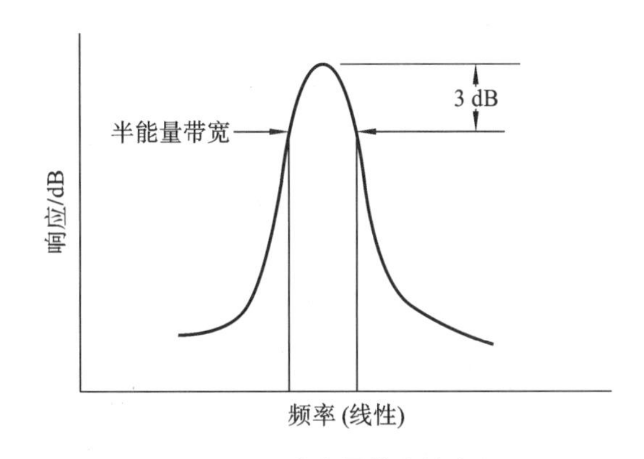

图 5-1-11 半能量带宽的定义

能导致多个被激发模态叠加增强响应,也可能导致多个被激发模态叠加削弱响应。图5-1-13说明了高频多模态响应重叠时敏感性产生的原因:由于多个模态在同一频率附近重叠,微小的激振频率变化将导致贡献于响应的个别模态幅值或相位发生较大变化,进而导致多个模态叠加出差别很大的响应结果。

3. 高频有限元预报存在困难

在使用有限元预报结构的频率响应函数 FRF 时,建立有限元模型的网格尺度应当是波长的 1/6 才能保证计算精度。如果针对高频问题进行预报,则会因高频波长短而存在有限元网格数量较多,计算资源难以保证的难题。

除此之外,在使用有限元进行预报的过程中,会用到瑞利阻尼假定,而该假定在高频就不适用了。瑞利阻尼来源于使用有限元模型采用模态叠加法计算频率响应问题。例如,为利用模态叠加法计算频率响应问题,首先需要进行模态分析,提前算好无阻尼结构的模态 $\boldsymbol{\Phi}=[\phi_1,\phi_2,\cdots]$和 ω_j。

当需要针对有阻尼模型进行动力响应分析时,受迫振动的动力矩阵方程为:

$$\boldsymbol{M}\ddot{\boldsymbol{y}}+\boldsymbol{C}\dot{\boldsymbol{y}}+\boldsymbol{K}\boldsymbol{y}=\boldsymbol{F} \tag{5-1-36}$$

为使用模态叠加结构的动力响应,采用如下变换:

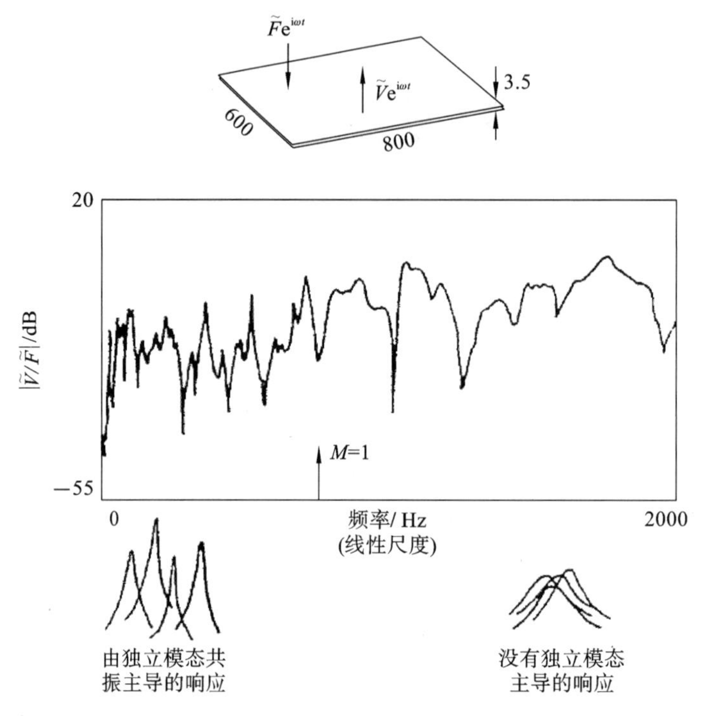

图 5-1-12　针对平板给出的频率响应函数曲线

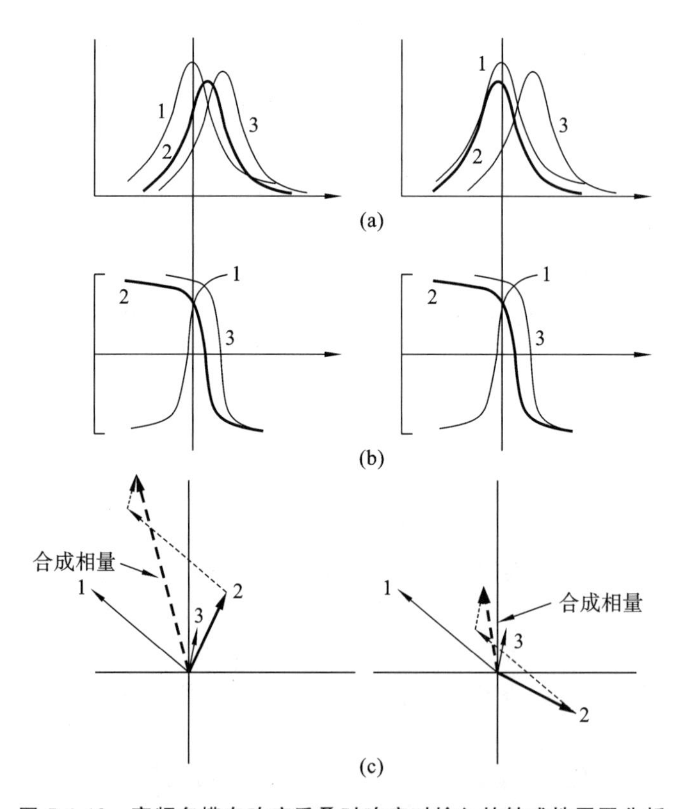

图 5-1-13　高频多模态响应重叠时响应对输入的敏感性原因分析

$$y = \boldsymbol{\Phi} a \tag{5-1-37}$$

将式(5-1-37)代入式(5-1-36),得出:

$$\ddot{a} + \boldsymbol{\Phi}^{\mathrm{T}} \boldsymbol{C} \boldsymbol{\Phi} \dot{a} + \boldsymbol{\Lambda} a = \boldsymbol{\Phi}^{\mathrm{T}} \boldsymbol{F} \tag{5-1-38}$$

其中

$$\boldsymbol{\Lambda} = \begin{bmatrix} \omega_1^2 & 0 & \cdots \\ 0 & \omega_1^2 & 0 \\ \vdots & \vdots & \end{bmatrix} \tag{5-1-39}$$

是对角阵。

瑞利阻尼假定认为矩阵 $\boldsymbol{\Phi}^{\mathrm{T}} \boldsymbol{C} \boldsymbol{\Phi}$ 也是对角阵,因此,方程十分容易求解。这种做法实质是认为阻尼分布是刚度和质量分布的线性组合,忽略了 $\boldsymbol{\Phi}^{\mathrm{T}} \boldsymbol{C} \boldsymbol{\Phi}$ 的离对角项。在低频、轻阻尼条件下忽略离对角项对结果影响不大,但在高频时,模态分离度小,重叠大,意味着半能量带宽相对增大,瑞利阻尼假定将导致根本性预报错误。

由于采用确定性方法针对某个特定模型分析会带来高频振动不适用的问题,因此必须使用新的方法。统计能量分析主要用于分析高频带内复杂系统的动力学问题,自 20 世纪 60 年代被提出以来,经过 50 多年的不断的完善与发展,已经成功地应用于车辆、建筑、航空航天等领域,并且出现了 AutoSEA、SEAM 等成熟的商业软件。统计能量分析是一种模化分析方法,运用能量流关系式对复合的、谐振的组装结构进行动力特性、振动响应级及声辐射的分析评价。后续将给出与该方法相关的一些基本概念。

5.2 高频振动的度量

5.2.1 模态密度、模态重叠因子和统计重叠因子

模态密度定义为相应频率处相邻两个频率间隔的倒数。它也可以解释为每单位频带的自然频率数量。由于频率可采用圆频率(以 rad/s 为单位)或频率(以 Hz 为单位),因此需要注明是以哪种单位作为两个频率的间隔。模态密度是频率的函数,如模态密度 $n(f)$ 定义为每 Hz 的自然频率数随频率的变化,$n(\omega)$ 定义为每 rad/s 的自然频率数随频率的变化,前者是后者的 2π 倍。

模态重叠因子定义为:

$$M = \omega \eta n(\omega) \tag{5-2-1}$$

模态重叠因子是半能量带宽同局部自然频率平均间隔之比。

当模态重叠因子接近 1 时,独立的模态响应将发生重叠;如果模态重叠因子大于 1,两个模态重叠量增长,模态分离度变差。

统计重叠因子定义为:

$$S = \sigma n(\omega) \tag{5-2-2}$$

式中:σ 是模态标准差(方差)

可见,模态密度、模态重叠因子和统计重叠因子三者具有相互关系。模态密度、模态重叠因子和统计重叠因子都可作为度量高频的统计量。

图 5-2-1 是试验针对具有随机分布质量的梁测量的力导纳和模态重叠因子、统计重叠因子随频率的变化曲线。由图可见，模态重叠因子、统计重叠因子在高频处随频率变化十分平滑，说明它们对频率的变化不敏感。由于模态重叠因子、统计重叠因子同模态密度都具有关系，因此该图也说明，模态密度对频率的变化不敏感。

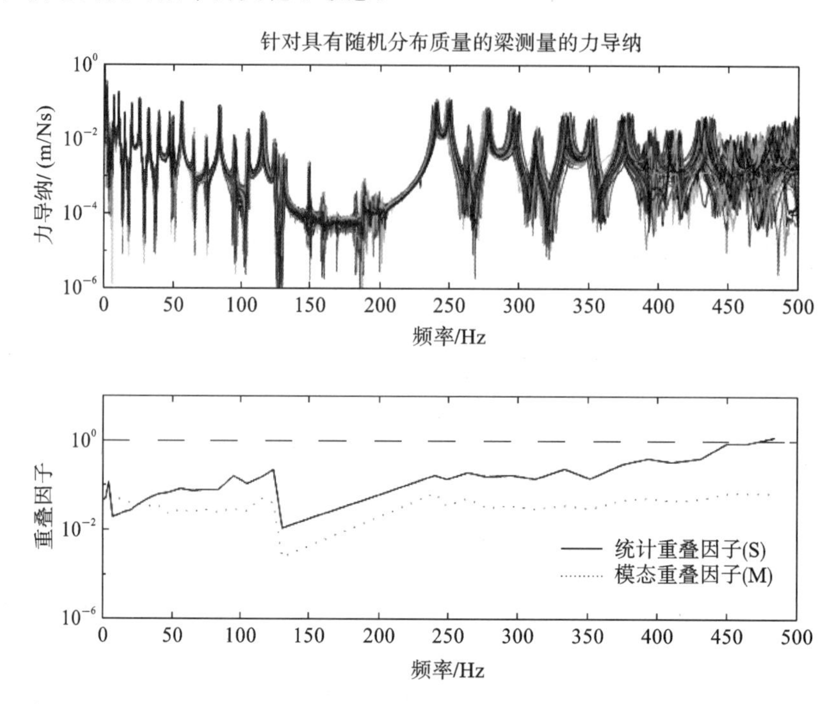

图 5-2-1 针对具有随机分布质量的梁测量的力导纳和 M、S 随频率变化的曲线

在低频处，模态密度意义不大，因为模态密度是一种平均量，该量将随着频率的增长、单位频带的模态数目增多而趋于稳定。而且，该量对边界条件不敏感。

5.2.2 空间均匀结构的模态密度计算

模态是波在有限结构中反射的结果，在均质结构中，波与频率的关系由色散关系给出，所以均质结构的模态密度可通过色散关系导出，色散关系可以是方程表示的形式，也可以是波数图表达的形式。

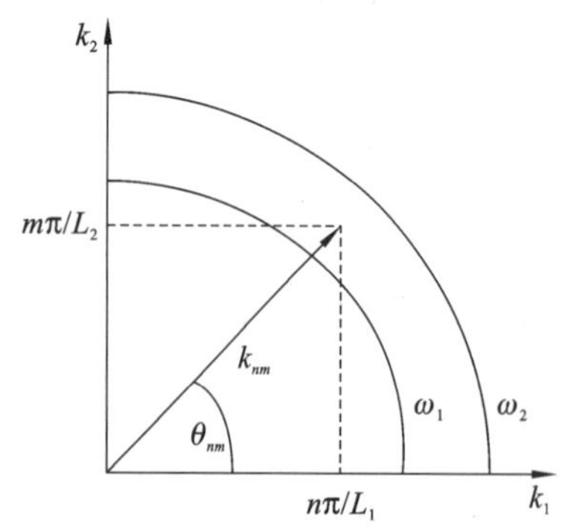

图 5-2-2 利用波数图估计薄壁圆柱壳的模态密度

例如：对薄壁圆柱壳，可以利用波数图估计模态密度（如图 5-2-2）。对具有简支端条件的长度为 L 的圆柱壳，模态具有轴向波数 $m\pi/L$（m 是整数），对应于图中纵坐标的离散值（$m\pi/L$）（$\alpha\beta^{1/2}$）。水平线和垂直线的交点代表波数空间自然模态。每一无因次自然频率可由色散关系计算，计算中将 k_z 用 $m\pi/L$ 取代。在半径为 Ω 与 $\Omega+\Delta\Omega$ 的圆之间交点的数量可以估计 $\Delta\Omega$ 频段内的模态数，从而获得频率为 Ω 的模态密度。将以上过程数学化，就可以解析得到模态密度随频率的变化。

5.2.3 模态密度随频率的变化规律

几种常用均匀结构的模态密度解析表达式在表 5-2-1 中列出。一般有这样的结论：模态密度随频率的变化增大，或为常数（弯曲梁的模态密度随频率的增大而减小，是特例）。该结论可以从表 5-2-1 中看出。

表 5-2-1 常用均匀结构的模态密度解析表达式

均匀结构中的波类型	模态密度 $n(\omega)$
直杆：拉压概纵波	$\left(\frac{L}{\pi}\right)\left(\frac{\rho}{E}\right)^{\frac{1}{2}}$
直梁：弯曲波	$\left(\frac{L}{2\pi}\right)\left(\frac{m}{EI}\right)^{\frac{1}{4}}\left(\frac{1}{\omega}\right)^{\frac{1}{2}}$
直杆：扭转波	$\left(\frac{L}{\pi}\right)\left(\frac{I_{p}}{GJ}\right)^{\frac{1}{2}}$
薄平板：弯曲波	$\left(\frac{S}{4\pi}\right)\left(\frac{\rho h}{D}\right)^{\frac{1}{4}}$
薄壁圆柱壳：仅有弯曲波	$\Omega \ll 1$ $\quad \frac{2\omega^{\frac{1}{2}}a^{\frac{3}{2}}L}{1.6h(c_{1}'')^{\frac{3}{2}}}$ $\Omega > 1$ $\quad \left(\frac{2\pi aL}{4\pi}\right)\left(\frac{\rho h}{D}\right)^{\frac{1}{4}}$
封闭矩形体中的流体：噪声波	$\left(\frac{V\omega^{2}}{2\pi^{2}c^{3}}\right)^{*}+\left(\frac{A\omega}{8\pi^{2}c^{2}}\right)+\left(\frac{P}{16\pi c}\right)$

表中：L—长，S—面积，V—体积，A—矩形体的表面积，P—矩形封闭体的边长和，a—圆柱半径，h—壳或平板厚，ρ—材料密度，E—杨氏模量，m—单位长度的质量，I—面积惯性矩，D—平板弯曲刚度，c—声速，I_{p}—单位长度的轴转动惯量，GJ—扭转刚度，*—在高频可应用于任意形式的封闭体。

一个结构中的模态来源于波反射，有时结构中的波不只一种类型，则每种类型的波都会形成自己的模态，从而导致模态密度的不同，这就导致了模态密度随频率的变化曲线具有不同类型波的综合特征。圆柱壳中的波就是膜应力波与弯曲波的混合波。由于低频膜应力波占优，因此模态密度将体现为膜应力波的特征；而高频弯曲应力波占优，因此模态密度将体现为弯曲波的特征。图 5-2-3 给出了圆柱壳中的总模态密度、仅考虑弯曲波的模态密度和仅考虑膜应力波的模态密度随频率变化的比较，从中可以看到，不同频率时模态密度随频率变化的规律因波的产生机理不同而不同。

5.2.4 模态密度在振动与噪声分析中的作用

在高频振动与噪声分析中，模态密度被用来估计响应，作为振动响应预报的输入。其具体作用如下。

1. 模态密度可用来辅助估计激振源处响应的规律

研究表明，大型结构在激振源处的响应通常会很大。这是因为在激振源处，各模态在该点

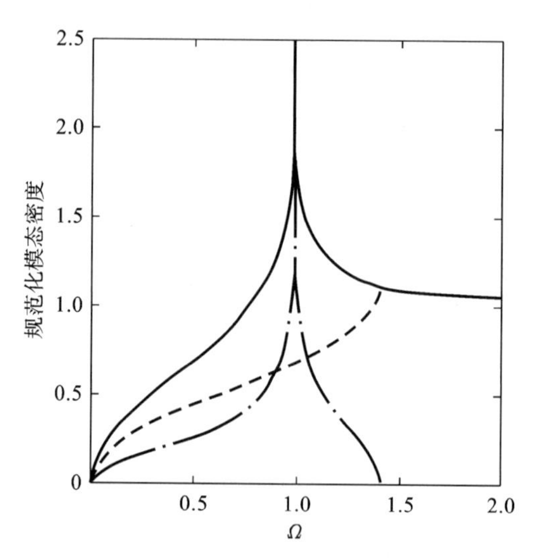

图 5-2-3　圆柱壳中的总模态密度、仅考虑弯曲波的模态密度和仅考虑膜应力波的模态密度随频率变化的比较

的响应具有相同的相位，因而叠加之后导致该处的响应幅值很大。从响应幅值和模态密度的关系看就是：激振源处的频率响应函数幅值正比于模态密度（从而正比于频率）。而系统的模态密度近似正比于尺度，因而激振源处的频率响应函数幅值正比于尺度。

2. 模态密度可用来辅助估计非激振源处响应的规律

对大型结构而言，其平均响应通常小于激振源处的响应。具体分析，可从两个方面看。

从模态相干观点看：远离激振源处各模态相位不一致，会产生反干涉。反干涉现象会随着距激振源的距离增大而增加，并随着模态密度的增大而增加。当系统的尺度增大了，模态共振频率将聚集在相差不多的频率附近。当观测点与激振源距离较远时，不同模态在观测点的相位互不相同，这些相位不同、分属不同模态的响应叠加，彼此抵消。如果对系统所有的响应进行空间平均，则得到空间平均的均方响应。由于空间平均的均方响应反映的主要是距离激振源较远处的响应平方值，所以空间平均的均方响应随着模态密度的增大而减小，随着尺度的增大而减小。值得注意的是，这是针对局部激振给出的结论，当激励分布于整个系统时，则不能使用该结论，例如声压或边界层压力作用的声场。

从能量输入与耗散之间的平衡来解释，主要逻辑为：

功率输入与模型尺度关系不大。当输入是有限带宽激振力时，如果在频率带宽范围内包含至少五个自然频率，则可以得到如下公式：

$$\langle \overline{P}_{\mathrm{in}} \rangle = \frac{\overline{F}^2 \pi n(\omega_{\mathrm{c}})}{2M_{\mathrm{t}}} \tag{5-2-3}$$

式中：$\langle \overline{P}_{\mathrm{in}} \rangle$是对等质量分布的多模态系统的平均能量输入，它是通过具有均匀谱密度分布的有限带宽激振力实现输入的，由于宽带激振力在时域上是变化的，所以能量输入在时间上也是变化的，对能量按照频率、时间、位置进行平均即为$\langle \overline{P}_{\mathrm{in}} \rangle$；$\overline{F}^2$ 是力的均方值；ω_{c} 是带宽激振力的中心频率；M_{t} 是系统的总质量。从该式可以推知：对一个具有足够大模态密度的系统，功率输入与系统尺度无关。这是因为，一个均匀系统的模态密度正比于系统的尺度，而 M_{t} 也正比于系统的尺度，所以 $n(\omega_{\mathrm{c}})/M_{\mathrm{t}}$ 是常数，从而上述推论成立。功率输入与系统尺度无关意味着：高频时大尺度系统可近似看作无穷尺度系统或大阻尼边界系统。

功率耗散与质量成比例，与响应成比例。若高模态密度的系统是具有功率耗散的，耗散的功率表达为：

$$\langle \overline{P}_{d} \rangle = \eta\omega_{c}\overline{E} = \eta\omega_{c}M_{t}\langle v^{2} \rangle \tag{5-2-4}$$

式中：$\overline{E}$ 是存储在系统中的能量的平均；$\langle v^2 \rangle$是空间平均的均方速度；η 为丧失因子。

根据能量守恒，功率输入（与尺度无关）等于功率耗散（与尺度和响应的乘积相关），有：

$$\langle v^{2} \rangle = \frac{\overline{F}^{2}\pi n(\omega_{c})}{2\eta\omega_{c}M_{t}^{2}} \tag{5-2-5}$$

该式说明：尺度大的系统均方响应值小。该结论同“基于模态响应反干涉原理”所推出的结论一致。

3. 模态密度还可用来进行统计能量分析

(1) 模态密度是统计能量分析中的重要参数。

统计能量分析(SEA)是一种分析模型。该模型中，系统由若干子系统组成，子系统中可以包含结构和（或）流体部件。子系统的能量是分析的结果。

统计能量模型的核心是一组方程，每个方程表述了针对每个子系统所给出的能量平衡方程：通过激振实现的能量输入、能量传输和能量耗散应在每个子系统中平衡。求解方程，获得子系统的能量。

能量传输由能量流表征：在频率带宽内，任何两个子系统间的能量流正比于两者的模态能量差，比例因子用能量传输系数表达；子系统的模态能量定义为子系统中能量的时间平均同带宽内子系统共振模态数，带宽内子系统共振模态数即由模态密度同频带宽的乘积获得。

能量传输系数则由“波表示的”子系统振动场给出：对二、三维系统，波动场被假定为弥散场，即具有各个方向、不同频率的行进波；在靠近子系统边界处，阻抗的不连续导致存在反射和透射，这样部分能量将通过透射传出子系统；能量传输系数则可以通过对波前进行积分获得。另外，在获得能量传输系数后，还可在已知系统模态密度的情况下获得丧失因子，因为能量传输系数正比于子系统模态密度和丧失因子的乘积。

能量传输系数之所以可以用“波模型”给出，是因为“波模型”同“模态模型”具有联系：“波模型”的能量流同“模态模型”中的模态能量都正比于能量密度和群速度，因此“波模型”和“模态模型”具有等价性。

从以上分析可见，模态密度是统计能量分析的重要参数，它可以通过利用实验测量平均力导纳得出估计值。

(2) 模态密度可利用平均力导纳实部进行估计。

力导纳是单位激振力下的速度响应复数幅值。驱动点力导纳的速度取为激励源处的速度。驱动点力导纳是频率和空间的函数，对之进行频带平均后取实部，然后再对空间进行平均，就得到平均力导纳实部。

估计原理是利用均布质量系统中平均力导纳实部与模态密度的关系实现的。该关系为：

$$\langle \mathrm{Re}\{\widetilde{Y}\} \rangle = \pi n(\omega)/2M_{t} \tag{5-2-6}$$

这样，当一个系统通过实验获得了平均力导纳实部后，就可以利用该方程解算出模态密度的估计值。这是一种经验方法，虽然实际的系统不一定是均布质量系统。

第6章

振动结构所辐射的噪声

6.1 点 声 源

6.1.1 脉动点声源

脉动点声源是最基本的声源。结构在水中振动时,流固耦合面的每点均振动并推动流体,这就如一系列脉动的点声源,所有点声源均各自产生声波,它们叠加形成了结构振动的声场,可见,虽然结构振动产生的声场是十分复杂的,但都可以利用脉动点声源叠加得出,因而研究单个脉动点声源的声场及多个脉动点声源的叠加声场特性对理解结构辐射噪声的规律具有重要的意义。

严格地讲,这里所述的脉动点声源是无指向性点声源,它是具有无限小半径的脉动球声源的抽象。脉动球声源是半径为 a 的球以圆频率 ω 做各向均匀的、径向简谐脉动的声源,在无限流体中,脉动球声源所产生的声压场可解析表达为:

$$p(r,t)=\frac{1}{1+\mathrm{j}ka}\frac{\mathrm{j}\omega\rho_0\tilde{Q}}{4\pi r}\mathrm{e}^{\mathrm{j}[\omega t-k(r-a)]} \tag{6-1-1}$$

式中:r 为距离球中心的半径;$\tilde{Q}$ 为体积速度的复数幅值;$\mathrm{j}\omega\tilde{Q}$ 为体积加速度复数幅值。如果球表面的法向位移为 $\xi=\bar{\xi}\exp(\mathrm{j}\omega t)$,那么

$$\mathrm{j}\omega\tilde{Q}=-\omega^2 4\pi a^2\bar{\xi} \tag{6-1-2}$$

当无因次参数 $ka\ll1$ 时,脉动球声源退化为脉动点声源:

$$p(r,t)=\lim_{ka\to0}\frac{1}{1+\mathrm{j}ka}\frac{\mathrm{j}\omega\rho_0\tilde{Q}}{4\pi r}\mathrm{e}^{\mathrm{j}[\omega t-k(r-a)]}=\frac{\mathrm{j}\omega\rho_0\tilde{Q}}{4\pi r}\mathrm{e}^{\mathrm{j}(\omega t-kr)} \tag{6-1-3}$$

式(6-1-3)表明,脉动点声源在给定距离处的声压与体积速度的复数幅值密切相关,因而 $\mathrm{j}\omega\rho_0\tilde{Q}=\rho_0\mathrm{d}\tilde{Q}/\mathrm{d}t$ 被称为单极子源强。

6.1.2 置于无限刚性平面上的脉动点声源——基本面源

脉动球声源的声压场具有对称性。如图 6-1-1,若过球心放置一个无限刚性平面 AB,则该平面的存在不会改变脉动球声源的辐射声压场,因为刚性平面的存在不会阻碍流体沿球径向的脉动。当脉动球声源退化为点声源时,该结论也成立,因而置于无限刚性平面上的脉动点声源所辐射的声压场仍然可用式(6-1-3)表示。如果仅考虑平面 AB 某一侧的声压场,则对该侧而言,体积速度源强只有原来的一半,等于 $\tilde{Q}/2$。

现考虑沿刚性平面 AB 法向做简谐运动的小活塞所辐射的声压场,如图 6-1-2。当活塞很小时,可近似用球面取代平面,因而活塞的法向运动被视为半球面的脉动。若活塞的法向表面速度为 $v_n(t)=\tilde{v}_n\exp(\mathrm{j}\omega t)$,活塞表面积为 δS,则对应的体积速度源强为 $\tilde{v}_n\delta S$。由于 $\tilde{Q}=2\tilde{v}_n\delta S$,则活塞在刚性平面一侧所辐射的声压场表达为:

$$p(r,t)=\mathrm{j}\omega\rho_0\frac{2\tilde{v}_n\delta S}{4\pi r}\mathrm{e}^{\mathrm{j}(\omega t-kr)} \tag{6-1-4}$$

这种处于无限刚性平面上的脉动活塞被称为基本面源，基本面源被用于叠加出由流固耦合面运动所辐射的噪声场。

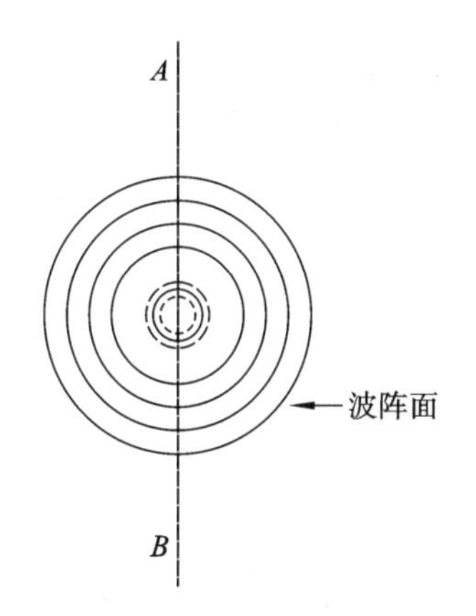

图 6-1-1 过球心放置刚性平面不改变脉动球声源的辐射声压场

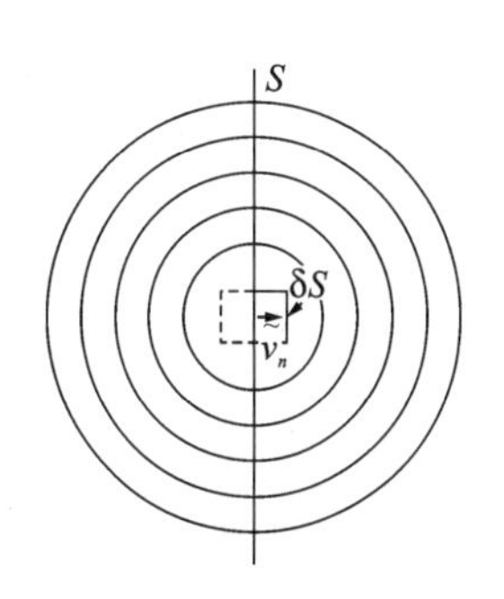

图 6-1-2 沿平面法向做简谐运动的活塞所辐射的声压场

6.1.3 Rayleigh 公式

若平面 AB 的法向速度在平面上具有分布特性，则平面上的每一位置均可视作活塞做法向简谐脉动，具有法向速度分布的脉动平面在平面一侧的半无限空间所辐射的声压场就是各活塞独立存在时所辐射的声压场的叠加结果。当对每个活塞尺寸取无限小极限时，具有法向速度分布的脉动平面所辐射的声压场可表达为：

$$p(\boldsymbol{r},t)=\frac{\mathrm{j}\omega\rho_0}{2\pi}\mathrm{e}^{\mathrm{j}\omega t}\int_S\frac{\tilde{v}_n(\boldsymbol{r}_s)\mathrm{e}^{-\mathrm{j}kR}}{R}\mathrm{d}S \tag{6-1-5}$$

式中：$\boldsymbol{r}$ 是观察点的位置矢量；$\boldsymbol{r}_s$ 是基本面源 δS 的位置矢量；各基本面源具有的法向速度幅值为 $\tilde{v}_n(\boldsymbol{r}_s)$；$R$ 是矢量 $\boldsymbol{r}-\boldsymbol{r}_s$ 的幅值，$R=|\boldsymbol{r}-\boldsymbol{r}_s|$。该公式由 Lord Rayleigh(1896)给出，后称为 Rayleigh 公式(瑞利公式)。该式将被用于解析镶嵌在无限刚性平面中的振动活塞或振动平板所辐射的噪声场。

6.2 两个基本面源同时存在时的声辐射

声源的辐射声功率是考察声源辐射能力的重要依据。结构在水下振动时，流固耦合面上的每一点都是基本面源，每一基本面源都会推动流体做功从而辐射噪声。当多个基本面源共同脉动时，各基本面源之间会产生相互作用，从而导致它们辐射声功率的总和不能简单地用各独立基本面源辐射声功率求和给出。本节将给出两个基本面源相互作用时的辐射声功率规律。

6.2.1 单个基本面源所辐射的声功率

考虑图 6-1-1 所示的、镶嵌于刚性平面的脉动活塞所辐射的声功率，类似于式(4-1-5)的推导，单个基本面源时间平均的辐射声功率由活塞表面的声压复数幅值和速度复数幅值给出，表达为：

$$
\begin{aligned}
W_m &= \lim_{r\to 0}\mathrm{Re}\{\tilde{p}^*\tilde{v}_n\delta S\} = \lim_{r\to 0}\mathrm{Re}\left\{\left[\mathrm{j}\omega\rho_0\frac{2\tilde{v}_n\delta S}{4\pi r}\mathrm{e}^{-\mathrm{j}kr}\right]^*\tilde{v}_n\delta S\right\} \\
&= \frac{\omega k\rho_0}{8\pi}\mid Q\mid^2\lim_{r\to 0}\mathrm{Re}\left\{\frac{\mathrm{j}\mathrm{e}^{-\mathrm{j}kr}}{kr}\right\} \\
&= \frac{\omega k\rho_0}{8\pi}\mid Q\mid^2
\end{aligned}
\tag{6-2-1}
$$

即在给定流体中，体积速度的复数幅值 $\tilde{Q}$、圆频率 ω 决定辐射声功率的大小（在给定流体中，根据色散关系，声波数 k 由圆频率 ω 决定，因而它不是独立的）。

6.2.2 两个基本面源耦合作用对结果的修正量

当刚性平面上具有两个基本面源时，它们会在彼此的位置产生声压的修正。考虑图 6-2-1 中相距为 d 的两个基本面源，A 面源的存在将引起 B 面源处的声压发生改变，改变量为：

$$
\tilde{p}_{AB} = \frac{\mathrm{j}\omega\rho_0\tilde{Q}\mathrm{e}^{-\mathrm{j}kd}}{4\pi d}
\tag{6-2-2}
$$

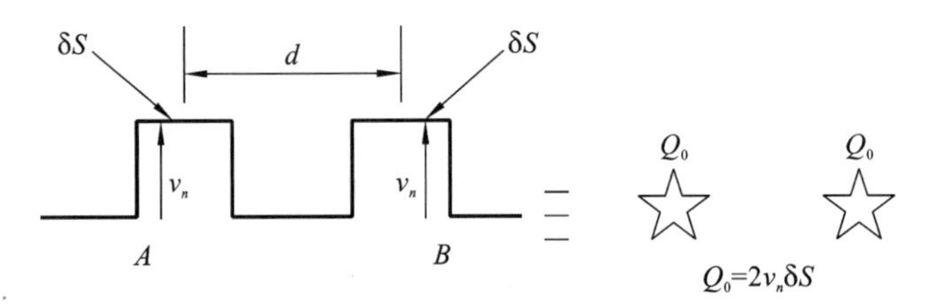

图 6-2-1　两个距离为 d 的基本面源同时存在

则 B 面源因脉动而推动流体做功的功率修正量为：

$$
W'_B = \frac{\mathrm{j}\omega\rho_0\tilde{Q}\mathrm{e}^{-\mathrm{j}kd}}{4\pi d}\tilde{v}_n^*\,\delta S = \pm\frac{1}{2}\mid\tilde{Q}\mid^2\left(\frac{\omega\rho_0}{4\pi d}\right)\sin(kd)
\tag{6-2-3}
$$

式中：取“＋”时，意味着 A、B 面源做同相位脉动；取“－”时，意味着 A、B 面源做反相位脉动。

同理，B 面源的存在导致 A 面源脉动并推动流体做功的功率修正量为：

$$
W'_A = \frac{\mathrm{j}\omega\rho_0\tilde{Q}\mathrm{e}^{-\mathrm{j}kd}}{4\pi d}v_n^*\,\delta S = \pm\frac{1}{2}\mid\tilde{Q}\mid^2\left(\frac{\omega\rho_0}{4\pi d}\right)\sin(kd)
\tag{6-2-4}
$$

可见，两个基本面源同时存在时，其相互之间的声压干扰会导致各自辐射的声功率发生变化。

6.2.3 两个基本面源存在时所辐射的总声功率

当 A 面源存在时，B 面源脉动而推动流体做功的总功率为：

$$
W_B = W_m + W'_B = W_m[1\pm\sin(kd)/kd]
\tag{6-2-5}
$$

类似的结果也可对 A 面源给出：

$$
W_A = W_m + W'_A = W_m[1\pm\sin(kd)/kd]
\tag{6-2-6}
$$

这样，总的辐射声功率表达为：

$$
W_{\mathrm{rad}} = W_A + W_B = 2W_m[1\pm\sin(kd)/kd]
\tag{6-2-7}
$$

即两个基本面源辐射的声功率的考虑耦合作用的结果与不考虑耦合作用的结果之间，相差修正因子 $1\pm\sin(kd)/kd$。

为了研究面源的相互作用对辐射声功率的影响，将修正因子 $1\pm\sin(kd)/kd$ 与无因次频率（或距离）$kd=2\pi fd/c=2\pi d/\lambda$ 的关系绘成曲线，如图 6-2-2 所示。由图可见，当声场中存在两个面源时，无因次频率（或距离）kd 会影响各自的辐射声功率。该影响来自两个具有协同关系面源之间的相互干涉：当 A 面源在 B 面源处产生了与 B 面源自身声压同相位的声压增量时，B 面源的辐射声功率将会大于 B 面源独立存在时所辐射的声功率；若 A 面源在 B 面源处产生了与 B 面源自身声压反相位的声压增量，则会削弱 B 面源独立存在时所辐射的声功率，即产生了辐射抵消效应。

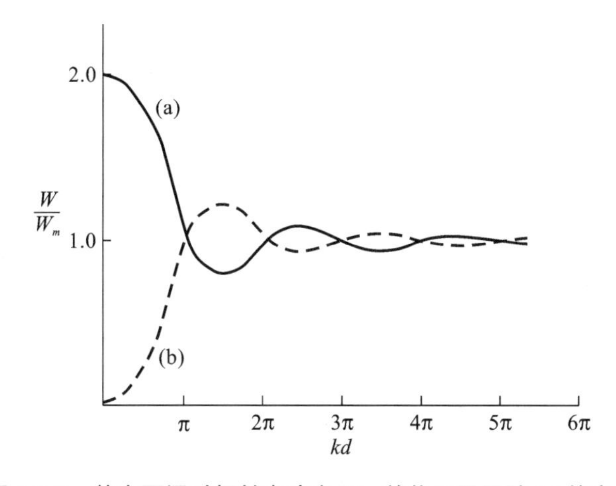

图 6-2-2　基本面源对辐射声功率 W_{rad} 的修正因子随 kd 的变化

两个面源的相互干涉能力是随频率或距离的变化而改变的。当无因次参数 kd 较小时，干涉作用强烈，对具有等强度的两个面源而言，干涉所导致的修正量可以达到单个声源所辐射的量，如图 6-2-2 所示；当无因次参数 kd 增大时，辐射声功率修正量随参数的变化而波动，但波动幅值随 kd 的增大而减小。由于无因次参数 $kd=2\pi d/\lambda$，所以该量也可视作两个面源距离相对于声波长的比例，因而相关结论可表述为：两个基本面源的相互干涉能力是随声波长或距离的变化而改变的，当声波长很短或两个基本面源相距很远时，基本面源之间的干涉影响会很小。

依据两个基本面源辐射声功率的分析结论可推广得知：多个面源共同存在时所辐射的声功率不等于多个面源独立存在时所辐射的声功率之和，即辐射声功率不满足叠加原理。

6.3　镶嵌于无限刚性平面的圆盘做活塞振动的声辐射

镶嵌于无限刚性平面的圆盘做活塞振动，它将推动流体做功，并辐射噪声。圆盘振动模型是音响、换能器等噪声辐射的原型模型。本节将给出该模型的辐射噪声解析结果。

如图 6-3-1 所示，半径为 a 的圆盘置于无限刚性平面中，它以圆频率 ω 做垂直于刚性平面的活塞式振动，速度复数幅值为 $\tilde{v}_n$。以圆盘中心为坐标原点，建立坐标系。可建立直角坐标系，x 轴指向圆盘法向，y-z 平面在圆盘所在平面内；也可建立柱坐标系，x 轴为轴向，周向角为 ψ，声场点距原点的距离为 r，矢径与 x 轴的夹角为 θ。

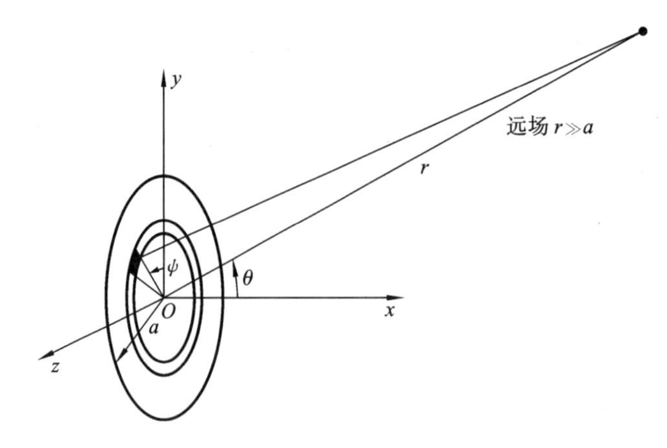

图 6-3-1 振动圆盘及坐标系统

在圆盘上取一个微面积，该微面积在直角坐标系 $Oxyz$ 中的位置为$(0,y,\psi)$；声场点在该坐标系的位置为$(r\cos\theta, r\sin\theta\cos\psi, r\sin\theta\sin\psi)$。利用 Rayleigh 公式可给出振动圆盘引起该声场点的辐射声压：

$$\tilde{p}(r,\theta,\omega)=\frac{\mathrm{j}\omega\rho_0\mathrm{e}^{\mathrm{j}\omega t}}{2\pi}\int_0^a\frac{\tilde{v}_n\mathrm{e}^{-\mathrm{j}kR}}{R}y\mathrm{d}y\mathrm{d}\theta \tag{6-3-1}$$

式中：R 是声场点到圆盘上某点的距离，表达为

$$R=\sqrt{(r\cos\theta)^2+(y-r\sin\theta\cos\psi)^2+(r\sin\theta\sin\psi)^2} \tag{6-3-2}$$

为能解析积分，首先对 R 以 y 为变量作泰勒展开，有

$$R=r+y\sin\theta\cos\psi+\cdots \tag{6-3-3}$$

在式(6-3-1)中，将被积函数的分母 R 取零阶近似，指数中的 R 取一阶近似，可得

$$\begin{aligned}\tilde{p}(r,\theta,\omega)&\approx\frac{\mathrm{j}\omega\rho_0\tilde{v}_n\mathrm{e}^{\mathrm{j}\omega t}\mathrm{e}^{-\mathrm{j}kr}}{2\pi r}\int_0^a y\mathrm{d}y\int_0^{2\pi}\exp(-\mathrm{j}ky\sin\theta\cos\psi)\mathrm{d}\psi\\&=\frac{\mathrm{j}\omega\rho_0\tilde{v}_n\mathrm{e}^{\mathrm{j}\omega t}\mathrm{e}^{-\mathrm{j}kr}}{2\pi r}\int_0^a J_0(ky\sin\theta)y\mathrm{d}y\\&=\mathrm{j}\rho_0cka^2\tilde{v}_n\mathrm{e}^{\mathrm{j}\omega t}\left[\frac{2J_1(ka\sin\theta)}{ka\sin\theta}\right]\frac{\mathrm{e}^{-\mathrm{j}kr}}{2r}\end{aligned} \tag{6-3-4}$$

式中：J_0 和 J_1 分别是第一类零阶 Bessel 函数和第一类一阶 Bessel 函数，它们的曲线如图 6-3-2 所示。

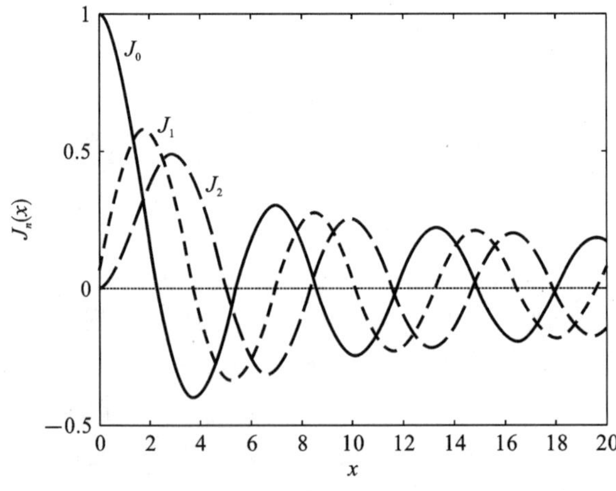

图 6-3-2 第一类零阶 Bessel 函数和第一类一阶 Bessel 函数曲线

若取极限 $ka \to 0$，则 $J_1(ka\sin\theta)/(ka\sin\theta) \to 1/2$，式(6-3-4)退化为式(6-1-3)的结果，其中：$\widetilde{Q} = 2\pi a^2 \tilde{v}_n$。

式(6-3-4)中，中括号[　]中的结果与角度 θ 相关，即包含 Bessel 函数的项表征了远场的指向性项：当 $ka \ll 1$ 时，$\widetilde{p}(r)$ 近似与 θ 无关，辐射是全方位的；当 $ka \gg 1$ 时，辐射声压在 $\theta = 0$ 处最强，在侧向很小，即声场沿轴向具有指向性。图 6-3-3 中给出了圆板振动在低频($ka=2$)和高频($ka=25$)下的声强场。

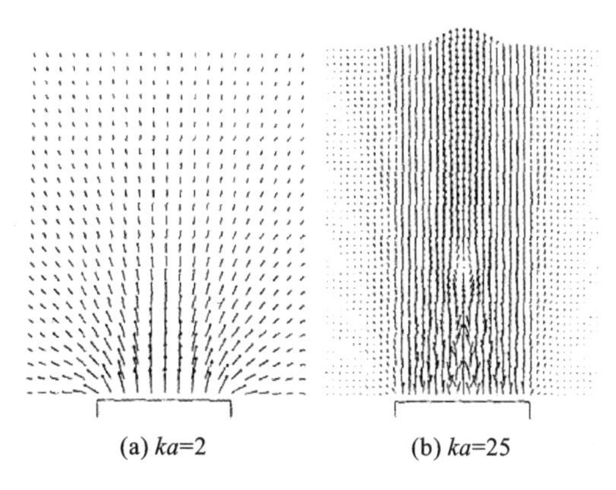

(a) ka=2　　(b) ka=25

图 6-3-3　圆板振动在不同频率下的声强场

6.4　矩形平板以弯曲模态振动所辐射的噪声

矩形平板结构是许多工程结构的原型，例如建筑的墙和地板、工厂机器平台、交通工具壳板的一部分、船壳板和隔壁。我们知道，在给定边界条件下矩形平板的弯曲振动可分解为系列弯曲模态振型的叠加，因而研究矩形平板各弯曲模态振动的辐射噪声对理解结构辐射噪声的机理具有重要的意义。本节将重点给出矩形平板在简支边界条件下的弯曲模态振动所辐射的噪声，然后再将结果推广，针对一般边界条件给出结论。

6.4.1　简支矩形平板模态振动的辐射声压与远场声强表达式

1. 简支矩形平板的弯曲模态振型

在矩形平板上建立直角坐标系统 $Oxyz$，如图 6-4-1 所示，其中 x-z 平面为平板所在平面，y 轴垂直于平板所在平面。也可以直角坐标系的原点建立球坐标系统 $Or\theta\phi$。后续将给出镶嵌于无限刚性平面中的简支矩形平板以弯曲模态振动所辐射的噪声。

在简支矩形平板所在区域，其弯曲模态具有这样的振型：

$$\tilde{v}_n(x,z) = \tilde{v}_{pq}\sin\left(\frac{p\pi x}{a}\right)\sin\left(\frac{q\pi z}{b}\right) \quad \begin{cases} 0 \leqslant x \leqslant a \\ 0 \leqslant z \leqslant b \end{cases} \tag{6-4-1}$$

式中：$\tilde{v}_n(x,z)$ 为平板在所在平面内(x,z)处的法向速度；$\tilde{v}_{pq}$ 为振动复数幅值；a、b 分别是矩形平板沿 x、z 方向的边长；p、q 分别为 x、z 两个方向的模态阶数。模态振型表达式给出了矩形平板的模态振型特征：在一系列面积相等、形状相同的矩形面区域内有两个方向的半波振动，在同一矩形面区域内，各点法向振动同步，振动相位相同；处于毗邻矩形面区域的两个点相位相反，

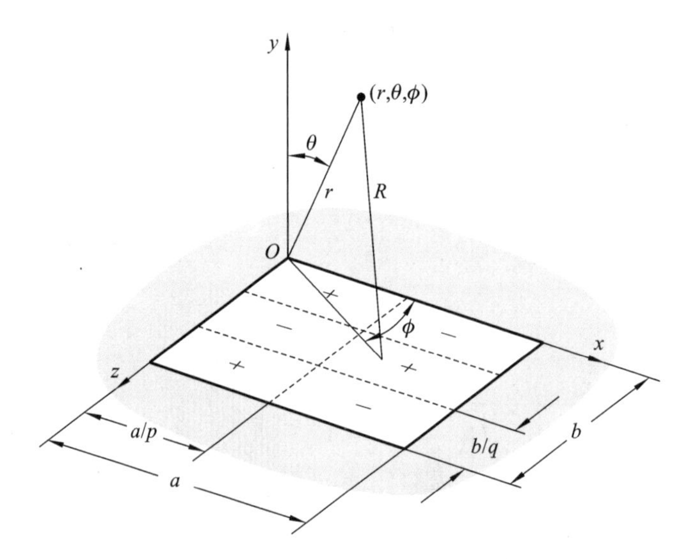

图 6-4-1　矩形平板上的坐标系统

反相与同相区域由振动为零的节线分割。

2. 简支矩形平板的弯曲模态辐射声压表达式

简支矩形平板弯曲模态所辐射的声压可利用 Rayleigh 公式给出：

$$p(x',y',z',t)=\frac{\mathrm{j}\omega\rho_0\tilde{v}_{pq}\mathrm{e}^{\mathrm{j}\omega t}}{2\pi}\int_0^a\int_0^b\frac{\sin\left(\frac{p\pi x}{a}\right)\sin\left(\frac{q\pi z}{b}\right)\mathrm{e}^{-\mathrm{j}kR}}{R}\mathrm{d}x\mathrm{d}z \tag{6-4-2}$$

式中：(x',y',z')为声压观测点；R 为声压观测点距平板上某点的距离，R 表达为

$$\begin{aligned}R&=\sqrt{(x-x')^2+(0-y')^2+(z-z')^2}\\&=\sqrt{(x-r\sin\theta\cos\phi)^2+(r\cos\phi)^2+(z-r\sin\theta\sin\phi)^2}\end{aligned} \tag{6-4-3}$$

式中：(r,θ,ϕ)为声压观测点在球坐标系中的表示，球坐标系的定义如图 6-4-1 所示。

为了对式(6-4-2)进行解析积分，将 R 以 x、z 为小参数进行泰勒展开，且仅取到一阶小量，因为当声场观测点距离坐标原点很远时，R 比作为声源的平板尺度 a 和 b 都大得多，可得

$$R\approx r-x\sin\theta\cos\phi-z\sin\theta\sin\phi \tag{6-4-4}$$

将式(6-4-4)的结果代入式(6-4-2)，对分母中的 R 取到零阶量，对指数中的 R 取到一阶量，可得

$$p(r,\theta,\phi)=\frac{\mathrm{j}\omega\rho_0\tilde{v}_{pq}\mathrm{e}^{-\mathrm{j}kr}\mathrm{e}^{\mathrm{j}\omega t}}{2\pi r}\times\int_0^a\int_0^b\sin\left(\frac{p\pi x}{a}\right)\sin\left(\frac{q\pi z}{b}\right)\exp\left[\mathrm{j}\left(\frac{\alpha x}{a}\right)+\mathrm{j}\left(\frac{\beta z}{b}\right)\right]\mathrm{d}x\mathrm{d}z \tag{6-4-5}$$

其中，$\alpha=ka\sin\theta\cos\phi$，$\beta=kb\sin\theta\sin\phi$。

对式(6-4-5)积分可得辐射声压复数幅值：

$$\tilde{p}(r,\theta,\phi)=\mathrm{j}\tilde{v}_{pq}k\rho_0c\,\frac{\mathrm{e}^{-\mathrm{j}kr}}{2\pi r}\,\frac{ab}{pq\pi^2}\left[\frac{(-1)^p\mathrm{e}^{\mathrm{j}\alpha}-1}{(\alpha/(p\pi))^2-1}\right]\left[\frac{(-1)^q\mathrm{e}^{\mathrm{j}\beta}-1}{(\beta/(q\pi))^2-1}\right] \tag{6-4-6}$$

后续将针对式(6-4-6)进行进一步分析。

3. 在平板辐射声场远场的声强表达式

我们知道，对一般声源而言，其辐射声场远场的流体质点速度满足：

$$\tilde{v}=\frac{\tilde{p}}{\rho_0c} \tag{6-4-7}$$

其中，$\rho_0 c$ 是流体中的声阻抗。因而在球坐标系中，流体远场的声强表达为：

$$\overline{I}(r,\theta,\phi)=\frac{1}{2}\mathrm{Re}\{\widetilde{p}^{*}(r,\theta,\phi)\widetilde{v}_r(r,\theta,\phi)\}=\frac{|\widetilde{p}(r,\theta,\phi)|^2}{2\rho_0 c} \tag{6-4-8}$$

式中：$\widetilde{v}_r$ 是远场流体质点沿径向的速度复数幅值。因此，将式(6-4-6)代入式(6-4-8)可得出镶嵌于刚性平面的矩形平板以弯曲模态振动时在远场的声强：

$$\overline{I}(r,\theta,\phi)=2\rho_0 c\,|\widetilde{v}_{pq}|^2\left(\frac{kab}{\pi^3 rpq}\right)^2\left\{\frac{\begin{matrix}\cos\\ \sin\end{matrix}\left(\frac{\alpha}{2}\right)\begin{matrix}\cos\\ \sin\end{matrix}\left(\frac{\beta}{2}\right)}{\left[\left(\frac{\alpha}{p\pi}\right)^2-1\right]\left[\left(\frac{\beta}{q\pi}\right)^2-1\right]}\right\}^2 \tag{6-4-9}$$

其中：$\cos\left(\frac{\alpha}{2}\right)$ 用于 p 为奇数时，$\sin\left(\frac{\alpha}{2}\right)$ 用于 p 为偶数时；$\cos\left(\frac{\beta}{2}\right)$ 用于 q 为奇数时，$\sin\left(\frac{\beta}{2}\right)$ 用于 q 为偶数时。

6.4.2 平板弯曲模态所辐射的最大声强

1. 声波长远大于平板弯曲波长

当声波长远超过平板弯曲波长时，有 $ka \ll p\pi$，$kb \ll q\pi$，则在式(6-4-6)和式(6-4-9)中，分母中的项 $\alpha/(p\pi)$ 和 $\beta/(q\pi)$ 的绝对值远小于 1，因而分母可近似用 1 取代，从而声强的最大值取决于 $\begin{matrix}\cos\\ \sin\end{matrix}\left(\frac{\alpha}{2}\right)\begin{matrix}\cos\\ \sin\end{matrix}\left(\frac{\beta}{2}\right)$，而其最大绝对值只能为 1，所以得到最大声强为：

$$\overline{I}_{\max}=\frac{|\widetilde{p}(r,\theta,\phi)|^2_{\max}}{2\rho_0 c}=2\rho_0 c\,|\widetilde{v}_{pq}|^2\left(\frac{kab}{\pi^3 rpq}\right)^2 \tag{6-4-10}$$

这表明：对给定的流体波数 k（或给定圆频率 ω，因为流体波数与圆频率满足流体中的色散关系），如果声波长远大于平板弯曲波长，那么最大声强与 $(pq)^{-2}$ 成比例，即平板弯曲波数越大，最大声强越小。若平板在水中弯曲辐射，则根据图 1-8-1 给出的平板弯曲波和水中声波色散关系可知，水中声波长远大于平板弯曲波长的情形将出现在平板弯曲模态频率低于临界频率时，此时的最大声强与 $(pq)^{-2}$ 成比例。

2. 声波长不满足远大于平板弯曲波长

当声波长 $\lambda=2\pi/k$ 不满足远大于结构在 x 和 y 方向的波长时，则由四个参数决定声强的值：$p\pi$，$q\pi$，α 和 β。利用极值的判定条件：

$$\begin{cases}\dfrac{\partial\overline{I}}{\partial(p\pi)}=0\\[2mm] \dfrac{\partial\overline{I}}{\partial(q\pi)}=0\\[2mm] \dfrac{\partial\overline{I}}{\partial\alpha}=0\\[2mm] \dfrac{\partial\overline{I}}{\partial\beta}=0\end{cases} \tag{6-4-11}$$

可导出声强取最大值的条件为：

$$\begin{cases}\alpha=p\pi\\ \beta=q\pi\end{cases} \tag{6-4-12}$$

此时的最大声强为：

$$\bar{I}_{\max} = \frac{|\tilde{p}(r,\theta,\phi)|^2_{\max}}{2\rho_0 c} = \rho_0 c \frac{|\tilde{v}_{pq}|^2}{2}\left(\frac{kab}{8\pi r}\right) \tag{6-4-13}$$

需要注意的是，当 $\alpha = p\pi$ 或 $\beta = q\pi$ 时，式(6-4-9)的分母为零，这似乎说明声强为无穷大；但还需要注意到此时分子也是为零的，因而此时的声强表达式是 0/0 型，即最大声强结果是有限常数。最大辐射方向角 ϕ 可由式(6-4-14)给出：

$$\tan\phi = \left(\frac{\beta}{b}\right)\left(\frac{\alpha}{a}\right) = \left(\frac{q}{b}\right)\left(\frac{p}{a}\right) \tag{6-4-14}$$

不过，满足式(6-4-12)所示条件时，频率必须足够高，因为由式(6-4-12)可知：

$$\begin{cases} \left|\dfrac{p\pi}{ka}\right| = |\sin\theta\cos\phi| \leqslant 1 \\ \left|\dfrac{q\pi}{kb}\right| = |\sin\theta\sin\phi| \leqslant 1 \end{cases} \quad 或 \quad \begin{cases} k > \dfrac{p\pi}{a} \\ k > \dfrac{q\pi}{b} \end{cases} \tag{6-4-15}$$

即声波数 k 要大于平板弯曲波数 $p\pi/a$ 和 $q\pi/b$。对水中弯曲辐射的平板，由图 1-8-1 给出的平板弯曲波和水中声波色散关系可知，只有平板弯曲模态频率高于临界频率时，该条件才能得到满足。

3. 低频时具有半波长的单格子板振动的辐射声强等于整块多格子板振动的最大辐射声强

低频时，考虑具有半波长的单格子板独立振动所辐射的噪声。由于具有半波长的单格子板的尺度远小于声波长，因而单格子板振动可用一个点体积速度源近似，即

$$\tilde{Q} = 2\tilde{v}_{pq}\int_0^{a/p}\int_0^{b/q}\sin\left(\frac{p\pi x}{a}\right)\sin\left(\frac{q\pi z}{b}\right)\mathrm{d}x\mathrm{d}z = \tilde{v}_{pq}\left(\frac{8ab}{\pi^2 pq}\right) \tag{6-4-16}$$

直接使用脉动点声源的辐射声压表达式(6-1-3)可给出距离单格子板 r 处的远场声强：

$$\bar{I}(r,\theta,\phi) = \frac{|\tilde{p}(r)|^2}{2\rho_0 c} = 2\rho_0 c\,|\tilde{v}_{pq}|^2\left(\frac{kab}{\pi^3 rpq}\right)^2 \tag{6-4-17}$$

它所形成的声强场与方位角 θ 和 ϕ 无关。

将式(6-4-17)同式(6-4-10)进行比较，可以看到：面积为 ab/pq 的单格子板在低频辐射的声强等于整块板振动(所有 pq 个单格子板共同振动)所辐射的最大声强。由于整块板振动产生的声强在所有其他方向都小于式(6-4-10)给出的最大值，而单格子板独立振动的辐射声强是各向同性的，因此独立单格子板振动所辐射的声功率将超过 pq 个单格子板共同振动的整块板所辐射的声功率。

6.4.3 辐射效率、辐射阻与辐射丧失因子

1. 辐射效率

式(6-4-18)给出了辐射效率的定义：

$$\sigma = \frac{\bar{P}}{\rho_0 cS\langle\overline{v_n^2}\rangle} \tag{6-4-18}$$

式中：$\bar{P}$ 是平板在时间平均意义上的辐射声功率；ρ_0、c 和 S 分别为流体密度、流体声速和辐射面的面积；$\langle\overline{v_n^2}\rangle$ 是平板法向振动速度的平方在时间和空间均进行平均所得结果，它表征了平板的时-空平均振动级，表达为：

$$\langle\overline{v_n^2}\rangle = \frac{1}{S}\int_S\left[\frac{1}{T}\int_0^T v_n^2(x,z)\mathrm{d}t\right]\mathrm{d}S \tag{6-4-19}$$

式(6-4-19)的分母是刚性平面中的活塞所辐射的声功率。这是因为:令式(6-3-4)中 $ka \to 0$ 导出远场声压,进而利用式(6-4-8)导出活塞振动在远场的声强,然后乘以球面积给出其所辐射的声功率,表达为:

$$\overline{P}(\omega) = \frac{1}{2}\rho_0 c\pi a^2 = \rho_0 cS\langle \overline{v}_n^2 \rangle \tag{6-4-20}$$

可见,刚性平面中的振动活塞具有的辐射效率为 1。

该辐射效率虽然是针对平板定义的,对一般结构,也可类似定义辐射效率。虽然辐射效率被称为“效率”,但从理论上讲,一般结构的辐射效率可以大于 1,因为从物理上看,用于给出辐射效率的基准是等效活塞在高频振动所辐射的声功率,而一般结构在高频辐射的声功率不一定小于等效活塞的辐射声功率。不过,实际结构的辐射效率一般都小于或接近于 1。

2. 辐射阻

辐射阻定义为:

$$R = \frac{\overline{P}}{\langle \overline{v}_n^2 \rangle} = \rho_0 cS\sigma \tag{6-4-21}$$

可见,辐射阻是与辐射效率等效的一个量,但它具有力阻的量纲。

3. 辐射丧失因子

辐射丧失因子是工程中经常使用的一个量,表征由噪声辐射导致的能量丧失率,定义为:

$$\eta_{\text{rad}} = \frac{\overline{P}}{\omega \overline{E}} \tag{6-4-22}$$

式中:$\overline{E}$ 为平板振动的能量,表达为

$$\overline{E} = \int_S m(x,z)\overline{v}_n^2(x,z)\mathrm{d}x\mathrm{d}z \tag{6-4-23}$$

其中:m 是平板单位面积的质量。

对具有均匀密度 ρ_s、厚度为 h 的平板结构,若结构的振动能量为 $\overline{E} = \rho_s hS\langle \overline{v}_n^2 \rangle$,则其辐射丧失因子为:

$$\eta_{\text{rad}} = \left(\frac{\rho_0}{\rho_s}\right)\left(\frac{1}{kh}\right)\sigma \tag{6-4-24}$$

辐射丧失因子如同结构具有的阻尼一样,表达了结构振动能量损失率,但辐射丧失因子的产生机理是噪声辐射。工程结构在空气中振动时的辐射丧失因子很小,很少超过 10^{-3};在流体中,结构的辐射丧失因子可以超过结构阻尼系数。

比较辐射丧失因子和辐射效率的定义可见,两者也具有等效性。

6.4.4 平板的辐射效率

1. 平板在低频时振动模态的辐射效率表达式

以式(6-4-9)为基础,可给出简支矩形板在极低频时的模态辐射效率表达式。考虑到低频时,流体中的声波长比平板两个方向的波长分量都大得多,即 $\lambda_x = 2a/p \ll 2\pi/k$,$\lambda_z = 2b/q \ll 2\pi/k$,因此有如下近似结果:

(1) 当 p 和 q 均为偶数时:

$$\sigma_{pq} \approx \frac{32(ka)(kb)}{p^2 q^2 \pi^5}\left\{1 - \frac{k^2 ab}{12}\left[\left(1 - \frac{8}{(p\pi)^2}\right)\frac{a}{b} + \left(1 - \frac{8}{(q\pi)^2}\right)\frac{b}{a}\right]\right\} \tag{6-4-25}$$

(2) 当 p 为奇数、q 为偶数时：

$$\sigma_{pq} \approx \frac{8(ka)(kb)^3}{3p^2q^2\pi^5}\left\{1-\frac{k^2ab}{20}\left[\left(1-\frac{8}{(p\pi)^2}\right)\frac{a}{b}+\left(1-\frac{24}{(q\pi)^2}\right)\frac{b}{a}\right]\right\} \tag{6-4-26}$$

交换 p、q 即可得到 p 为偶数、q 为奇数时的结果。

(3) 当 p 和 q 均为奇数时：

$$\sigma_{pq} \approx \frac{2(ka)^3(kb)^3}{15p^2q^2\pi^5}\left\{1-\frac{5k^2ab}{64}\left[\left(1-\frac{24}{(p\pi)^2}\right)\frac{a}{b}+\left(1-\frac{24}{(q\pi)^2}\right)\frac{b}{a}\right]\right\} \tag{6-4-27}$$

显然，当 $ka \ll 1$、$kb \ll 1$ 时，奇-奇模式是最有效的辐射模式；对式(6-4-25)的一个较好的近似是

$$\sigma_{pq} \approx \frac{2k^2}{\pi^5 ab}\left(\frac{2a}{p}\right)^2\left(\frac{2b}{q}\right)^2 = \frac{2k^2\lambda_x^2\lambda_z^2}{\pi^5 ab} \tag{6-4-28}$$

2. 简支矩形板的模态辐射效率随声波数的变化规律

图 6-4-2 给出了简支矩形板辐射效率随声波数变化的曲线。图中的声波数采取了无因次形式：声波数与简支矩形板模态波数之比 $\gamma = k/k_b$。需注意的是：这里的模态波数 k_b 并不是指共振模态，仅仅规定了振动的形式，但频率没有规定一定是共振频率。模态波数 k_b 表达为

$$k_b^2 = \left(\frac{p\pi}{a}\right)^2 + \left(\frac{q\pi}{b}\right)^2 \tag{6-4-29}$$

由图可见，当 $\gamma < 1$ 时，p、q 均为奇数时的模态辐射效率大于 p、q 均为偶数时的模态辐射效率。当 p、q 均为奇数时，以基本模态(1,1)的辐射效率为最高。(p,q) 模态($p<q$)的辐射效率高于 (q,q) 模态的辐射效率。

当 γ 接近 1 时，所有模态的辐射效率都将超过 1。当 γ 远超过 1 后，所有模态的辐射效率又都渐近于 1。

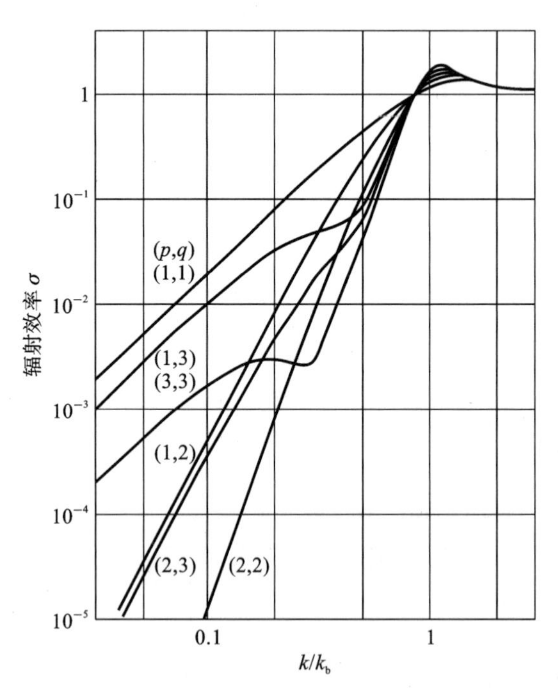

图 6-4-2 简支平板低阶模态的辐射效率

6.4.5 平板辐射效率的规律及其解释

1. 平板中仅有单格子板振动与整块板具有多格子板同时振动的辐射效率比较

若平板中只有单格子板振动，它所辐射的声功率可由距格子板半径为 r 的半球面上的声强在该球面上积分获得，为：

$$\overline{P}_1 = 2\rho_0 c \mid \overline{v}_{pq} \mid^2 \left(\frac{kab}{\pi^3 rpq}\right)^2 2\pi r^2 \tag{6-4-30}$$

对整块板而言，由于其中只有单格子板振动，因而时间平均、空间平均的振动速度平方为：

$$\langle \overline{v}_n^2 \rangle_1 = \frac{\mid \overline{v}_{pq}^2 \mid pq}{2ab} \tag{6-4-31}$$

这样，基于整块板面积的辐射效率为：

$$\sigma_1 = \frac{2k^2 \lambda_x^2 \lambda_z^2}{\pi^5 ab} \tag{6-4-32}$$

比较式(6-4-28)和式(6-4-32)可见，在低频，整块板即使具有多个格子板振动，其辐射效率最大也是等于整块板中仅有单格子板振动时的辐射效率，相等的情况还只能在平板振动为奇-奇模式时发生；若平板中多个格子板以偶-偶模式振动，那么其辐射效率将更低，达不到整块板中仅有单格子板振动时的辐射效率。

2. 具有相同波长但不同面积的平板的辐射效率对比

考虑具有不同大小的两块矩形板，它们具有相同的长宽比、相同材料和厚度。这两块板可以在相同的自然频率下以某个模态振动，现假定它们的振幅相同，因而它们的时-空平均振动级相同。若自然频率很低，使得声波长远大于矩形板在两个方向的波长分量，根据方程(6-4-28)可知，这两块板在该自然频率下的辐射效率不同，面积更大的板辐射效率更低，即辐射效率反比于面积。进一步研究可知，面积更大的板具有与面积较小的板相同的辐射声功率，所以更大的面积导致辐射效率更低。

3. 辐射抵消原理对有关规律的解释

从具有不同面积但具有相同时-空平均振动级的两块板的声辐射规律分析可以看到，两者的辐射声功率相等。为什么大面积的板辐射声功率不会更大呢？我们可以利用 Rayleigh 积分给出两者在远场的声压并进行比较分析。

当声场观测点的位置距离平板很远时，利用 Rayleigh 积分可给出远场观测点的声压，为：

$$p(\boldsymbol{r},t) \approx \frac{\mathrm{j}\omega\rho_0 \mathrm{e}^{\mathrm{j}\omega t}}{2\pi R_0}\int_S \tilde{v}_n(\boldsymbol{r}_s)\mathrm{e}^{-\mathrm{j}kR}\mathrm{d}S \tag{6-4-33}$$

式中：R_0 是观测点到面板的平均距离。

参照图 6-4-3，若矩形板具有模态(p,q)，每 1/4 个波长的平板部分的振动都可视作活塞振动，后续将之称为格子活塞振动。两个相邻的振动格子之间的距离近似为 $l=a/p$ 或 $l=b/q$。两个相邻的振动格子中心到远场观测点具有距离差，导致了两者对声压的贡献在相位上具有相差 $\delta\phi = kl\sin\theta$，$\delta\phi$ 的最大值最多为 kl，此时观测点处于平板平面上。

如果 $kl \ll \pi$ 或 $kl \ll \lambda/2$，由相邻格子位置不同所导致的相差可以忽略。因此，相邻格子活塞振动对同一观测点的声压贡献完全由相邻格子的活塞振动相位差来决定。由于相邻格子具有相反的振动相位，因而相邻格子对远场的声压贡献几乎抵消。

从图 6-4-3 也可以看到，当声波长很长时，这些成对的、具有反相位振动的格子活塞所辐射的噪声将相互抵消：当 p、q 均为偶数时，在平板边缘的半个格子所辐射的噪声也会部分地相互抵消，因为当 ka 很小时，处于边缘部分的格子间距离也不是太大；当 p、q 均为奇数时，在平板边缘的半个格子所辐射的噪声就会因振动相位相同而加强。

图 6-4-3 是针对一维振动给出的分析，该结果还可拓展到二维。与一维不同的是，相互抵消或未抵消的格子板由面积为 $\frac{p}{2a}\times\frac{q}{2b}$ 的格子所贡献。

以上分析说明：对两块不同面积的板，若存在对声功率尚未抵消的格子，而且未抵消部分的面积相同，那么它们的辐射声功率相同；但对尺度更大的平板，因整块板面积更大，因而辐射效率更低。

此外，对单格子振动而言，不存在相互的抵消作用，因而其辐射效率更高。

当频率很高时，因声波长随之变短了，将导致格子间的相对距离随之增大，故格子间的抵消效应也将随之减弱。

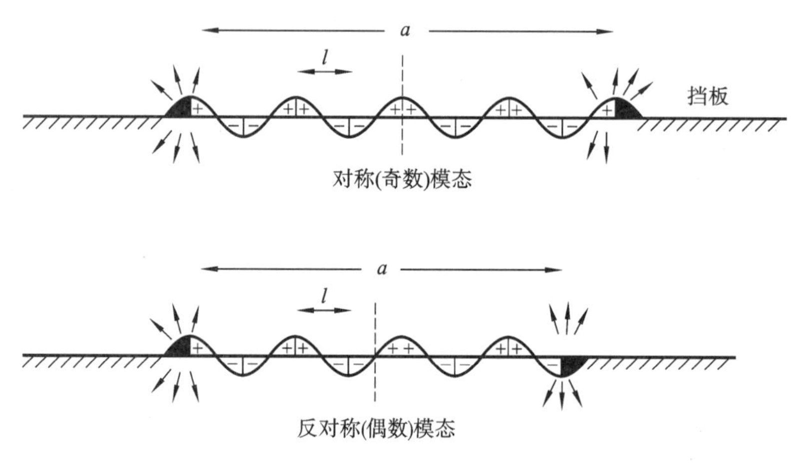

图 6-4-3　平板中的振动格子间存在辐射功率抵消作用

4. 利用互易性原理解释辐射声强随观测点角度的变化规律

互易性原理表明：在边界条件不变时，点声源引起观测点处的声压等于将点声源置于观测点引起的点声源原来所处位置的声压。

例如点声源置于无限平面上，根据互易性原理，如果想知道某观测点的声压，则可将点声源置于观测点，则它引起平面上点声源原来所处位置的声压就是我们预先希望知道的观测点处的声压。该结论可利用式(6-1-3)进行验证：该式中，交换表征点声源位置和观测点位置坐标的符号不会改变由该式给出的结果。

对平板振动也可类比得到互易性原理：由式(6-4-2)可见，在观测点产生的声压可以视作在观测点放置一个单位强度的点声源，该点声源引起的平板上各点压力与速度分布的乘积的积分结果就是由平板振动引起的观测点的声压。

当观测点离平板表面很远时，点声源的波前在平板处的曲度很小，可视作平面，这些具有相同相位的平面就和平板平面相交，交线间的声压值具有相同的符号，交线两侧的区域声压值异号。平面上的法向速度则按照平面上正交的两个方向成正弦规律分布。这样，积分结果的值就取决于声压分布和振动速度分布的乘积的积分结果：当声压分布与振速分布同号的区域面积很大时，积分结果就会很大，反之就会很小。相关概念可参考图6-4-4。

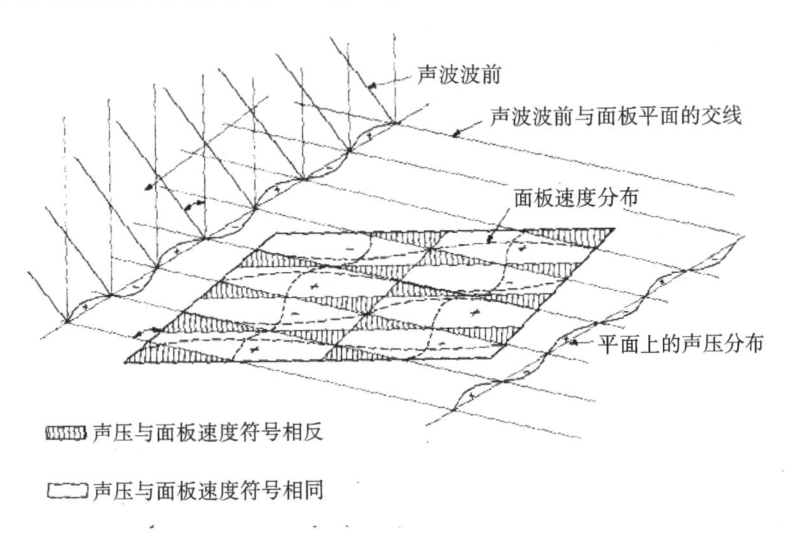

图6-4-4 观测点放置点声源引起平板表面的法向速度和压力分布

结合图6-4-4可以预期，在低频时，由于声波长很长，无论如何调整观测点位置都将使平板区域落于具有相同的声压分布区域，因而积分结果基本取决于对振动速度分布面积的积分；在高频时，通过合理调整观测点的位置可以获得更大的积分结果。积分结果更大意味着平板在观测点产生的声压更大，而式(6-4-8)表明：远场声强与远场声压的平方成比例，因而可据此找到最大声压的位置。一般而言，在频率增大时，为了找到更大的积分结果，需要提升观测点的高度，改变观测点的方位角，这就解释了为什么高频时平板噪声辐射的指向性不仅与方位角ϕ相关，而且与高度角θ相关。

6.4.6 工程中的矩形板结构辐射效率之修正

前面是针对镶嵌于无限刚性平面的简支矩形板振动给出的辐射噪声分析结果，该模型是较为简单的模型。而实际工程中的矩形板在边界条件、结构形式等方面会较之有所变化，这种变化将导致辐射效率与前面的分析有所差异。这里仅给出有关研究结论。

与简支平板相比，固支边界的矩形平板的低阶模态辐射效率稍有降低，高阶模态辐射效率可增加约2.5倍(4 dB)。

对非嵌于无限刚性平面的平板(非嵌入平板)而言，其低频辐射效率将大大低于镶嵌于无限刚性平面平板(嵌入平板)的辐射效率。这是因为非嵌入平板在振动时，平板下表面也因具有速度而成为声源，它所产生的声压能绕射到平板上表面，从而大量抵消了具有反相位振动的上表面声源所产生的声场，该作用在声波长很长时会更为明显，而且抵消作用在靠近平板边缘附近会更为显著。这种作用在低频时也会十分明显，但随着频率的增加，抵消效果将随之减弱。

当平板具有开孔时，流体可通过开孔由平板的一面流向另一面，这种流动将部分抵消无开孔平板两面的压力差，这种抵消作用如同抵消了平板表面的体积速度，从而抵消了声辐射。因而开孔平板具有更低的辐射效率。

图6-4-5为针对嵌入平板、非嵌入平板、具有不同开孔尺寸的非嵌入平板给出的辐射效率测量结果，该结果可有效证实上述结论。

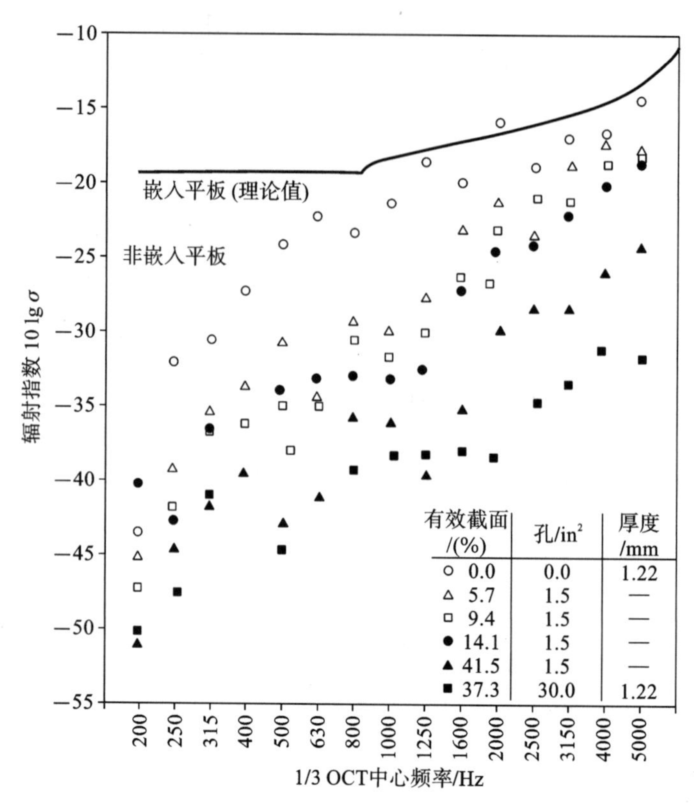

图 6-4-5　针对嵌入平板、非嵌入平板、具有不同开孔尺寸的非嵌入平板测得的辐射效率

6.5　具有多弯曲模态振动的平板声辐射

在激励作用下，结构的振动可视作多个模态的叠加，在结构是多模态复合振动的条件下，结构辐射的噪声不仅由各模态独立贡献，而且还取决于模态的耦合辐射。

本节将通过两种振动场及其辐射噪声的计算方法给出具有多弯曲模态振动平板的辐射噪声机理。

6.5.1　采用模态叠加法的平板弯曲模态声辐射计算

1. 以结构模态表达的公式

根据模态叠加法理论，简谐激励下结构的响应可以视作系列结构模态的叠加，例如平板的法向速度振动场可以表达为：

$$\tilde{v}_n(x,z,\omega)=\sum_{p=1}^{P}\sum_{q=1}^{Q}\phi_{pq}(x,z)\tilde{v}_{pq}(\omega) \tag{6-5-1}$$

式中：$\tilde{v}_{pq}$ 是模态速度复数幅值；ϕ_{pq} 代表规范化的模态振型。

为简化书写，方程(6-5-1)可用矩阵乘积的形式表达：

$$\tilde{\boldsymbol{v}}_n(x,z)=\boldsymbol{\varphi}(x,z)\tilde{\boldsymbol{v}} \tag{6-5-2}$$

式(6-5-1)中的模态振型函数 $\phi_{pq}(x,z)$ 被表达为行向量：

$$\boldsymbol{\varphi}(x,z)=[\phi_{11}(x,z)\quad \phi_{12}(x,z)\quad \cdots \quad \phi_{PQ}(x,z)] \tag{6-5-3}$$

模态速度被表达为列向量

$$\tilde{\boldsymbol{v}}=[\tilde{v}_{11}\quad \tilde{v}_{12}\quad \cdots \quad \tilde{v}_{PQ}]^{\mathrm{T}} \tag{6-5-4}$$

2. 平板辐射声功率的表达

平板辐射的时间平均声功率 $\overline{P}(\omega)$ 是平板表面声压 $p(x,0,z,t)$ 和平板法向速度 $v(x,z,t)$ 的乘积在平板表面积分后再在周期 T 内取平均的结果。对简谐振动，有

$$\overline{P}(\omega)=\frac{1}{2}\int_0^a\int_0^b \mathrm{Re}\{\tilde{v}_n(x,z,\omega)^*\,\tilde{p}(x,0,z,\omega)\}\mathrm{d}x\mathrm{d}z \tag{6-5-5}$$

式中：上标“ * ”代表对相应的量取复数共轭。

根据 Rayleigh 积分，平板表面的声压复数幅值 $\tilde{p}(x,0,z,\omega)$ 可以写为：

$$\tilde{p}(x,0,z,\omega)=\frac{\mathrm{j}\omega\rho_0}{2\pi}\int_0^a\int_0^b \tilde{v}_n(x',z',\omega)\frac{\mathrm{e}^{-\mathrm{j}kR}}{R}\mathrm{d}x'\mathrm{d}z' \tag{6-5-6}$$

式中：$R=\sqrt{(x-x')^2+(z-z')^2}$ 是声压预报点(x,z)到振动面单元点(x',z')的距离。

将式(6-5-6)代入式(6-5-5)，给出平板的时间平均辐射声功率，表达为四重积分形式：

$$\overline{P}(\omega)=\frac{1}{2}\mathrm{Re}\left\{\frac{\mathrm{j}\omega\rho_0}{2\pi}\int_0^a\int_0^b\int_0^a\int_0^b \tilde{v}_n(x,z,\omega)^*\,\tilde{v}_n(x',z',\omega)\frac{\mathrm{e}^{-\mathrm{j}kR}}{R}\mathrm{d}x'\mathrm{d}z'\mathrm{d}x\mathrm{d}z\right\} \tag{6-5-7}$$

将式(6-5-2)代入式(6-5-6)可得

$$\overline{P}(\omega)=\frac{1}{2}\times\mathrm{Re}\left\{\frac{\mathrm{j}\omega\rho_0}{2\pi}\int_0^a\int_0^b\int_0^a\int_0^b \tilde{\boldsymbol{v}}^{\mathrm{H}}[\boldsymbol{\varphi}(x,z)]^{\mathrm{T}}\frac{\mathrm{e}^{-\mathrm{j}kR}}{R}\boldsymbol{\varphi}(x',z')\tilde{\boldsymbol{v}}\mathrm{d}x'\mathrm{d}z'\mathrm{d}x\mathrm{d}z\right\} \tag{6-5-8}$$

式中：上标“H”代表对相应矩阵取共轭转置；上标“T”代表对相应矩阵取转置。

因为 $\mathrm{j}\dfrac{\mathrm{e}^{-\mathrm{j}kR}}{R}=\mathrm{j}(\cos kR-\mathrm{j}\sin kR)$，并且 $\tilde{\boldsymbol{v}}^{\mathrm{H}}\tilde{\boldsymbol{v}}$ 一定为正实数，所以式(6-5-8)可重写为：

$$\overline{P}(\omega)=\frac{\omega\rho_0}{4\pi}\tilde{\boldsymbol{v}}^{\mathrm{H}}\left\{\int_0^a\int_0^b\int_0^a\int_0^b[\boldsymbol{\varphi}(x,z)]^{\mathrm{T}}\frac{\sin kR}{R}\boldsymbol{\varphi}(x',z')\mathrm{d}x'\mathrm{d}z'\mathrm{d}x\mathrm{d}z\right\}\tilde{\boldsymbol{v}} \tag{6-5-9}$$

或将式(6-5-8)用矩阵形式表达为：

$$\overline{P}(\omega)=[\tilde{\boldsymbol{v}}(\omega)]^{\mathrm{H}}\boldsymbol{A}(\omega)\tilde{\boldsymbol{v}}(\omega) \tag{6-5-10}$$

式中：$\boldsymbol{A}$ 是 $n\times n$ 矩阵，$n=P\times Q$，$\boldsymbol{A}$ 表达为

$$\boldsymbol{A}(\omega)=\frac{\omega\rho_0}{4\pi}\int_0^a\int_0^b\int_0^a\int_0^b[\boldsymbol{\varphi}(x,z)]^{\mathrm{T}}\frac{\sin kR}{R}\boldsymbol{\varphi}(x',z')\mathrm{d}x'\mathrm{d}z'\mathrm{d}x\mathrm{d}z \tag{6-5-11}$$

3. 功率传递矩阵的物理意义及性质

(1) 矩阵 $\boldsymbol{A}$ 被称为功率传递矩阵。

矩阵 $\boldsymbol{A}$ 反映了将平板的振动转化为辐射声功率的转化因子。具体地，矩阵的某个元素 $A_{\alpha\beta}$ 表示的是由于 β 模态振动引起的 α 模态对辐射声功率的贡献，其中 $\alpha=p$ 或 q，$\beta=p'$ 或 q'。

当 $\alpha=\beta$ 时，$A_{\alpha\alpha}$ 对应于平板以单位幅值的 α 阶模态独立振动所辐射的声功率。这说明，对角项与辐射效率成比例。

当 $\alpha\neq\beta$ 时，$A_{\alpha\beta}$ 对应于平板以多模态振动时，模态之间的耦合辐射声功率修正因子。

(2) 矩阵 $\boldsymbol{A}$ 是对称实数矩阵。

对式(6-5-10)两边求共轭转置可得：

$$[\overline{P}(\omega)]^{\mathrm{H}}=[\tilde{\boldsymbol{v}}(\omega)]^{\mathrm{H}}[\boldsymbol{A}(\omega)]^{\mathrm{H}}\tilde{\boldsymbol{v}}(\omega) \tag{6-5-12}$$

由于声功率是标量，$[\overline{P}(\omega)]^{\mathrm{H}}=\overline{P}(\omega)$，因而式(6-5-12)的表达和式(6-5-10)的表达相同，从而

满足

$$[\mathbf{A}(\omega)]^{\mathrm{H}} = \mathbf{A}(\omega) \tag{6-5-13}$$

即矩阵 $\mathbf{A}$ 是对称实数矩阵。

由于矩阵 $\mathbf{A}$ 是对称的，它也可被看作 α 模态振动引起的 β 模态对辐射声功率的贡献。

(3) 矩阵 $\mathbf{A}$ 是正定矩阵。

由于矩阵 $\mathbf{A}$ 代表了将平板的振动转化为辐射声功率的转化因子，且辐射声功率一定是正数，因而矩阵 $\mathbf{A}$ 是正定矩阵。

(4) 矩阵 $\mathbf{A}$ 是满秩矩阵。

即矩阵的非对角项不为零，存在模态之间对声辐射的相互作用。

(5) 结合矩形平板的辐射声功率解析表达，可给出 $A_{\alpha\beta}$ 的有关表达式。

对于均质矩形嵌入板这样特定的声辐射问题，非对角项 $A_{\alpha\beta}$ 可用简单公式表达，该公式是通过对应自然模态的辐射效率 σ_α 和 σ_β 表示的：

$$A_{\alpha\beta}(\omega) = \frac{\rho_0 cS}{64}[(1+(-1)^{p_\alpha+p_\beta}][(1+(-1)^{q_\alpha+q_\beta}]\left(\frac{p_\alpha q_\alpha}{p_\beta q_\beta}\sigma_{p_\alpha q_\alpha} + \frac{p_\beta q_\beta}{p_\alpha q_\alpha}\sigma_{p_\beta q_\beta}\right) \tag{6-5-14}$$

$A_{\alpha\beta}$ 还可利用远场声压模态辐射函数表达。为了利用式(6-5-4)表达 $A_{\alpha\beta}$，将式(6-5-2)代入 Rayleigh 积分式(6-1-5)计算远场声压，则远场声压可表达为：

$$\tilde{p}(r,\theta,\phi) = \mathbf{z}(r,\theta,\phi)\tilde{\mathbf{v}} \tag{6-5-15}$$

式中：$\mathbf{z}(r,\theta,\phi)$ 是由元素 $z_{pq}(r,\theta,\phi)$ 排成的行向量，表达为

$$\mathbf{z}(r,\theta,\phi) = [z_{11}(r,\theta,\phi) \quad z_{12}(r,\theta,\phi) \quad \cdots \quad z_{PQ}(r,\theta,\phi)] \tag{6-5-16}$$

式中：$z_{pq}(r,\theta,\phi)$ 是模态辐射函数，代表具有单位速度幅值的、以 pq 标识的模态引起远场的辐射声压。

可见，远场声压是模态辐射函数行向量 $\mathbf{z}(r,\theta,\phi)$ 与复数模态速度列向量 $\tilde{\mathbf{v}}$ 的标量积。

根据式(6-4-2)和式(6-4-8)，模态辐射函数可具体表达为：

$$\begin{aligned} z_{pq}(r,\theta,\phi) &= \frac{\mathrm{j}\omega\rho_0}{2\pi}\int_0^a\int_0^b \phi_{pq}(x,z)\,\frac{\mathrm{e}^{-\mathrm{j}kR}}{R}\mathrm{d}x\mathrm{d}z \\ &= \mathrm{j}k\rho_0 c\,\frac{\mathrm{e}^{-\mathrm{j}kr}}{2\pi r}\,\frac{ab}{pq\pi^2}\left[\frac{(-1)^p\mathrm{e}^{-\mathrm{j}\alpha}-1}{(\alpha/(p\pi))^2-1}\right]\left[\frac{(-1)^q e^{-\mathrm{j}\beta}-1}{(\beta/(q\pi))^2-1}\right] \end{aligned} \tag{6-5-17}$$

由于 $\alpha = ka\sin\theta\cos\phi$，$\beta = kb\sin\theta\sin\phi$，应用方程(6-4-8)获得远场声强后，在远场球面上对声强积分获得辐射声功率，表达为：

$$\overline{P}(\omega) = \mathbf{v}^{\mathrm{H}}\int_0^{\pi/2}\int_0^{2\pi}\frac{[\mathbf{z}(r,\theta,\phi)]^{\mathrm{H}}\mathbf{z}(r,\theta,\phi)}{2\rho_0 c}r^2\sin\theta\mathrm{d}\theta\mathrm{d}\phi\tilde{\mathbf{v}} \tag{6-5-18}$$

类似于式(6-5-12)将式(6-5-18)用矩阵表达，就可给出功率传递矩阵 $\mathbf{A}$ 的元素表达式：

$$A_{\alpha\beta}(\omega) = \int_0^{\pi/2}\int_0^{2\pi}\frac{z_{pq}(r,\theta,\phi)^*\,z_{rs}(r,\theta,\phi)}{2\rho_0 c}r^2\sin\theta\mathrm{d}\theta\mathrm{d}\phi \tag{6-5-19}$$

图 6-5-1 和图 6-5-2 分别给出了针对四边简支铝制矩形板计算获得的功率传递矩阵对角元素和离对角元素数值结果。矩形板尺寸为 0.414 m×0.314 m，厚度为 2 mm。在图(a)中，数值结果采用了对数尺度表达；在图(b)中，数值结果采用了线性尺度表达。

图 6-5-1 是功率传递矩阵对角元素的数值结果，由图可见，特定对角项随频率的变化规律同平板模态辐射效率随频率的变化规律一致，这是因为 $\mathbf{A}(\omega)$ 中的对角项正比于平板模态辐射效率。对角项的数值在低频($k/k_{\mathrm{b}}<0.7$)时小于 1，因为在低频时，平板的结构波长小于声波长，因而辐射效率较低。从对角项数值随指标的变化规律看，指标数越大，对角项的数值越小，

说明与相应指标相对应的模态具有更低的辐射效率。这是由于指标数越大，意味着相应模态的内部单元格子板振动存在抵消效应，因而辐射效率更低。

图 6-5-2 是功率传递矩阵离对角元素的数值结果，由图可见，$\boldsymbol{A}(\omega)$的离对角项数值是随频率而振荡的，数值可以为正，也可以为负。这说明，随频率的变化，模态之间的相互作用对总声功率的贡献可以是增强的(若数值为正值)，也可能是削弱的(若数值为负值)。

如果将图 6-5-1 和图 6-5-2 的结果进行横向对比，可以看到，离对角项的绝对值是小于对角项的绝对值的，这说明，对辐射声功率的贡献主要来源于对角项。

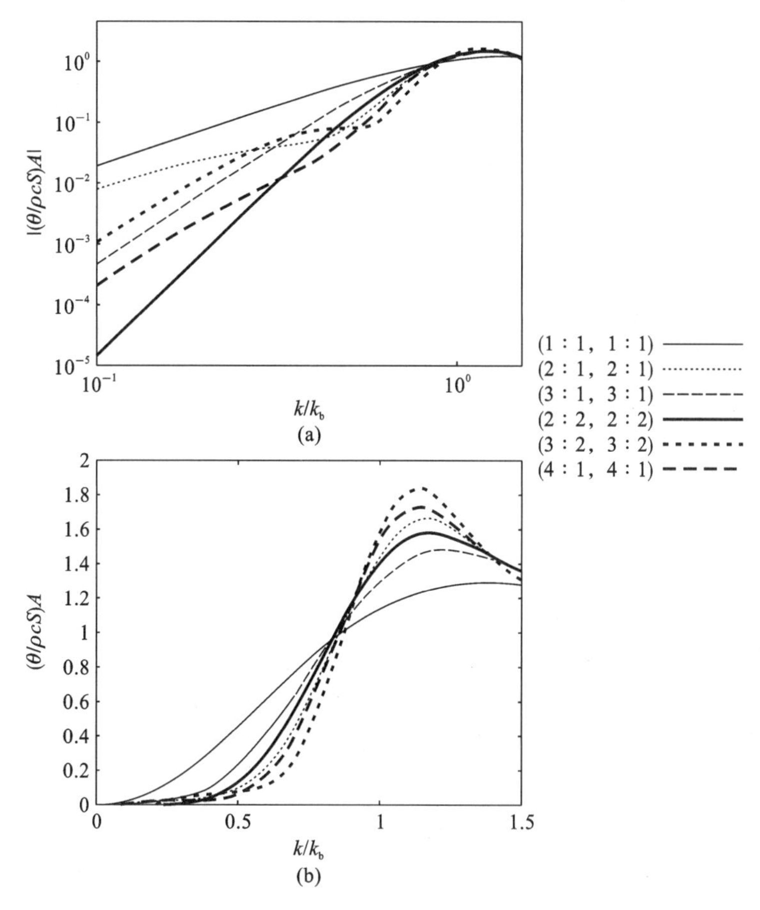

图 6-5-1 功率传递矩阵对角元素数值随频率的变化

4. 平板模态的自辐射与互辐射

为了研究模态间的相互作用对辐射声功率的贡献，针对点激励作用下的均匀简支矩形板进行了辐射声功率的计算。该矩形板为铝制平板，尺寸为 0.414 m×0.314 m，厚为 2 mm，阻尼比为 2%。我们将针对不同频率分别计算平板的时间平均动能、考虑模态相互作用时的辐射声功率以及不考虑模态相互作用时的辐射声功率，然后给出相应的动能谱曲线和辐射声功率谱曲线，通过对谱线进行对比来研究有关规律。

首先采用有限元方法给出平板在各频率下的振动，该振动由各阶模态振型的叠加构成，这样，模态速度幅值向量 $\tilde{\boldsymbol{v}}$ 和由各阶模态所组成的模态矩阵 $\boldsymbol{\phi}(x,z)$都已知，利用式(6-5-10)可计算平板的辐射声功率。

平板的时间平均动能也可由计算获得，表达为：

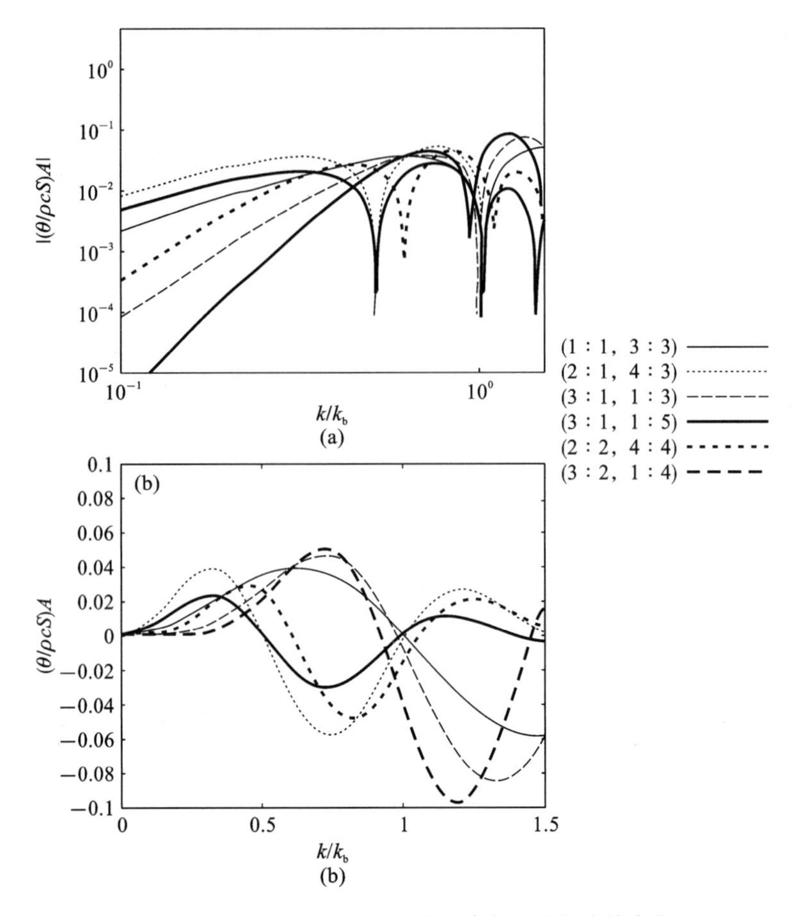

图 6-5-2　功率传递矩阵离对角元素数值随频率的变化

$$\overline{T}(\omega)=\frac{1}{2}\int_S\frac{1}{T}\int_0^T\rho hv^2(x,z,t)\mathrm{d}t\mathrm{d}S=\frac{\rho h}{4}\int_0^a\int_0^b|\tilde{v}(x,z,\omega)|^2\mathrm{d}x\mathrm{d}z \tag{6-5-20}$$

式中：T 是用来进行能量平均的时间长度。根据式(6-5-2)，可将平板的振动速度分布用模态叠加表示，则式(6-5-20)进一步表达为：

$$\begin{aligned}\overline{T}(\omega)&=\frac{\rho h}{4}\int_0^a\int_0^b\tilde{\boldsymbol{v}}^{\mathrm{H}}[\boldsymbol{\varphi}(x,z)]^{\mathrm{T}}\boldsymbol{\varphi}(x',z')\tilde{\boldsymbol{v}}\mathrm{d}x\mathrm{d}z\\&=\frac{\rho h}{4}\tilde{\boldsymbol{v}}^{\mathrm{H}}\int_0^a\int_0^b[\boldsymbol{\varphi}(x,z)]^{\mathrm{T}}\boldsymbol{\varphi}(x',z')\mathrm{d}x\mathrm{d}z\tilde{\boldsymbol{v}}\end{aligned} \tag{6-5-21}$$

由于模态具有正交性，上述积分项的结果将是离对角项为零的矩阵。特别地，对简支平板而言，其自然模态具有形式 $\phi_{pq}(x,z)=2\sin(p\pi x/a)\sin(q\pi y/b)$，因而式(6-5-21)中与积分项所对应的矩阵的对角元素数值表示为：

$$\int_0^a\int_0^b|\phi_{pq}(x,z)|^2\mathrm{d}x\mathrm{d}z=ab \tag{6-5-22}$$

由于 ρhab 代表平板的质量，因而式(6-5-21)表达的是动能：

$$\overline{T}(\omega)=\frac{M}{4}\tilde{\boldsymbol{v}}^{\mathrm{H}}\tilde{\boldsymbol{v}} \tag{6-5-23}$$

式中：$M=\rho hab$。这说明，平板的动能是将各阶模态视作单自由度振子振动时的动能之和。这样，只需已知各阶模态速度幅值和平板的质量就可给出动能。

图 6-5-3 给出了平板动能谱曲线、考虑模态相互作用的辐射声功率谱曲线和不考虑模态相

互作用的辐射声功率谱曲线。图中，动能谱曲线被平行下移了 20 dB，以便于直观地比较动能谱与辐射声功率谱的峰值位置。通过比较可见：

(1) 动能谱与辐射声功率谱具有相同的谱峰频率，谱峰频率以平板的自然频率为特征。

(2) 从动能谱曲线与辐射声功率谱曲线在谱峰位置的相对幅值可见，与谱峰频率相对应的振动模态包括强辐射模态和弱辐射模态，如动能谱曲线的第二、三谱峰值与第一谱峰值相差不多，但辐射声功率的第二、三谱峰幅值却小于第一谱峰值。这说明：与第二、三谱峰相对应的振动模态具有更低的辐射效率，是弱辐射模态；与第一谱峰相对应的振动模态具有更高的辐射效率，属强辐射模态。实际上，第二、三谱峰对应于(1,2)、(2,1)振动模态，第一谱峰对应于(1,1)振动模态。

(3) 从考虑或不考虑模态间相互作用的辐射声功率谱曲线对比可见：两者仅仅在低频的谷值区域具有显著差别。模态相互作用所导致的辐射声功率变化既可以是增强总辐射声功率，也可以是削弱总辐射声功率。由于工程中，通常关注较宽频带的总辐射声功率，因而模态间的相互作用对辐射声功率的影响几乎没有，这是因为对辐射声功率谱进行带宽积分后，模态相互作用导致的辐射声功率变化将因不同频率的影响相反而相互抵消。故宽带积分的辐射声功率结果主要由系列谱峰幅值所贡献。

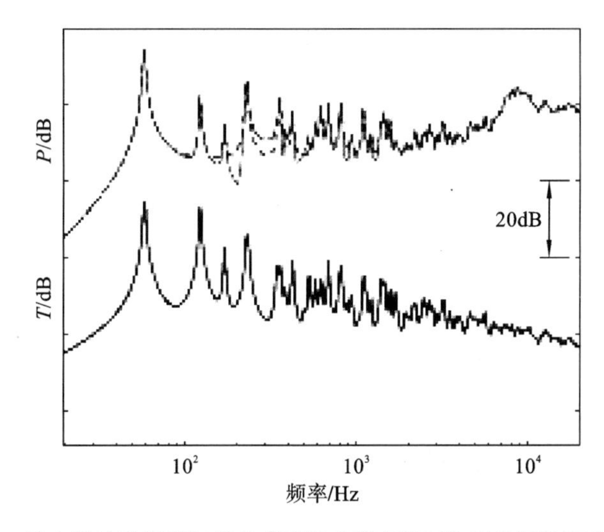

图 6-5-3 简支板的动能谱与考虑或不考虑模态相互作用的辐射声功率谱对比

6.5.2 采用直接法的平板弯曲模态声辐射计算

1. 平板辐射声功率的直接法表示

如图 6-5-4 所示，将平板均等地划分为 R 个矩形单元格子，格子的法向位移由各格子中心位置的速度 v_{er} 来表达，假定运动是简谐的，整个面板的振动场可用各单元格子的复数幅值排成的列矩阵表示：

$$\tilde{\boldsymbol{v}}_{e} = [\tilde{v}_{e1} \quad \tilde{v}_{e2} \quad \cdots \quad \tilde{v}_{eR}]^{T} \tag{6-5-24}$$

在每个单元格子表面具有脉动的压力，这些压力幅值也可组成列矩阵，表示平板表面的压力分布，即

$$\tilde{\boldsymbol{p}}_{e} = [\tilde{p}_{e1} \quad \tilde{p}_{e2} \quad \cdots \quad \tilde{p}_{eR}]^{T} \tag{6-5-25}$$

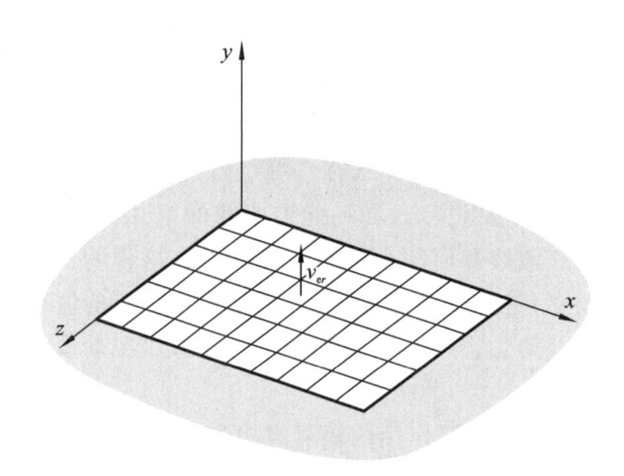

图 6-5-4　平板被划分为单元格子

如果单元尺度很小，即平板的结构波长与声波长相比也很小，则总的辐射声功率可以表达为每个单元的辐射声功率的叠加，即

$$\overline{P}(\omega)=\sum_{r=1}^{R}\frac{A_e}{2}\mathrm{Re}\{\tilde{v}_{er}^{*}\tilde{p}_{er}\}=\frac{S}{2R}\mathrm{Re}\{\tilde{\boldsymbol{v}}_e^{\mathrm{H}}\tilde{\boldsymbol{p}}_e\}\tag{6-5-26}$$

式中：A_e 和 S 分别为每个单元的面积和整个平板的面积。作用于每个单元上的压力是各单元振动共同产生的压力。

2. 平板的辐射阻抗矩阵

当单元尺度远小于声波长 λ，即满足 $\sqrt{A_e}\ll\lambda$ 时，由 Rayleigh 公式(6-1-5)可给出每个单元格子运动所辐射的声压，表达为：

$$\tilde{p}_{ei}(x_i,z_i)=\frac{\mathrm{j}\omega\rho_0A_e\mathrm{e}^{-\mathrm{j}kR_{ij}}}{2\pi R_{ij}}\tilde{v}_{ej}(x_j,z_j)\tag{6-5-27}$$

式中：R_{ij} 是编号为 i 和 j 的两个单元中心点间的距离。

因此，平板表面的压力分布用阻抗矩阵可表达为：

$$\tilde{\boldsymbol{p}}_e=\tilde{\boldsymbol{Z}}\tilde{\boldsymbol{v}}_e\tag{6-5-28}$$

式中：矩阵 $\tilde{\boldsymbol{Z}}$ 是阻抗矩阵，表征了单元网格速度和声压分布的关系，其各元素表达为

$$\tilde{Z}_{ij}(\omega)=\frac{\mathrm{j}\omega\rho_0A_e\mathrm{e}^{-\mathrm{j}kR_{ij}}}{2\pi R_{ij}}\tilde{v}_{ej}(x_j,z_j)\tag{6-5-29}$$

将式(6-5-28)代入式(6-5-26)就可得出整个平板的辐射声功率表达式：

$$\overline{P}(\omega)=\frac{S}{4R}\tilde{\boldsymbol{v}}_e^{\mathrm{H}}(\tilde{\boldsymbol{Z}}+\tilde{\boldsymbol{Z}}^{\mathrm{H}})\tilde{\boldsymbol{v}}_e=\tilde{\boldsymbol{v}}_e^{\mathrm{H}}\boldsymbol{R}\tilde{\boldsymbol{v}}_e\tag{6-5-30}$$

式(6-5-30)中用到了关系：

$$\tilde{\boldsymbol{Z}}=\tilde{\boldsymbol{Z}}^{\mathrm{T}}\tag{6-5-31}$$

因为根据互易性原理可知，阻抗矩阵是对称的。

矩阵 $\boldsymbol{R}$ 被称为辐射阻抗矩阵，其元素表征了具有单位速度的单元格子对辐射声功率的贡献，对平板，$\boldsymbol{R}$ 表达为：

$$
\boldsymbol{R}=\frac{S}{4R}\mathrm{Re}\{\widetilde{\boldsymbol{Z}}\}=\frac{S}{4R}(\widetilde{\boldsymbol{Z}}+\widetilde{\boldsymbol{Z}}^{\mathrm{H}})
=\frac{\omega^2\rho_0A_{\mathrm{e}}^2}{4\pi c}\begin{bmatrix}1 & \frac{\sin(kR_{12})}{kR_{12}} & \cdots & \frac{\sin(kR_{1R})}{kR_{1R}}\\ \frac{\sin(kR_{21})}{kR_{21}} & 1 & \cdots & \\ \vdots & \vdots & \cdots & \vdots \\ \frac{\sin(kR_{R1})}{kR_{R1}} & & \cdots & 1\end{bmatrix} \tag{6-5-32}
$$

由于结构辐射的声功率一定是正数，因而辐射阻抗矩阵也一定是正定矩阵。

3. 平板的辐射阻抗矩阵与功率传递矩阵的关系

从辐射声功率的表达形式上看，采用模态叠加法和直接法十分类似，但需要注意，两者的输入量不同：采用模态叠加法计算辐射声功率时，需将结构振动速度的模态幅值作为输入；采用直接法计算辐射声功率时，需使用各单元格子法向速度复数幅值所构成的速度列矩阵作为输入。由于输入量不同，因而矩阵 $\boldsymbol{A}$ 和 $\boldsymbol{R}$ 是完全不同的两个矩阵。不过，两者具有内在关系。

当单元的尺度比声波长和结构波长都小得多时，采用离散格子的振动足以精确表达结构的模态振动场，即

$$
\tilde{\boldsymbol{v}}_{\mathrm{e}}=\boldsymbol{\psi}\tilde{\boldsymbol{v}} \tag{6-5-33}
$$

式中：$\boldsymbol{\psi}$ 是用单元离散的方式表达的各振动模态，表达为

$$
\boldsymbol{\psi}=\begin{bmatrix}\boldsymbol{\varphi}_1(x_1,z_1)\\ \boldsymbol{\varphi}_2(x_2,z_2)\\ \vdots \\ \boldsymbol{\varphi}_R(x_R,z_R)\end{bmatrix} \tag{6-5-34}
$$

式中：

$$
\boldsymbol{\varphi}_j(x_j,z_j)=[\phi_{11}(x_j,z_j)\quad \phi_{12}(x_j,z_j)\quad \cdots \quad \phi_{PQ}(x_j,z_j)] \tag{6-5-35}
$$

这样，将式(6-5-33)代入式(6-5-30)可得：

$$
\overline{P}(\omega)=\tilde{\boldsymbol{v}}^{\mathrm{H}}\boldsymbol{\psi}^{\mathrm{H}}\boldsymbol{R}\boldsymbol{\psi}\tilde{\boldsymbol{v}} \tag{6-5-36}
$$

比较式(6-5-36)和式(6-5-10)可知：

$$
\boldsymbol{A}=\boldsymbol{\psi}^{\mathrm{H}}\boldsymbol{R}\boldsymbol{\psi} \tag{6-5-37}
$$

式(6-5-37)直接揭示了功率传递矩阵 $\boldsymbol{A}$ 和辐射阻抗矩阵 $\boldsymbol{R}$ 的关系。

6.6 独立的辐射模态

前面分别给出了平板辐射声功率的两种计算方法——模态叠加法和直接法。两种方法给出的辐射因子矩阵(即功率传递矩阵 $\boldsymbol{A}$ 和辐射阻抗矩阵 $\boldsymbol{R}$)都是满阵元矩阵，即离对角元素不为零，而且离对角元素可能为正值，也可能为负值，这意味着，对辐射声功率的贡献项存在着耦合。本节则将通过变换，将平板总的辐射声功率表达为若干独立的辐射声功率叠加，从而揭示总辐射声功率的产生机理。

6.6.1 利用模态叠加法的总辐射声功率分解公式

前面给出了利用模态叠加法得到的辐射声功率公式：

$$\overline{P}(\omega) = [\tilde{\boldsymbol{v}}(\omega)]^{\mathrm{H}}\boldsymbol{A}(\omega)\tilde{\boldsymbol{v}}(\omega) \tag{6-6-1}$$

式中：$\tilde{\boldsymbol{v}}$ 的各元素为结构振动的模态分量幅值；$\boldsymbol{A}$ 是功率传递矩阵，它可分解为

$$\boldsymbol{A}=\boldsymbol{P}^{\mathrm{T}}\boldsymbol{\Omega}\boldsymbol{P} \tag{6-6-2}$$

式中：$\boldsymbol{P}$ 是正交特征矢量矩阵；$\boldsymbol{\Omega}$ 是对角矩阵。$\boldsymbol{\Omega}$ 的对角元素 Ω_n 是矩阵 $\boldsymbol{A}$ 的特征值，其特征向量组成了正交特征矢量矩阵 $\boldsymbol{P}$。之所以可以这样分解，是基于矩阵 $\boldsymbol{A}$ 的特殊性质：它是正定的实对称矩阵，其特征值均为正实数。

将式(6-6-2)代入式(6-6-1)，可得平板总的辐射声功率表达式：

$$\overline{P}(\omega) = \tilde{\boldsymbol{v}}^{\mathrm{H}}\boldsymbol{A}\tilde{\boldsymbol{v}} = \tilde{\boldsymbol{v}}^{\mathrm{H}}\boldsymbol{P}^{\mathrm{T}}\boldsymbol{\Omega}\boldsymbol{P}\tilde{\boldsymbol{v}} \tag{6-6-3}$$

令

$$\tilde{\boldsymbol{b}}=\boldsymbol{P}\tilde{\boldsymbol{v}} \tag{6-6-4}$$

则平板总的辐射声功率表达为：

$$\overline{P}(\omega) = \tilde{\boldsymbol{b}}^{\mathrm{H}}\boldsymbol{\Omega}\tilde{\boldsymbol{b}} = \sum_{n=1}^{N}\Omega_n \mid b_n \mid^2 \tag{6-6-5}$$

式(6-6-5)表明，平板总的辐射声功率是各独立辐射声功率分量的叠加，各辐射声功率分量为 $\Omega_n|b_n|^2$，它独立贡献于总的辐射声功率。

当总的辐射声功率仅由其中的一项 $\Omega_n|b_n|^2$ 贡献时，除 $b_n\neq 0$ 外，$\tilde{\boldsymbol{b}}$ 中其他各行均为零。则由式(6-6-4)可知

$$\tilde{\boldsymbol{v}} = \boldsymbol{P}^{\mathrm{T}}\tilde{\boldsymbol{b}} = b_n\begin{bmatrix} P_{n1} \\ P_{n2} \\ \vdots \\ P_{nN} \end{bmatrix}, \tag{6-6-6}$$

则与之对应的振型为：

$$\eta_n(x,z) = b_n[\phi_{11}(x,z) \quad \phi_{12}(x,z) \quad \cdots \quad \phi_{PQ}(x,z)]\begin{bmatrix} P_{n1} \\ P_{n2} \\ \vdots \\ P_{nN} \end{bmatrix} \tag{6-6-7}$$

式中：$N=P\times Q$。这样，可以定义辐射模态，该模态具有的振型为

$$[\phi_{11}(x,z) \quad \phi_{12}(x,z) \quad \cdots \quad \phi_{PQ}(x,z)]\begin{bmatrix} P_{n1} \\ P_{n2} \\ \vdots \\ P_{nN} \end{bmatrix} \tag{6-6-8}$$

$|b_n|$ 代表该辐射模态的振幅。当结构以幅值为 $|b_n|$ 的辐射模态振动时，该模态的振动将独立地对声功率产生贡献，贡献量为 $\Omega_n|b_n|^2$。由于 $|b_n|^2$ 与振动的功率有关，因而 Ω_n 代表了将振动功率转换为辐射声功率的转换因子，Ω_n 与辐射模态的辐射效率成正比。

一般来讲，由于矩阵 $\boldsymbol{P}$ 和 $\boldsymbol{\Omega}$ 依赖于平板振动的频率，因而辐射模态是频率相关的，即不同频率的辐射模态具有不同的振型，相应的，与各阶辐射模态相关的辐射效率也将随频率变化。

6.6.2 利用直接法给出的总辐射声功率分解公式

前面已给出了采用直接法计算平板辐射声功率的公式：

$$\overline{P}(\omega) = \tilde{\boldsymbol{v}}_{\mathrm{e}}^{\mathrm{H}} \boldsymbol{R} \tilde{\boldsymbol{v}}_{\mathrm{e}} \tag{6-6-9}$$

式中：辐射阻抗矩阵 $\boldsymbol{R}$ 也是对称的实数正定矩阵，因而也可以通过特征值与特征矢量分析将 $\boldsymbol{R}$ 进行分解，得

$$\boldsymbol{R} = \boldsymbol{Q}^{\mathrm{T}} \boldsymbol{\Lambda} \boldsymbol{Q} \tag{6-6-10}$$

式中：$\boldsymbol{Q}$ 是由矩阵 $\boldsymbol{R}$ 正交的特征矢量所组成的矩阵；$\boldsymbol{\Lambda}$ 是对角矩阵，其对角元素对应于矩阵 $\boldsymbol{R}$ 的实正特征值。

将式(6-6-10)代入式(6-6-9)可得平板总的辐射声功率表达式：

$$\overline{P}(\omega) = \tilde{\boldsymbol{v}}_{\mathrm{e}}^{\mathrm{H}} \boldsymbol{R} \tilde{\boldsymbol{v}}_{\mathrm{e}} = \tilde{\boldsymbol{v}}_{\mathrm{e}}^{\mathrm{H}} \boldsymbol{Q}^{\mathrm{T}} \boldsymbol{\Lambda} \boldsymbol{Q} \tilde{\boldsymbol{v}}_{\mathrm{e}} \tag{6-6-11}$$

令

$$\tilde{\boldsymbol{y}} = \boldsymbol{Q} \tilde{\boldsymbol{v}}_{\mathrm{e}} \tag{6-6-12}$$

将式(6-6-12)代入式(6-6-11)可得：

$$\overline{P}(\omega) = \tilde{\boldsymbol{y}}^{\mathrm{H}} \boldsymbol{\Lambda} \tilde{\boldsymbol{y}} = \sum_{r=1}^{R} \lambda_r \mid \tilde{y}_r \mid^2 \tag{6-6-13}$$

式中：R 代表单元总数量。该式说明，辐射声功率是各独立辐射声功率分量的叠加，各辐射声功率分量 $\lambda_r \mid \tilde{y}_r \mid^2$ 独立贡献于总的辐射声功率。

对辐射声功率分量 $\lambda_r \mid \tilde{y}_r \mid^2$，它贡献于这样的振型：

$$\tilde{\boldsymbol{v}}_{\mathrm{e}} = \begin{bmatrix} Q_{n1} \\ Q_{n1} \\ \vdots \\ Q_{nR} \end{bmatrix} \tag{6-6-14}$$

此即 $\boldsymbol{Q}$ 矩阵的第 n 列所表达的平板振型，其中的每一元素代表相应编号元素的法向振动速度，该振型被称为辐射模态，$\mid \tilde{y}_r \mid$ 是辐射模态的幅值。由于 $\mid \tilde{y}_r \mid^2$ 代表了结构以辐射模态振动的功率，因而 λ_r 是将振动功率转换为辐射声功率的转化因子，它与相应辐射模态的辐射效率成比例。

6.6.3 两种方法所给出的辐射声功率分解公式之关系

采用模态叠加法和直接法计算辐射声功率的结果是相同的，利用两种方法对辐射声功率进行分解具有等效性。

事实上，前面已给出了辐射阻抗矩阵同功率传递矩阵的关系：

$$\boldsymbol{A} = \boldsymbol{\psi}^{\mathrm{H}} \boldsymbol{R} \boldsymbol{\psi} \tag{6-6-15}$$

而对辐射阻抗矩阵分解可得到：

$$\boldsymbol{R} = \boldsymbol{Q}^{\mathrm{T}} \boldsymbol{\Lambda} \boldsymbol{Q} \tag{6-6-16}$$

因而功率传递矩阵可表达为：

$$\boldsymbol{A}=\boldsymbol{\psi}^{\mathrm{H}}\boldsymbol{Q}^{\mathrm{T}}\boldsymbol{\Lambda}\boldsymbol{Q}\boldsymbol{\psi} \tag{6-6-17}$$

在对功率传递矩阵的分解中，有

$$\boldsymbol{A}=\boldsymbol{P}^{\mathrm{T}}\boldsymbol{\Omega}\boldsymbol{P} \tag{6-6-18}$$

因而

$$\boldsymbol{P}^{\mathrm{T}}\boldsymbol{\Omega}\boldsymbol{P}=\boldsymbol{\psi}^{\mathrm{H}}\boldsymbol{Q}^{\mathrm{T}}\boldsymbol{\Lambda}\boldsymbol{Q}\boldsymbol{\psi} \tag{6-6-19}$$

或

$$\boldsymbol{\Omega}=\boldsymbol{P}\boldsymbol{\psi}^{\mathrm{H}}\boldsymbol{Q}^{\mathrm{T}}\boldsymbol{\Lambda}\boldsymbol{Q}\boldsymbol{\psi}\boldsymbol{P}^{\mathrm{T}} \tag{6-6-20}$$

这就证明了利用两种方法所给出的对角矩阵之间的关系。必须注意到，两个扩展式所参考的对象分别是模态或单元，这样，矩阵 $\boldsymbol{\Omega}$ 和 $\boldsymbol{\Lambda}$ 具有不同的维数：对矩阵 $\boldsymbol{\Omega}$，其维数是 $R\times R$，R 为用来叠加出振型的模态阶数；对矩阵 $\boldsymbol{\Lambda}$，其维数是 $N\times N$，N 为平板的单元数量。

6.6.4 辐射模态及其效率

为了更好地说明两种声辐射公式的物理意义，仍然针对尺寸为 0.414 m×0.314 m、厚度为 2 mm 的四边简支矩形铝板进行了计算，给出了前六个声辐射模态的振型，以及与之相对应的正比于辐射效率的特征值 λ_r，相关结果如图 6-6-1 和图 6-6-2 所示。为了说明问题，平板的六个自然模态也绘制于图 6-6-2 中。

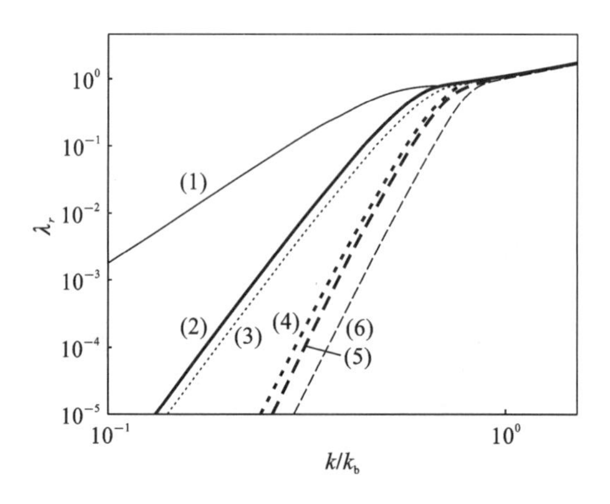

图 6-6-1 四边简支矩形板的首六阶特征值随频率的变化

由图 6-6-1 可见，特征值 λ_r 随频率是平滑变化的；在 $k/k_b\ll 1$ 时，λ_r 小于 1，而在 k 接近并超过 k_b 后，特征值 λ_r 逐渐接近并超过 1。

由于辐射模态是频率相关的，因此为说明机理，仅给出了频率 $f_1=250$ Hz 和 $f_2=800$ Hz 的辐射模态振型。从图 6-6-2 可见，最有效的模态对应于活塞式振动模态。在低频，速度分布近乎在整个面板表面相等；随着频率的增加，活塞式振动逐渐扭曲为圆顶型振动。接下来的两个模态是摇滚类模态，方向沿着面板的两个轴。在低频，这三个模态振型用线性函数描述。接下来的三个模态用二次函数描述，例如，鞍形或双鞍形，如图 6-6-2(c)中的模态 5 和模态 6。接下来的辐射模态依次具有更高阶的函数特征。

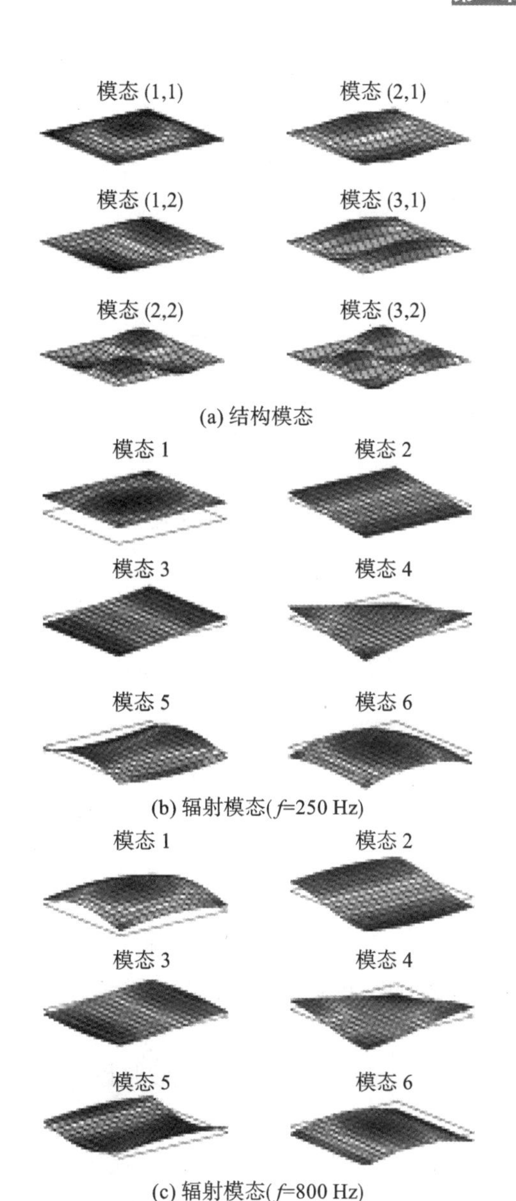

图 6-6-2 四边简支矩形板的振动模态与辐射模态

6.7 平板弯曲波的声辐射

前面分别从弯曲模态和 Rayleigh 积分的角度研究了平板弯曲振动的声辐射。对行进波的分析表明，有限平板的弯曲振动是驻波，驻波是简谐行进波的叠加，因此弯曲简谐行进波的声辐射问题是基本的声辐射问题。为此，本节将从弯曲行进波的角度给出平板的声辐射。

6.7.1 平板中一维简谐弯曲波所形成的声场

考虑一个无限均匀平板，它与流体接触，流体处于半无限空间 $y>0$ 区域。若平板中具有频

率为 ω、波数为 k 的一维弯曲简谐行进波(见图 6-7-1),则平板的横向位移为:

$$\eta(x,t)=\tilde{\eta}e^{j(\omega t-\kappa x)} \tag{6-7-1}$$

式中:κ 为平板中的弯曲波数。

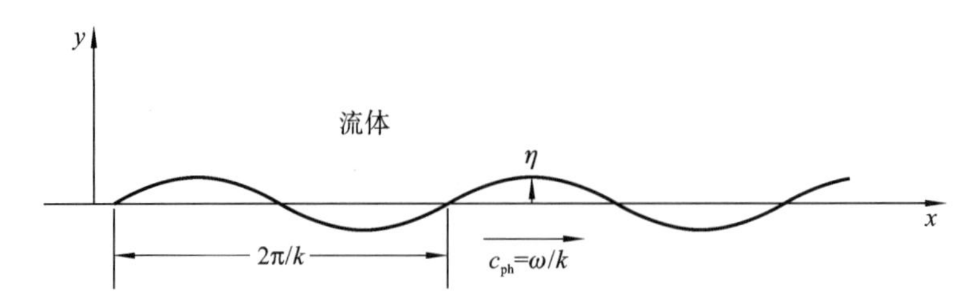

图 6-7-1　同流体接触的无限平板中具有弯曲波

平板上每点都做简谐振动,振动面将推动流体并在流体中形成声场。流体中的声场可用二维波动解表达为:

$$p(x,y,t)=\tilde{p}e^{-jk_x x-jk_y y}e^{j\omega t} \tag{6-7-2}$$

同时,在流固界面上还应满足流体动力条件:

$$\left(\frac{\partial p}{\partial y}\right)_{y=0}=-j\omega\rho_0(\tilde{v})_{y=0} \tag{6-7-3}$$

由于平板平面是流固耦合面,流体中的声波在 x 方向的波长(或波数)分量需要与平板波长(或波数)一致,即流场中 k_x 等于 κ。这样,流体中沿 y 方向的波数为:

$$k_y=\pm\sqrt{k^2-\kappa^2} \tag{6-7-4}$$

式中:$k=\omega/c$ 为流体波数。

流体中沿 y 方向的波数 k_y 可能会有三种不同的取值:

(1) 平板弯曲波数小于流体波数,即 $\kappa<k$。此时,平板弯曲波长大于流体声波长。由式(6-7-4)可得出 k_y 是实数,式(6-7-4)等号右边应取正号,表征流体中的声波沿 y 方向是沿 y 轴正向传播的简谐行进波。这样,在声场中的合成平面声波将以与平板法向成一定角度的方向简谐行进,合成波的行进方向角 ϕ 满足 $\cos\phi=k_y/k=[1-(\kappa-k)^2]^{1/2}$。

(2) 平板弯曲波数大于流体波数,即 $\kappa>k$。此时,平板弯曲波长小于流体声波长。由式(6-7-4)可得出 k_y 是虚数。流体扰动随着垂直于平板方向距离的增加而呈指数级衰减,流体中只有沿 x 方向的行进波分量。这种情况下,平方根前面应取负号,即

$$k_y=-j\sqrt{\kappa^2-k^2} \tag{6-7-5}$$

且

$$p(x,y,t)=\tilde{p}e^{-j\kappa x}e^{-ky\sqrt{(\kappa/k)^2-1}}e^{j\omega t} \tag{6-7-6}$$

(3) 平板弯曲波数等于流体波数,即 $\kappa=k$。此时,平板弯曲波长等于流体声波长。由式(6-7-4)得出 $k_y=0$,即沿 y 方向的声压无变化。这种情况在实际中是不会发生的,因为此时不能满足边界条件式(6-7-3)。式(6-7-3)等号右边的项决定于平板振动速度,它必然不为零;但当 $\kappa=k$ 时,声压又沿 y 方向无变化,导致等号左边的项一定为零。

6.7.2　平板中一维简谐弯曲波的声阻抗

在流固耦合面上,声阻抗为:

$$\left(\frac{\tilde{p}}{\tilde{v}}\right)_{y=0} = \frac{\omega\rho_0}{k_y} = \pm\frac{\omega\rho_0}{\sqrt{k^2-\kappa^2}} \tag{6-7-7}$$

声阻抗是波阻抗，因为在流固耦合面上，平板具有和流体同类型的空间脉动分布，因此可给出单位速度幅值的声压幅值。现在进一步表达式(6-7-7)：

当 $\kappa<k$ 时，有

$$\left(\frac{\tilde{p}}{\tilde{v}}\right)_{y=0} = \frac{\rho_0 c}{\sqrt{1-(\kappa/k)^2}} \tag{6-7-8}$$

可见，此时的声阻抗是正值的实数，这说明平板对流体具有功率输入，流体对平板的作用如同产生了辐射阻尼的效果。

当 $\kappa>k$ 时，有

$$\left(\frac{\tilde{p}}{\tilde{v}}\right)_{y=0} = \frac{\mathrm{j}\omega\rho_0}{\sqrt{k^2-\kappa^2}} = \frac{\mathrm{j}\rho_0 c}{\sqrt{(\kappa/k)^2-1}} \tag{6-7-9}$$

此时，声阻抗是系数为正值的纯虚数，这说明平板对流体没有功率输入，流体对平板的作用如同产生了惯性。

当 $\kappa=k$ 时，要满足边界条件式(6-7-3)，就必须满足：

$$\left(\frac{\tilde{p}}{\tilde{v}}\right)_{y=0} \to \infty \tag{6-7-10}$$

即流体对平板的压力载荷幅值为无限大，这在实际中是不可能的。因此，板中不可能存在和流体波数相同的弯曲波。

以上分析表明，只有平板弯曲波的相速度大于声速时，才能产生向远场传递的行进波分量，平板波动才能扰动流体，并通过流体辐射功率。

6.7.3 平板中一般一维弯曲波动场所形成的声场分析思路

1. 一般时域信号的频谱分析

通过傅里叶变换可实现将一般时域信号分解为系列简谐信号的叠加。具体表达为：

$$f(t) = \frac{1}{2\pi}\int_{-\infty}^{+\infty} F(\omega)\mathrm{e}^{\mathrm{j}\omega t}\,\mathrm{d}\omega \tag{6-7-11}$$

式中：$F(\omega)$是 $f(t)$的傅里叶变换，为

$$F(\omega) = \int_{-\infty}^{+\infty} f(t)\mathrm{e}^{-\mathrm{j}\omega t}\,\mathrm{d}t \tag{6-7-12}$$

这样，一个一般时域信号的分析问题被转换为针对系列简谐信号的分析问题。由于简谐信号的分析更为简单，因而实现了复杂问题的简单化。

2. 实现一般振动场分析的波数谱方法

对一般形式的空间振动场，也可借助傅里叶变换技术进行分析：通过傅里叶变换实现将一般空间振动场分解为系列行进波的叠加。如，一般形式的空间波动场 $f(x)$可被表达为：

$$f(x) = \frac{1}{2\pi}\int_{-\infty}^{+\infty} F(k)\mathrm{e}^{\mathrm{j}kx}\,\mathrm{d}k \tag{6-7-13}$$

式中：$F(k)$是 $f(x)$的傅里叶变换，为

$$F(k) = \int_{-\infty}^{+\infty} f(x)\mathrm{e}^{-\mathrm{j}kx}\,\mathrm{d}x \tag{6-7-14}$$

这种分析方法将空间一般振动形式变换为系列简谐行进波的叠加，该方法被称为波数谱分析。波数谱分析类似于频谱分析，只不过将时间问题对应于空间问题，将频谱问题对应于波数谱问题。

在式(6-7-13)中，积分限为$-\infty$到$+\infty$，意味着波数可取正数或负数，即沿正负两个方向的行进波都是构成振动场的一部分。

6.7.4 基于波数谱的平板弯曲振动辐射噪声计算

1. 平板振动场的波数变换

考虑镶嵌于刚性平面内的简支平板(见图 6-7-2)，宽为 a，长度为无限长。该平板做简谐振动，平板法向振动速度分布为：

$$v_n(x,t)=\begin{cases}\tilde{v}_p\sin\left(\dfrac{p\pi x}{a}\right)e^{j\omega t} & 0<x<a\\ 0 & \text{其他}\end{cases} \tag{6-7-15}$$

或

$$\tilde{v}_n(x)=\begin{cases}\tilde{v}_p\sin\left(\dfrac{p\pi x}{a}\right) & 0<x<a\\ 0 & \text{其他}\end{cases} \tag{6-7-16}$$

即省略了 $\exp(j\omega t)$，仅关注复数幅值。

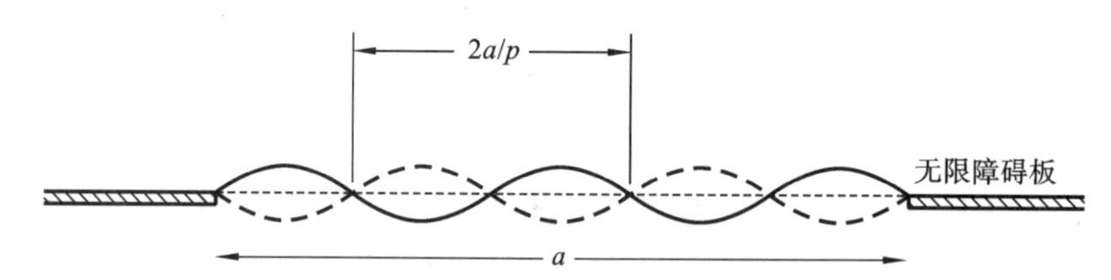

图 6-7-2 镶嵌于刚性平面内的简支平板做特定模式的简谐振动

利用波数谱分析，对 $\tilde{v}_n$ 进行波数变换，表达为：

$$\tilde{v}(k_x)=\int_{-\infty}^{+\infty}\tilde{v}_n(x)e^{-jk_xx}\,dx=\tilde{v}_p\int_0^a\sin\left(\frac{p\pi x}{a}\right)e^{-jk_xx}\,dx \tag{6-7-17}$$

对式(6-7-17)积分后的结果为：

$$\tilde{v}(k_x)=\tilde{v}_p\frac{\left(\dfrac{p\pi}{a}\right)\left[(-1)^pe^{-jk_xa}-1\right]}{\left[k_x^2-\left(\dfrac{p\pi}{a}\right)^2\right]} \tag{6-7-18}$$

因此

$$v_n(x,t)=\frac{e^{j\omega t}}{2\pi}\int_{-\infty}^{+\infty}\tilde{v}(k_x)e^{jk_xx}\,dk_x \tag{6-7-19}$$

2. 平板波数分量所辐射的噪声

利用式(6-7-8)可得到与特定波数 k_x 相关的平板表面压力分布，表达为

$$[\widetilde{P}(k_x)]_{y=0}=\pm\frac{\omega\rho_0}{\sqrt{k^2-k_x^2}}\tilde{v}(k_x) \tag{6-7-20}$$

这样，根据式(6-7-13)，平板振动时在平板表面的压力场可以表达为所有具有不同波数的压力

分布的叠加：

$$[p(x,t)]_{y=0}=\frac{e^{j\omega t}}{2\pi}\int_{-\infty}^{+\infty}[\widetilde{P}(k_x)]_{y=0}e^{jk_x x}dk_x \tag{6-7-21}$$

又，由于单位长度平板所辐射的声功率为

$$\overline{P}=\frac{1}{T}\int_0^T\int_0^a[p(x,t)]_{y=0}\times v_n(x,t)dxdt=\frac{1}{2}\mathrm{Re}\left\{\int_0^a\widetilde{p}(x)\times\widetilde{v}_n^*(x)dx\right\} \tag{6-7-22}$$

因而将式(6-7-19)和式(6-7-21)代入式(6-7-22)，有

$$\overline{P}=\frac{1}{8\pi^2}\mathrm{Re}\left\{\int_{-\infty}^{+\infty}\left[\int_{-\infty}^{+\infty}[\widetilde{P}(k_x)]_{y=0}e^{jk_x x}dk_x\times\int_{-\infty}^{+\infty}\widetilde{v}^*(k_x')e^{-jk_x' x}dk_x'\right]dx\right\} \tag{6-7-23}$$

式中：k_x'用来区分 $\widetilde{P}$ 和 $\widetilde{v}$ 表达式中的积分变量。式(6-7-22)中的第一个"="后关于"x"的积分限本应为$-\infty$到$+\infty$，这里换成了 0 到 a，是因为在 0 到 a 范围以外为刚性平面，那些位置的 v_n 为零。

我们可以通过将式(6-7-20)的结果代入式(6-7-23)，替换其中的 $\widetilde{P}$，给出

$$\overline{P}=\frac{1}{8\pi^2}\mathrm{Re}\left\{\int_{-\infty}^{+\infty}\left[\int_{-\infty}^{+\infty}\frac{\pm\omega\rho_0}{\sqrt{k^2-k_x^2}}\widetilde{v}(k_x)e^{jk_x x}dk_x\times\int_{-\infty}^{+\infty}\widetilde{v}^*(k_x')e^{-jk' x}dk_x'\right]dx\right\} \tag{6-7-24}$$

对式(6-7-24)的积分首先对 x 进行：唯一与 x 相关的函数为 $\exp(jk_x x)$和 $\exp(-jk_x' x)$，合并到一起就是 $\exp[j(k_x-k_x')x]$。若 $k_x=k_x'$，则与该项相关的二重无限积分结果为 0；若 $k_x\neq k_x'$，则与该项相关的二重无限积分结果为无穷大。事实上，该积分等同于 Dirac 函数——$2\pi\delta(k_x-k_x')$。具体积分时，在进行与 k_x'相关的积分时，只需将参数 k_x'换成 k_x。

最终式(6-7-24)的积分结果为：

$$\overline{P}=\frac{1}{4\pi}\mathrm{Re}\left\{\int_{-\infty}^{+\infty}\frac{\pm\omega\rho_0|\widetilde{v}(k_x)|^2dk_x}{\sqrt{k^2-k_x^2}}\right\} \tag{6-7-25}$$

在式(6-7-25)中，被积函数仅在波数满足条件 $k_x<|k|$时才不为零，并且贡献于积分结果的实部。这是因为仅有波数满足条件 $k_x<|k|$的分量对辐射声功率具有贡献。因此，式(6-7-25)的积分限只需限制在$-k<k_x<k$，有

$$\overline{P}=\frac{\rho_0 ck}{4\pi}\int_{-k}^{+k}\frac{|\widetilde{v}(k_x)|^2dk_x}{\sqrt{k^2-k_x^2}} \tag{6-7-26}$$

对简支平板，直接依据式(6-7-18)可得出 $|\widetilde{v}(k_x)|^2$：

$$|\widetilde{v}(k_x)|^2=|v_p|^2\left[\frac{\frac{2\pi p}{a}}{k_x^2-\left(\frac{p\pi}{a}\right)^2}\right]^2\sin^2\left(\frac{k_x a-p\pi}{2}\right) \tag{6-7-27}$$

将式(6-7-27)代入式(6-7-26)后即得出简支平板的辐射声功率。

6.7.5 平板弯曲振动模式对辐射声功率的影响

1. 简支平板的振动功率谱特征

式(6-7-27)表达的是振动功率波数谱，典型的曲线如图 6-7-3 所示。其主峰幅值为 $|\widetilde{v}_p|^2a^2/4$。该值与 p 无关，但主峰对应的波数位置与振动模式密切相关，这可从式(6-7-27)中看到：当 $p>1$ 时，主峰对应的波数位置在 $k_x=p\pi/a=2\pi/\lambda$ 处，其中 $\lambda=2a/p$ 是对应于结构主峰波数分量的波长(如图 6-7-3 所示)。特别地，当 $p=1$ 时，主峰对应的波数为 $k_x=0$(如图6-7-4 所示)。主峰的波数束宽与面板的宽度 a 相关，即 $\Delta k_x\approx2\pi/a$，它与 p 无关。振动功率谱在主峰

对应波数以下的波数段平均值为 $\frac{1}{2}|\tilde{v}_p|^2(2a/p\pi)^2$。

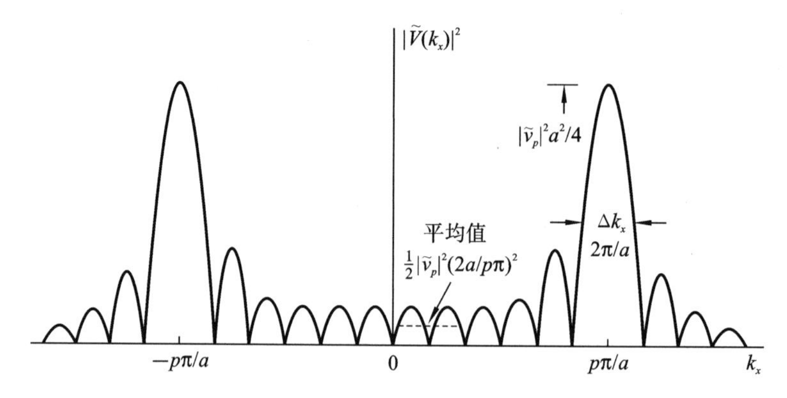

图 6-7-3 典型的振动功率波数谱

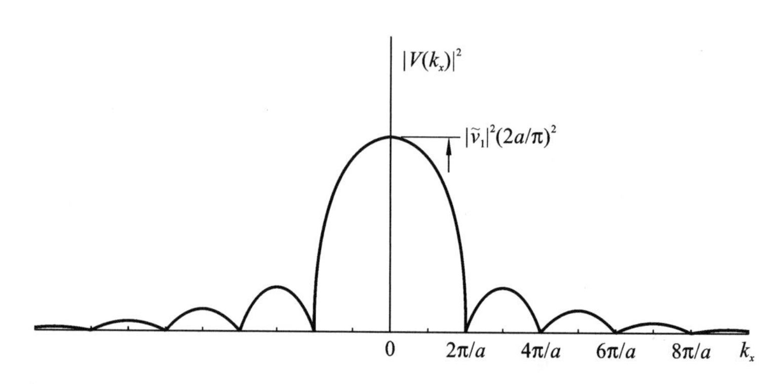

图 6-7-4 主峰波数 $k_x=0$ 的振动功率波数谱

2. 两种特殊情况下简支平板的辐射声功率谱

针对简支平板的辐射声功率谱利用式(6-7-26)和式(6-7-27)进行进一步积分计算，可得出这样的结论：

当与振动频率相对应的声波数满足 $ka \ll p\pi$ 时，辐射声功率的结果为：

$$\overline{P}=\frac{\rho_0 ck|\tilde{v}_p|^2}{2}\left(\frac{a}{p\pi}\right)^2 \tag{6-7-28}$$

相应的辐射效率为：

$$\sigma=\frac{2ka}{p^2\pi^2} \tag{6-7-29}$$

当与振动频率相对应的声波数满足 $ka \gg p\pi$ 时，辐射效率为 1。

3. 与振动功率谱谱峰对应的波数与辐射声功率的关系

振动功率谱的谱峰所对应的波数与声波数的关系对辐射声功率具有重要的影响。因为根据式(6-7-26)可知，只有结构波数小于声波数的结构波分量(满足 $k_x<|k|$)才对辐射声功率有贡献。结构波数大于声波数的结构波分量只会产生流体近场扰动，不会辐射声功率。

图 6-7-5 给出了 $p>1$ 时的振动功率谱，图中，将 $k_x<|k|$ 区间内振动功率谱下区域以阴影标示，$k=\omega/c$ 是声波数，辐射声功率主要由该部分的面积决定。在给定振动模式下，振动功率谱不变，如果与振动模式相对应的频率增大了，则由于频率增大会导致声波数 k 变大，相应的阴

影的面积也会增大，辐射声功率也将增大。这是因为有更多的结构波数分量满足 $k_x<|k|$，从而能够参与对辐射噪声的贡献。当声波数接近于振动功率谱谱峰波数时，辐射声功率将增长迅速，因为阴影面积此时也增长迅速。对 $p=1$ 的情形，振动功率谱如图 6-7-4 所示，此时由于谱峰处于 $k_x=0$ 处，因而对任意激振频率都具有较高的辐射声功率。这是因为对任意 $k_x<|k|$，阴影部分的面积都将比较大。

可见，结构波数谱分析(见图 6-7-3、图 6-7-4 和图 6-7-5)为平板的辐射声功率分析提供了有用的工具，从中可定性分析平板振动参数对辐射声功率的影响。

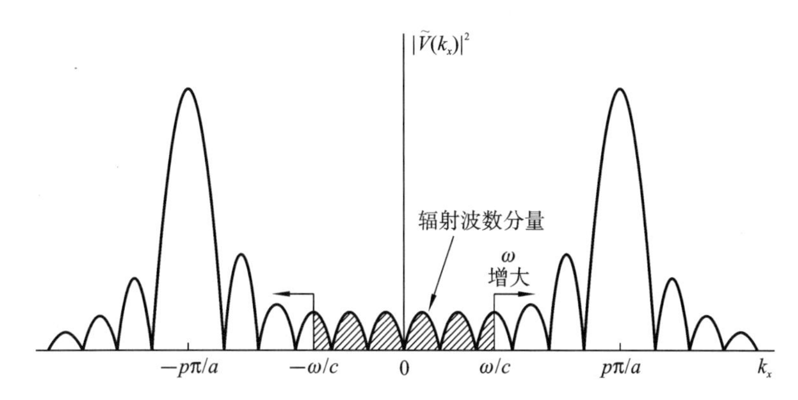

图 6-7-5　在 $k_x<|k|$ 区间的振动功率谱下的面积表征了辐射声功率的大小

4. 几个分析的例子

图 6-7-6 中给出了具有相同材料、相同厚度的两块板，但它们具有不同的宽度。它们的振动模态具有相同的结构波长 $\lambda_s=2a/p$ 和相同的自然频率 ω_n。因为两块板的宽度不同，所以在主峰波数处它们的振动功率波数谱值不同，这导致宽度更大的板具有更大的振动功率。若两者的自然频率很低，那么在自然频率处，流体波数为 ω_n/c，远小于结构主峰波数 $2\pi/\lambda_s$，由此，两块板在相同的自然频率振动时，两者在 $k_x<|k|$ $(k=\omega_n/c)$ 范围振动功率谱下的面积几乎相同，近似等于 $(2a/p\pi)^2$，而该面积表征了辐射声功率，因此可以定性给出结论：对相同的振动速度幅值，较窄板(见图 6-7-6(a))和较宽板(见图 6-7-6(b)在相同自然频率处辐射的声功率几乎相同；此外，由于较窄板比较宽板具有更小的面积，因而具有更小的振动功率，因此较窄板比较宽板具有更高的辐射效率，从而辐射能力更强。该结论可采用 Rayleigh 积分计算验证。

现在对比具有相同的材料和宽度、但不同厚度的两块板的辐射声功率，如图 6-7-7 所示。由于板(a)更薄，因而板(a)具有比板(b)更低的自然频率；当两者在各自的自然频率振动时，它们具有相同的振动功率波数谱，从而具有相同的振动功率，因为它们具有相同的振动模式和振动幅值。从图 6-7-7 中振动功率谱在 $k_x<|k|$ 范围谱线下的面积可以看出，板(b)在共振频率处具有比板(a)在共振频率处更高的辐射效率，因为板(b)的自然频率更高，在 $k_x<|k|$ 范围谱线下的面积更大，更多的结构波数分量对辐射声功率具有贡献。

若结构自然频率为 ω_n，相应波数谱的峰值波数比声波数还要小，即 $(k_x)_{\text{peak}}=p\pi/a<\omega_n/c$，则由于结构波的最主要成分是超声速的(即结构波数小于声波数)，因而能有效辐射噪声，从而该结构在该共振频率处的辐射效率会接近于 1.0。对平板结构，该条件对应于 $ph/a>(12)^{1/2}(c/\pi c_1')$，对钢、铝和玻璃质平板，该式为 $p>0.075a/h$，其中 h 是板厚。如板厚为 1 mm、尺寸为 1 m 的钢板，对应于 $p>75$ 时的共振模态辐射效率会接近于 1。

对简支板，振动模态是正弦分布的。这种情形相对比较理想：相邻的节点格子具有等幅值

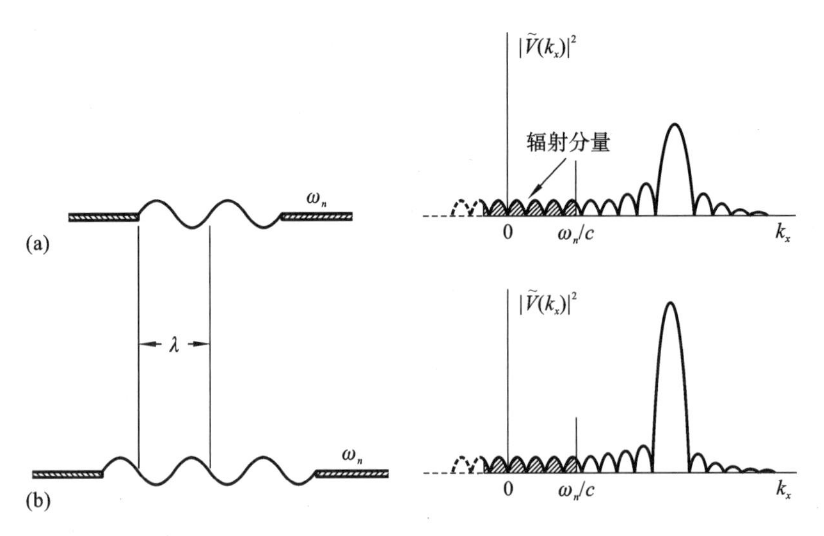

图 6-7-6 具有相同厚度和主波数的不同宽度板振动功率谱及其对辐射声功率的贡献

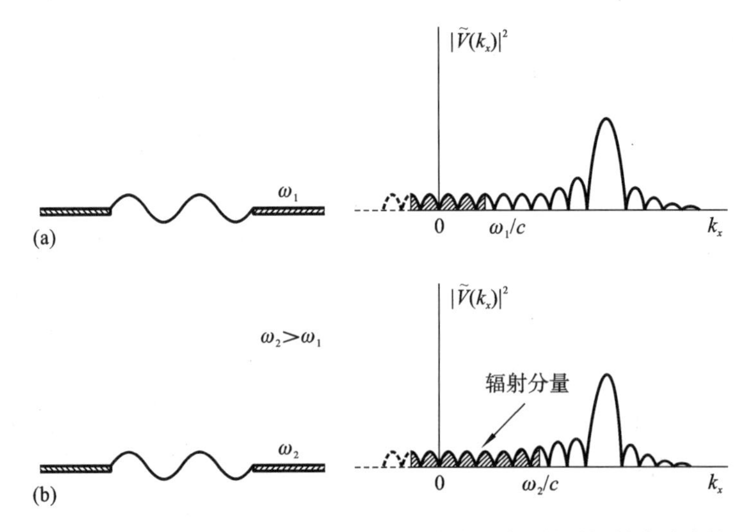

图 6-7-7 宽度相同、厚度不同的两块板的振动功率谱及其对辐射声功率的贡献

反符号的体积速度，相邻格子对短波长声波的抵消能力较强。但是，当振动模态不是正弦分布时，这种抵消能力将会变弱。这就如同一个时域信号，若它不是完全正弦分布的，那么频谱谱峰带宽将会增加，从而削弱了谱峰值并增加了低频谱值。对结构振动而言，也是类似的，对正弦分布的振动扭曲必将削弱谱峰值，增加主峰束宽，进而增加低波数分量的谱值，增大阴影部分的面积，也即增大噪声辐射量和辐射效率。图 6-7-8 中给出了平板在系列点简支和在系列点固支的模型。对简支模型，其模态振动是纯正弦的，但对固支模型，其振动模式是正弦振动模式的修正，因此其低波数分量的波占比更大，固支点模型会具有更高的辐射效率。

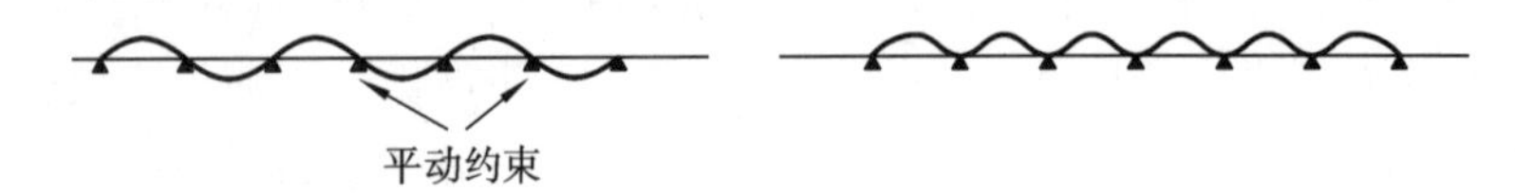

图 6-7-8 多点固支平板比多点简支平板具有更高的辐射效率

上述结果表明：内部支撑或约束的出现将导致辐射声功率增大。但这一结论是针对相同频

率、相同幅值的振动进行比较所得出的。实际上，在增加约束(如加筋)后，振动级 $\langle \overline{v_n^2} \rangle$ 同时会因约束的增加而下降。虽然增加约束会增大辐射效率，但约束导致的振动级降低有可能大于辐射效率的增大，这会导致辐射声功率 $\overline{P} = \sigma\rho_0 cS\langle \overline{v_n^2} \rangle$ 减小。

6.8 平板的频率平均辐射效率

前面我们讨论的是具有某种模态形式的振动板在任意频率下的声辐射问题，这类问题没有考虑平板的机械特性，即在平板被强迫具有了某种模态振动的前提下去考察这种模态振动在任意频率下的声辐射。实际上，在给定机械激振力作用下，结构的振动必须满足机械特性的要求，特别是在机械激振力处于自然频率时，结构的响应通常会由自然频率处于激振频段内的若干模态的共振响应控制。为此，研究处于自然频率的模态及其辐射行为是对工程更有意义的问题。本节我们将继续采用镶嵌于刚性平面的简支平板作为研究对象，探讨平板结构在其自然频率下振动的辐射规律。

6.8.1 简支平板的共振辐射

为了研究平板在其自然频率下振动的辐射规律，首先要给出平板自然频率与振型的关系，然后再采用波数谱方法分析与其各自然频率相对应的模态辐射效率。

1. 平板模态的主波数

对简支矩形板，模态具有如下形式：

$$v_n(x,z) = \tilde{v}_{pq}\sin\left(\frac{p\pi x}{a}\right)\sin\left(\frac{q\pi z}{b}\right) \quad \begin{cases} 0 \leqslant x \leqslant a \\ 0 \leqslant z \leqslant b \end{cases} \tag{6-8-1}$$

该模态由以下四项叠加：

$$v_n(x,z) = -\left(\frac{\mathrm{j}\tilde{v}_{pq}}{4}\right)\left[\mathrm{e}^{\mathrm{j}\left(\frac{p\pi x}{a}\right)} - \mathrm{e}^{-\mathrm{j}\left(\frac{p\pi x}{a}\right)}\right] \times \left[\mathrm{e}^{\mathrm{j}\left(\frac{q\pi z}{b}\right)} - \mathrm{e}^{-\mathrm{j}\left(\frac{q\pi z}{b}\right)}\right] \tag{6-8-2}$$

但该式仅于简支平板的区域有效，即 $0 \leqslant x \leqslant a$ 和 $0 \leqslant z \leqslant b$ 的区域；在该区域以外的平面区域振动为零。

对有限区域振幅不为零的简谐波进行波数变换，将得到连续的波数谱，主峰波数依然由平板区域内的简谐部分近似估算，为

$$\begin{cases} k_x = \pm\dfrac{p\pi}{a} \\ k_z = \pm\dfrac{q\pi}{b} \end{cases} \tag{6-8-3}$$

除此之外，还将存在除$(p\pi/a)$和$(q\pi/b)$之外的其他波数分量。

主峰波数反映了用于叠加得到平板模态的各分量行进波中幅值最大的行进波分量，它是简支平板的主要行进波成分。

2. 主峰波数与自然频率的关系

我们知道，平板弯曲波的色散关系为：

$$k_x^2 + k_z^2 = k_\mathrm{b}^2 = \left(\frac{\omega^2 m}{D}\right)^{1/2} \tag{6-8-4}$$

将式(6-8-3)代入色散关系式(6-8-4),即得到自然频率与主峰波数间的关系:

$$\omega_{pq}=\left(\frac{D}{m}\right)^{1/2}\left[\left(\frac{p\pi}{a}\right)^{2}+\left(\frac{q\pi}{b}\right)^{2}\right] \tag{6-8-5}$$

该关系给出了给定模态阶数下的固有频率。

图 6-8-1 给出了固有频率 ω_{pq}、模态阶数(p,q)、主峰波数 k_b 间的关系。如:以 k_b 为半径的圆对应于平板中具有弯曲波数 k_{b} 的行进波,在该圆上不同点的极角对应于弯曲波在 x-z 平面的行进方向,而平板的弯曲波数 k_{b} 与特定的频率相对应,因为波数与频率需满足色散关系式(6-8-4),因此该圆也表征了特定的频率,一系列这样的圆称为平板二维弯曲波色散关系的等频线(后称等频圆)。

坐标系中的等 k_x 线和等 k_z 线形成的网格线由式(6-8-3)给出,这些网格线的交点对应于简支平板的特定模态,交点一定落于半径为 $k_{\mathrm{b}}=(k_x^2+k_y^2)^{1/2}$ 的圆上,由色散关系式(6-8-4)还可求出与该半径的等频圆所对应的频率。

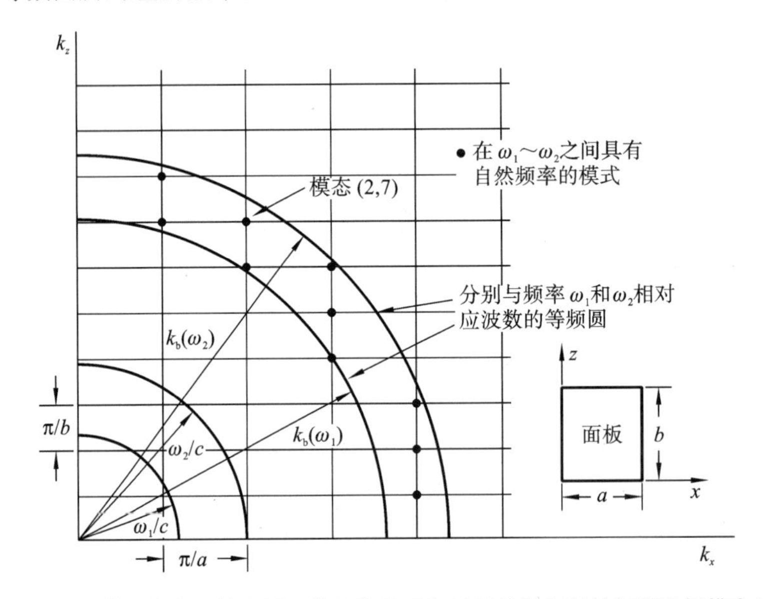

图 6-8-1 用等频线表征的平板二维色散关系和用网格线表征的矩形平板模态波数

3. 由平板弯曲波数与流体声波数的关系识别平板的辐射能力

在图 6-8-1 中也可叠绘出代表流体波色散关系的等频圆。与特定频率相关的流体色散关系等频圆所具有的半径 k 同该频率下平板弯曲波色散关系等频圆之半径 k_b 具有如下关系:

$$k_{\mathrm{b}}^2=\left(\frac{k^2c^2m}{D}\right)^{1/2} \tag{6-8-6}$$

或

$$\frac{k_{\mathrm{b}}}{k}=c\left(\frac{m}{D}\right)^{1/4}\left(\frac{1}{\omega}\right)^{1/2} \tag{6-8-7}$$

特别地,当 $k_{\mathrm{b}}/k=1$ 时,频率为

$$\omega=c^2\left(\frac{m}{D}\right)^{1/2}=\omega_{\mathrm{c}} \tag{6-8-8}$$

ω_{c} 就是平板的临界频率。可见,在临界频率下,流体色散关系等频圆半径同平板弯曲波色散关系等频圆半径相同。

利用式(6-8-7)和式(6-8-8)可得

$$\frac{k_{\mathrm{b}}}{k}=\left(\frac{\omega_{\mathrm{c}}}{\omega}\right)^{1/2} \tag{6-8-9}$$

这样，利用式(6-8-9)可判断平板的辐射噪声能力：当 $k_{\mathrm{b}}>k$ 或 $\omega<\omega_{\mathrm{c}}$ 时，由于平板的行进波之波长小于流体波长，因而不能够辐射噪声；当 $k_{\mathrm{b}}<k$ 或 $\omega>\omega_{\mathrm{c}}$ 时，由于平板的行进波之波长大于流体波长，因而能够辐射噪声。由于 k_b 和 k 分别代表特定频率下流体色散关系等频圆和平板弯曲波色散关系等频圆的半径，因此利用式(6-8-9)进行平板辐射噪声能力的判断也可直观地变为利用两个圆的半径大小判断平板辐射噪声能力。

但是，我们考虑的平板是有限平板，即便平板中的主峰波数大于流体声波数，但依然存在小于流体声波数的结构波成分，它们依然能辐射噪声。不过，由于主峰波数是有限平板中行进波的主要成分，因而对整个平板而言，辐射效率会较低。类似地，对有限平板，虽然主波数小于流体声波数，但依然存在波数大于流体声波数的成分，从而平板的振动能量不能完全转换为声能量辐射。所以，对有限平板而言，相关表述应改为：当 $k_{\mathrm{b}}>k$ 或 $\omega<\omega_{\mathrm{c}}$ 时，由于平板的行进波之主要成分的波长小于流体波长，因而辐射效率较低；当 $k_{\mathrm{b}}<k$ 或 $\omega>\omega_{\mathrm{c}}$ 时，由于平板的行进波之主要成分的波长大于流体波长，因而辐射效率较高。

4. 平板自然频率小于临界频率时的几种辐射模式

我们重点考虑平板自然频率低于临界频率时的几种辐射模式，此时，模态会满足以下四个条件之一：

(1) $k>p\pi/a, k<q\pi/b$；

(2) $k<p\pi/a, k>q\pi/b$；

(3) $k<p\pi/a, k<q\pi/b$；

(4) $k>p\pi/a, k>q\pi/b$。

这四个条件在图形中表示为代表某种模态的格子点在图中的位置：对条件(1)，格子点的横坐标值小于相应自然频率所代表的流体等频圆半径，但纵坐标值大于相应自然频率所代表的流体等频圆半径，见图 6-8-2(a)；对条件(2)，格子点的纵坐标值小于相应自然频率所代表的流体等频圆半径，但横坐标值大于相应自然频率所代表的流体等频圆半径，见图 6-8-2(b)；对条件(3)，格子点的横、纵坐标值均大于相应自然频率所代表的流体等频圆半径，格子点与坐标原点的距离也大于相应自然频率所代表的流体等频圆半径；对条件(4)，格子点的横、纵坐标值均小于相应自然频率所代表的流体等频圆半径，此时，格子点与坐标原点的距离可能小于相应自然频率所代表的流体等频圆半径，也可能大于相应自然频率所代表的流体等频圆半径。通过比较流体色散关系等频圆和平板弯曲波色散关系等频圆的半径关系，就可判断平板的辐射噪声能力。

图 6-8-2(a)、(b)分别给出了对应于条件(1)、(2)的典型模态所具有的波数谱在 x 轴和 z 轴的分布。条件(1)和条件(2)被称为对边辐射模式：利用类似图 6-4-3 的分析可知，这两种情形等效于矩形的一组对边的格子辐射噪声，其他格子振动因振动相位相反而辐射相互抵消。

图 6-8-2(c)给出了对应于条件(3)、(4)的典型模态所具有的波数谱在 x 轴和 z 轴的分布。对条件(3)，对应的辐射模式称为角辐射模式，因为除了平板四个角的格子外，其他格子振动因振动相位相反而辐射相互抵消。对条件(4)，当满足格子点的横、纵坐标值均小于相应自然频率所代表的流体等频圆半径且格子点距原点的距离也小于相应自然频率所代表的流体等频圆半径时，该模式的辐射能力最好。但是也会出现一种情况，称为四边辐射模式，此时，平板四个边

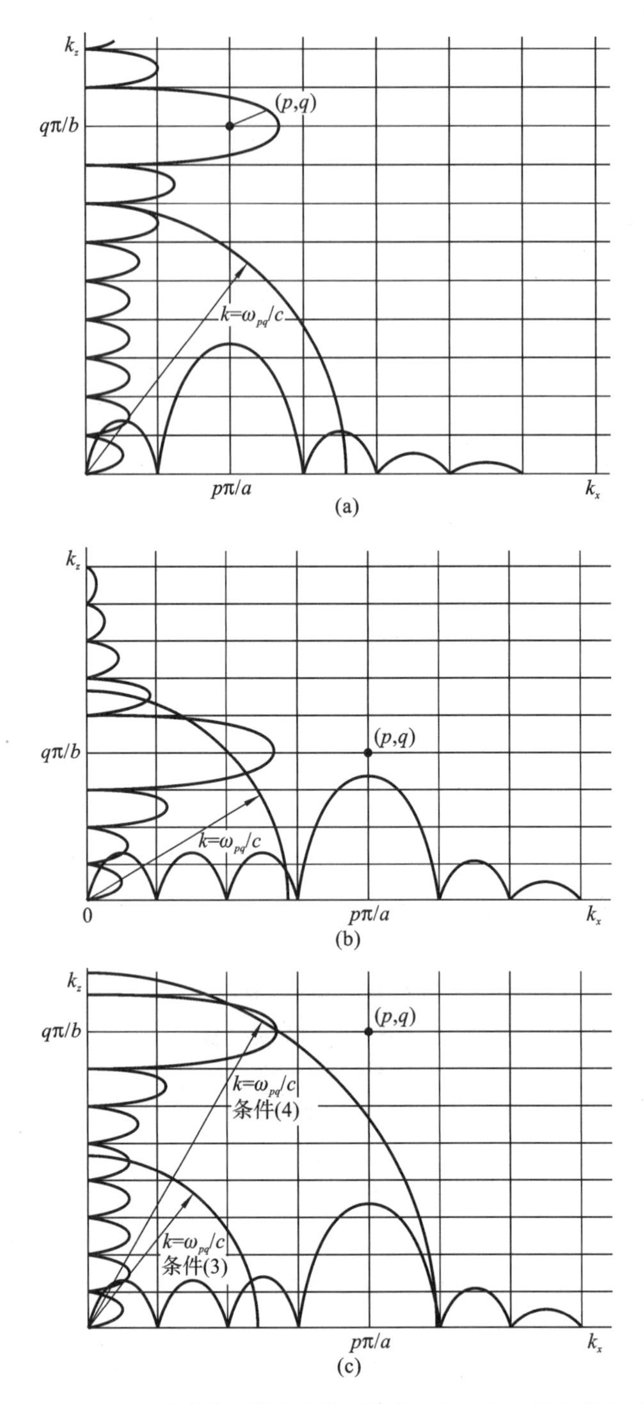

图 6-8-2　利用代表振动模式的格子点位置和流体二维色散关系等频圆并结合波数谱分析振动模式的辐射噪声能力

的格子对辐射噪声具有贡献，与条件(1)、(2)和(3)相比，条件(4)的辐射效率还是较高。这种情形出现于平板的自然频率接近于临界频率时，虽然每个方向的主峰波数都小于流体声波数，但两个主峰波数取平方和得到的结果 $k_b^2=k_x^2+k_z^2$ 超过流体声波数的平方 k^2，因而振动模式的辐射模式不能说是良好的辐射模式。不过，随频率的增大，辐射效率将会快速增长。

图 6-8-3 是采用类似图 6-4-3 方式给出的对应于对边辐射、角辐射和四边辐射的分析图。

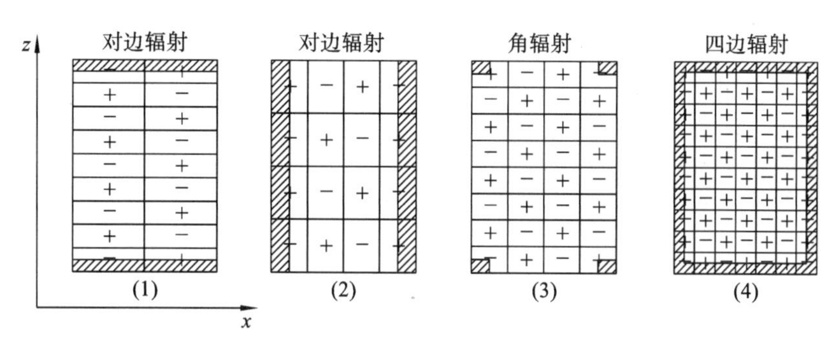

图 6-8-3 针对对边辐射、角辐射和四边辐射给出的平板等效辐射面分析图

图 6-8-4 是针对特定的简支矩形板所给出的各自然频率下的辐射效率，图中的 $\Gamma=[k^2/(k_{bx}^2+k_{bz}^2)]$。由图可见：在 $\Gamma<1$ 时，辐射效率很低；但在 Γ 接近于 1 时，辐射效率快速增长；在 $\Gamma>1$ 后，辐射效率超过 1。辐射模式也随频率变化依次由角辐射变化为对边辐射和四边辐射。

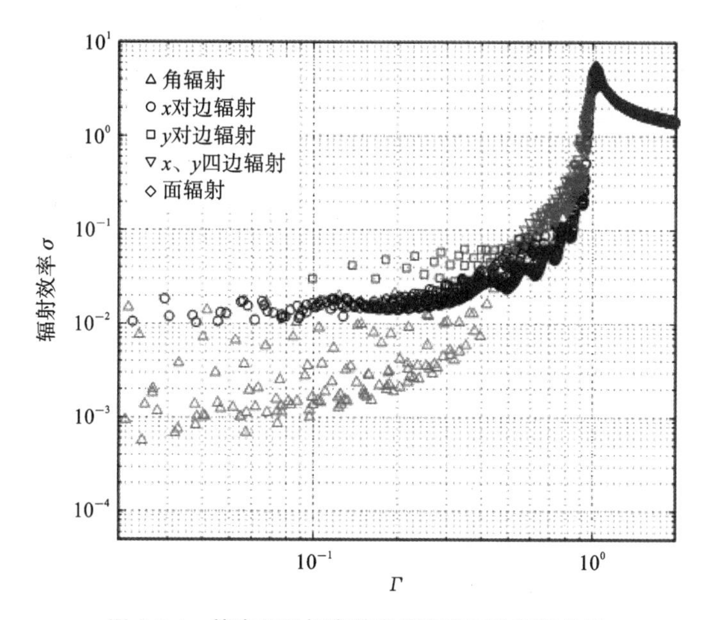

图 6-8-4 简支矩形板在其自然频率下的辐射效率

6.8.2 频率平均的辐射效率

对任意单频激励的结构，要以简单的表达式给出辐射效率是不可能的，因为此时可能会有许多模态同时以不同的幅值和相位振动。但是，我们可以假定，在某个频带内某些共振模态被激发，它们的振动响应幅值（或能量）分布具有特定规律，这样就有可能依据该分布估计某个带宽内的平均辐射效率。在工程中，对被激发的模态能量分布的假定方法通常是等能量分布假定，即所有自然频率在给定频段内的模态均被激发，而且响应幅值是均等的。以此为基础，可以给出模态平均辐射效率曲线，如图 6-8-5 所示。图 6-8-5 是针对简支矩形板给出的模态平均辐射效率曲线，其中，横坐标为各带宽中心频率与临界频率之比（也可理解为板的周界长与临界频率处声波长之比，或理解为平板周长的平方与平板面积之比），纵坐标为辐射效率取对数的结果。该曲线可利用数值积分方法、渐近分析方法等得出。

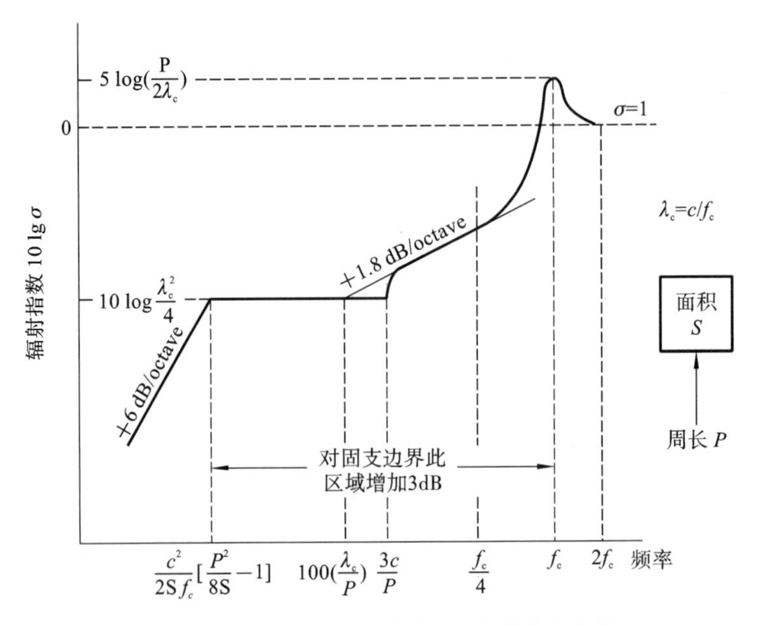

图 6-8-5 简支矩形板的模态平均辐射效率曲线

当激振频率远低于临界频率时，辐射效率可近似用公式表达为：

$$\sigma \approx \left(\frac{1}{\pi^2}\right)\left(\frac{\lambda_c}{P}\right)\left(\frac{P^2}{S}\right)\left(\frac{f}{f_c}\right)^{1/2} \tag{6-8-10}$$

式中：P 是板周长；S 是板面积。对给定厚度和材料的平板，λ_c/P 项随着平板尺度的增加而增加，P^2/S 则随平板尺寸变化不大。

图 6-8-6 是对一些不同结构实际测量的频率平均辐射效率曲线。这些曲线是基于结构在广谱激振力下具有大量模态共振响应的情形而得到的。需要注意的是，若结构不是被广谱激

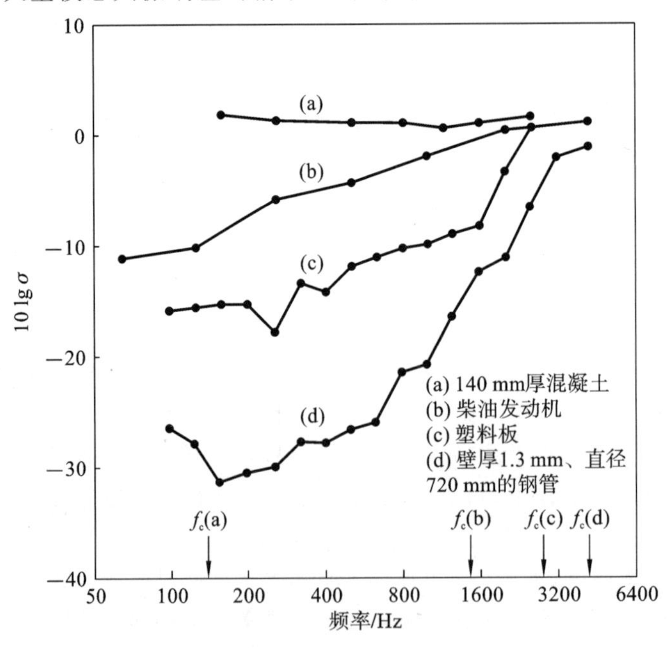

图 6-8-6 针对不同结构在空气中测量的平均辐射效率曲线

振，而是被机械激振，那么结构振动响应将以波动为主要特征，此时的辐射效率曲线将同广谱激振的情形具有较大差别。图 6-8-7 给出了平板分别被广谱激振和被机械激振时的辐射效率曲线对比，由图可见：当平板被广谱激振时，大量模态被同时激发，辐射效率曲线随频率的变化相对比较平坦，因为更多的具有不同辐射模式的模态辐射效率在同一频率会相互平均；而当平板被机械激振时，只有少量模态在特定频率被激发，因而辐射效率反映的是与该频率相近的少量模态辐射效率，从而整个辐射效率曲线随频率的变化就不是那么平坦。

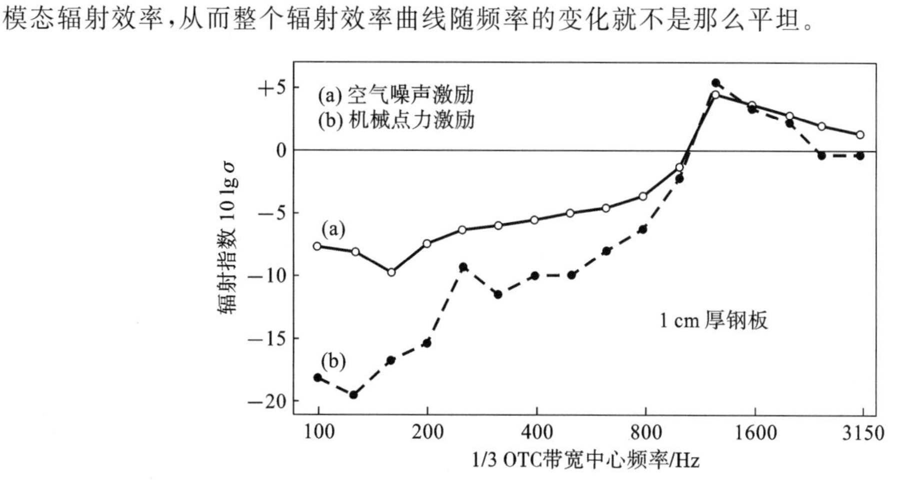

图 6-8-7 平板被广谱激振和机械激振时的平均辐射效率曲线对比

频率平均辐射效率的概念不适用于高度非均匀结构和高阻尼结构的局部受迫振动，因为频率平均辐射效率是基于均方速度所给出的，各位置振动幅值是相当的，从而可用来度量结构的辐射能力，而高度非均匀结构和高阻尼结构在局部受迫振动时，振动具有较强的非均匀性，不满足频率平均辐射效率所适用的条件。

6.9 结构在集中力或强迫位移作用下的声辐射

6.9.1 点激励下的平板响应

前面有关平板声辐射的讨论中，没有考虑激振力的位置或空间分布，即激振力的位置是随机分布的，它的作用是将所有的频段内模态以能量均等的方式激发，这种情形在所有模态都具有轻阻尼特性的情况下可以实现。但是，如果激振力在空间的位置并非随机分布，则激振力将优先激发一些特定的模态。集中点力激振是优先激发特定模态的例子。

1. 激振点处的均方速度一般会大于空间平均的均方速度

考虑平板结构在点 $\boldsymbol{r}_0$ 处以单频激振，则激振力引起的 $\boldsymbol{r}$ 处的响应可以写为：

$$v(\boldsymbol{r},t) = \mathrm{e}^{\mathrm{j}\omega t}\sum_n \frac{\widetilde{F}\phi_n(\boldsymbol{r}_0)\phi_n(\boldsymbol{r})}{\widetilde{Z}_n} \tag{6-9-1}$$

式中：ϕ_n 是第 n 阶模态的振型；$\widetilde{F}$ 是激振力的复数幅值；$\widetilde{Z}_n$ 是模态阻抗，写为

$$\widetilde{Z}_n = \mathrm{j}M_n\left(\omega - \frac{\omega_n^2}{\omega}\right) + \frac{M_n\eta_n\omega_n^2}{\omega} \tag{6-9-2}$$

式中：η_n 是第 n 阶模态的丧失因子；M_n 是广义模态质量，写为

$$M_n = \int_S m(\boldsymbol{r})\phi_n^2(\boldsymbol{r})\mathrm{d}S \tag{6-9-3}$$

其中 $m(\boldsymbol{r})$是单位面积的质量。

在激振点处的均方响应为

$$\begin{aligned}\overline{v^2(\boldsymbol{r}_0)} &= \frac{1}{2}\mathrm{Re}\left\{\sum_n \frac{\tilde{F}\phi_n^2(\boldsymbol{r}_0)}{\tilde{Z}_n}\sum_m \frac{\tilde{F}^*\phi_m^2(\boldsymbol{r}_0)}{\tilde{Z}_m^*}\right\} \\ &= \frac{|\tilde{F}|^2}{2}\mathrm{Re}\left\{\sum_m\sum_n \frac{\phi_n^2(\boldsymbol{r}_0)\phi_m^2(\boldsymbol{r}_0)}{\tilde{Z}_n\tilde{Z}_m^*}\right\}\end{aligned} \tag{6-9-4}$$

在一般位置的均方响应表达为

$$\overline{v^2(\boldsymbol{r})} = \frac{1}{2}\mathrm{Re}\left\{\sum_n \frac{\tilde{F}\phi_n(\boldsymbol{r}_0)\phi_n(\boldsymbol{r})}{\tilde{Z}_n}\sum_m \frac{\tilde{F}^*\phi_m(\boldsymbol{r}_0)\phi_m(\boldsymbol{r})}{\tilde{Z}_m^*}\right\} \tag{6-9-5}$$

空间平均的均方响应为

$$\langle\overline{v^2}\rangle = \frac{1}{S}\int_S \overline{v^2(\boldsymbol{r})}\mathrm{d}S = \frac{|\tilde{F}|^2}{2S}\sum_n \frac{\phi_n^2(\boldsymbol{r}_0)A_n}{|\tilde{Z}_n|^2} \tag{6-9-6}$$

其中

$$A_n = \int \phi_n^2(\boldsymbol{r}) \tag{6-9-7}$$

比较式(6-9-4)和式(6-9-6)可见，式(6-9-4)中多了一些交叉项，这些交叉项导致式(6-9-4)的结果比式(6-9-6)的结果更大。式(6-9-6)中没有这些交叉项是因为：模态具有正交性，因而交叉项积分的结果为零。因此，激振点处的均方速度一般会大于空间平均的均方速度。

激振点处的均方速度一般会大于空间平均的均方速度这一结论还可用统计的观念来解释。根据模态叠加法，一个点的响应由各阶模态在该点的响应按照相位关系叠加得到；根据式(6-9-4)和式(6-9-6)，模态在某点的响应相位由驱动点到该点的阻抗相位来决定。在驱动点附近，由于存在近场，结构阻抗的相位在 $\pi/2$ 到 $-\pi/2$ 之间(见图 6-9-1(a))；在远离驱动点的位置，阻抗相位主要由波动特性决定，变化范围很大，可以遍布于 $-\pi$ 到 π(见图 6-9-1(b))。这样，根据响应复数幅值的矢量叠加方法，在驱动点附近的响应具有更大的复数幅值，因为多数模态分量在该点的响应具有相同符号的实部，它们的虚部较小；在远离驱动点的位置则响应幅值较小，因为各模态分量在该点响应的虚部和实部均具有不同的符号，在叠加后互相抵消，从而导致更小的响应幅值。

如果将驱动点的均方响应与空间平均响应之比值作为度量驱动点平均响应超过空间平均的量，则该量应当大于 1。如果结构阻尼增大，该比值也将增大：结构阻尼增大后，由于阻尼控制能力增加，驱动点处的响应相位角更加集中于 0°附近；而远离驱动点的多模态响应依然具有抵消性。这将导致驱动点处的响应与远离驱动点的响应之比增大。

2. 集中点力所产生的近场对辐射声功率的贡献

在计算集中点力作用下平板振动的平均辐射效率时，不能由辐射效率曲线对频段内的所有模态辐射效率直接进行代数平均，因为在集中点力附近会产生弯曲近场。弯曲近场对声功率的贡献可能比行进波的贡献还要大，而平均辐射效率仅考虑了行进波反射所形成的混响场，这种情况在低频尤为突出。后续将通过平板的例子说明这一论点。

1）集中点力的近场所辐射的声功率

为了考察近场项所辐射的声功率，我们采用无限平板替换有限平板。由于有限平板中的近

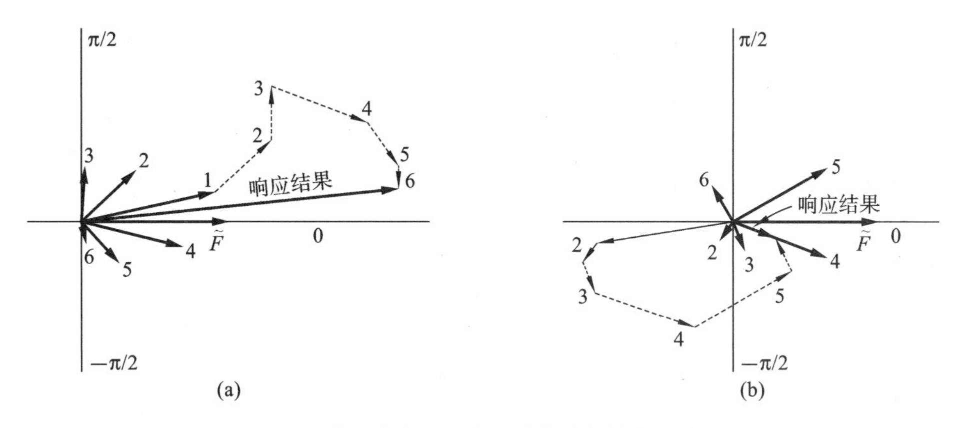

图 6-9-1 在驱动点和远离驱动点的各模态振动相位

场仅在激振点附近存在，因而采用该替换不会引起太大误差，即可通过计算无限平板近场所辐射的声功率来估计有限平板近场所辐射的声功率。

对集中点力作用下平板的弯曲波，波动方程为

$$D\left[\frac{\partial^4\eta}{\partial x^4}+\frac{2\partial^4\eta}{\partial x^2\partial z^2}+\frac{\partial^4\eta}{\partial z^4}\right]+m\frac{\partial^4\eta}{\partial t^2}=\widetilde{F}\delta(x-x_0)\delta(z-z_0)\mathrm{e}^{\mathrm{j}\omega t} \tag{6-9-8}$$

式中：$\widetilde{F}$ 是集中点力的复数幅值；$\delta(x-x_0)$ 和 $\delta(z-z_0)$ 是 Dirac 函数，集中点力作用的位置为 (x_0,z_0)。Dirac 函数具有这样的属性：

$$\int_{-\infty}^{+\infty}\delta(x-x_0)\mathrm{d}x=1 \tag{6-9-9}$$

及

$$\int_{-\infty}^{+\infty}f(x)\delta(x-x_0)\mathrm{d}x=f(x_0) \tag{6-9-10}$$

将方程的两边均进行二维波数变换。对方程右边，集中点力形式的激振力分布经变换后变为

$$\begin{aligned}\widetilde{F}(k_x,k_z)&=\int_{-\infty}^{+\infty}\widetilde{F}\delta(x-x_0)\delta(z-z_0)\mathrm{e}^{-\mathrm{j}k_x x}\mathrm{e}^{-\mathrm{j}k_z z}\mathrm{d}x\mathrm{d}z\\&=\widetilde{F}\mathrm{e}^{-\mathrm{j}k_x x_0}\mathrm{e}^{-\mathrm{j}k_z z_0}\\&=\widetilde{F}\quad\begin{cases}x_0=0\\z_0=0\end{cases}\end{aligned} \tag{6-9-11}$$

对方程左边也进行二维波数变换，变换后的弯曲波动方程变为

$$[D(k_x^2+k_z^2)^2-\omega^2 m]\widetilde{\eta}(k_x,k_z)=\widetilde{F} \tag{6-9-12}$$

或

$$D[(k_x^2+k_z^2)^2-k_\mathrm{b}^2]\widetilde{\eta}(k_x,k_z)=\widetilde{F} \tag{6-9-13}$$

该方程表达了平板在受到具有波数分量 k_x、k_z 的平面行进波激励下响应所应满足的动力关系。如果结构具有阻尼，则可通过将 D 变为复数形式 $D'=D(1+\mathrm{j}\eta)$ 来考虑，其中 η 是板的结构阻尼丧失因子。

当平板具有二维平面弯曲波时，它将推动流体，从而在表面具有压力分布。类似前面平板一维弯曲波的分析可给出二维弯曲波在平板表面的压力分布：

$$[\widetilde{P}(k_x,k_z)]_{y=0}=\frac{\pm\omega\rho_0}{\sqrt{k^2-k_x^2-k_z^2}}\tilde{v}(k_x,k_z) \tag{6-9-14}$$

该式是以$(k_x^2+k_z^2)^{1/2}$取代式(6-7-20)中的k_x直接获得的，因为$(k_x^2+k_z^2)^{1/2}$才是平面内的波数分量。

对单频响应，平板表面的速度分布与位移分布相关：

$$\tilde{v}(k_x,k_z)=\mathrm{j}\omega\tilde{\eta}(k_x,k_z) \tag{6-9-15}$$

由此，平板表面的压力分布表达为

$$[\widetilde{P}(k_x,k_z)]_{y=0}=\frac{\pm\mathrm{j}\omega^2\rho_0}{\sqrt{k^2-k_x^2-k_z^2}}\frac{\widetilde{F}(k_x,k_z)}{D[(k_x^2+k_z^2)^2-k_\mathrm{b}^4]} \tag{6-9-16}$$

整个平板的辐射声功率可以表达为：

$$\overline{P}=\frac{\rho_0 c\omega^2\mid\widetilde{F}\mid^2}{8\pi^2D^2}\int_{-k}^{k}\int_{-k}^{k}\frac{k\,\mathrm{d}k_x\mathrm{d}k_z}{[(k_x^2+k_z^2)^2-k_\mathrm{b}^4]^2\sqrt{k^2-k_x^2-k_z^2}} \tag{6-9-17}$$

我们假定激振频率远低于临界频率，此时平板中的行进波不能辐射噪声，则式(6-9-17)所给出的结果即反映近场所辐射的噪声。根据以上思路，我们可对式(6-9-17)给出如下的积分结果：

由于$k\ll k_\mathrm{b}$，因而$(k_x^2+k_z^2)^2<k\ll k_\mathrm{b}$，故被积函数的分母中$(k_x^2+k_z^2)^2$与$k_\mathrm{b}^4$相比可以忽略。这样，式(6-9-17)可近似为

$$\overline{P}\approx\frac{\rho_0 c\omega^2 k\mid\widetilde{F}\mid^2}{8\pi^2D^2k_\mathrm{b}^8}\int_{-k}^{k}\int_{-k}^{k}\frac{\mathrm{d}k_x\mathrm{d}k_z}{\sqrt{k^2-k_x^2-k_z^2}} \tag{6-9-18}$$

对该积分进行柱坐标变换：令$k_r^2=k_x^2+k_z^2$，$k_x=k_r\cos\phi$及$k_z=k_r\sin\phi$，则积分元由$\mathrm{d}k_x\mathrm{d}k_z$变换为$(k_r\mathrm{d}\phi)\mathrm{d}k_r$，$\phi$的范围是$0\sim2\pi$。这样，式(6-9-18)可表达为

$$\overline{P}=\frac{\rho_0 c\omega^2 k\mid\widetilde{F}\mid^2}{4\pi D^2k_\mathrm{b}^8}\int_0^k\frac{k_r\mathrm{d}k_r}{\sqrt{k^2-k_r^2}}=\frac{\rho_0 c\omega^2 k^2\mid\widetilde{F}\mid^2}{4\pi D^2k_\mathrm{b}^8} \tag{6-9-19}$$

然后，将k_b^8用$(m\omega^2/D)^2$替换，可得到

$$\overline{P}=\frac{\rho_0 ck^2\mid\widetilde{F}\mid^2}{4\pi m^2\omega^2}=\frac{\rho_0\mid\widetilde{F}\mid^2}{4\pi cm^2} \tag{6-9-20}$$

该结果表明：当点激励的激振频率远低于临界频率时，平板近场所产生的声功率仅取决于平板的质量，而与频率和平板刚度无关。

2) 有限平板的混响场所辐射的声功率

为获得有限平板的混响场对声功率的贡献，首先要获得有限平板的空间平均均方速度，然后再由模态平均的辐射效率给出有限平板的混响场所辐射的声功率。

有限平板的混响场具有振动功率，该振动功率的耗散量应当同集中点力的功率输入量相平衡。而集中点力对有限平板的功率输入量主要取决于集中点力处的力导纳，该力导纳主要由近场贡献。由于边界对近场的影响不大，所以力导纳可用式(4-4-12)表达，即采用无限平板的力导纳取代有限平板的力导纳。这样，集中点力对平板的功率输入为

$$\overline{P}_\mathrm{in}=\frac{1}{2}\mid\widetilde{F}\mid^2\mathrm{Re}\{\widetilde{Y}\}=\frac{\mid\widetilde{F}\mid^2}{16\sqrt{mD}} \tag{6-9-21}$$

有限板的总振动能量为

$$\overline{E}=mS\langle\overline{v^2}\rangle \tag{6-9-22}$$

根据丧失因子的定义，集中点力的功率输入应当等于功率的损耗，即

$$\frac{|\widetilde{F}|^2}{16\sqrt{mD}} = \eta\omega mS\langle\overline{v^2}\rangle \tag{6-9-23}$$

或

$$\langle\overline{v^2}\rangle = \frac{|\widetilde{F}|^2}{16m\eta\omega S\sqrt{mD}} \tag{6-9-24}$$

这样，混响场所辐射的声功率表达为

$$\overline{P}_s = \rho_0 cS\sigma\langle\overline{v^2}\rangle = \frac{\rho_0 c|\widetilde{F}|^2}{16m\eta\omega\sqrt{mD}} \tag{6-9-25}$$

式中：σ 为多模态振动的平均辐射效率。

3) 近场所辐射的声功率与混响场所辐射的声功率之比较

近场所辐射的声功率同混响场所辐射的声功率之比为

$$\frac{\overline{P}}{\overline{P}_s} = \frac{4}{\pi}\left(\frac{\omega}{\omega_c}\right)\left(\frac{\eta}{\sigma}\right) \tag{6-9-26}$$

可以看到，该比值随着平板丧失因子与平均辐射效率之比的增大而增大，即随着结构阻尼的增大，近场对声功率的贡献也越来越大。对多数结构，η/σ 将超过 1，而 σ 近似等于 $(\omega/\omega_c)^n$，$1/2 < n < 1$，因此比值 $\overline{P}/\overline{P}_s$ 通常会超过 1，这说明近场对声功率的贡献甚至会超过混响场对声功率的贡献。

6.9.2 集中线力引起的平板声辐射

为进一步说明集中力所导致的近场对声功率的贡献不可忽略，我们将通过集中线力的例子给出类似的结论。

集中线力作用是实用结构中更容易出现的激振工况，如平板在边界由钢架支撑，钢架的运动将在平板边界产生集中线力，激起平板振动。

集中线力激振时，在平板中产生了一维平面波，将式(2-2-14)的结果直接用于平板可得平板的响应分布：

$$\eta(x,t) = \begin{cases} \dfrac{-\mathrm{j}\widetilde{F}'\mathrm{e}^{\mathrm{j}\omega t}}{4Dk_b^3}(\mathrm{e}^{-\mathrm{j}k_b x} - \mathrm{j}\mathrm{e}^{-k_b x}) & x \geqslant 0 \\ \dfrac{-\mathrm{j}\widetilde{F}'\mathrm{e}^{\mathrm{j}\omega t}}{4Dk_b^3}(\mathrm{e}^{\mathrm{j}k_b x} - \mathrm{j}\mathrm{e}^{k_b x}) & x \leqslant 0 \end{cases} \tag{6-9-27}$$

式中：$\widetilde{F}'$ 是单位长度的力。

现在，对一维平面波进行波数变换，有

$$\begin{aligned} \tilde{v}(k_x) &= \mathrm{j}\omega\tilde{\eta}(k_x) \\ &= \frac{\omega\widetilde{F}'}{4Dk_b^3}\left[\int_{-\infty}^{0}(\mathrm{e}^{\mathrm{j}k_b x} - \mathrm{j}\mathrm{e}^{k_b x})\mathrm{e}^{-\mathrm{j}k_x x}\mathrm{d}x + \int_{0}^{\infty}(\mathrm{e}^{-\mathrm{j}k_b x} - \mathrm{j}\mathrm{e}^{-k_b x})\mathrm{e}^{-\mathrm{j}k_b x}\mathrm{d}x\right] \end{aligned} \tag{6-9-28}$$

另一种更为直接的计算该速度变换的方法是将平板运动方程进行直接的变换，其中，激振力用 Dirac 函数表达为 $F'(0)\delta(0)$，该步骤同方程(6-9-13)是等效的，只不过将二维分析退化为一维分析。其结果为

$$|\tilde{v}(k_x)|^2 = \frac{\omega^2|\widetilde{F}'|^2}{D^2(k_x^4 - k_b^4)^2} \tag{6-9-29}$$

应用式(6-7-26)可得平板单位长度所辐射的声功率：

$$\overline{P} = \frac{\rho_0 ck\omega^2 \mid \widetilde{F}' \mid^2}{4\pi D^2}\int_{-k}^{k} \frac{\mathrm{d}k_x}{(k_x^4 - k_b^4)^2 \sqrt{k^2 - k_x^2}} \tag{6-9-30}$$

当激振频率在临界频率 ω_c 以下时，被积函数分母中的 k_x^4 相对于 k_b^4 可以忽略，因而有

$$\overline{P} = \frac{\rho_0 ck\omega^2 \mid \widetilde{F}' \mid^2}{4D^2 k_b^8} = \frac{\rho_0 \mid \widetilde{F}' \mid^2}{4\omega m^2} \tag{6-9-31}$$

该式同集中点力的结果式(6-9-20)十分类似，主要差别在于式(6-9-31)中的分母出现了频率，这说明集中线力所引起的近场在低频具有更高的辐射声功率。

为给出平板的多模态辐射声功率，我们依然要根据阻抗计算集中线力对平板的功率输入、平板的空间平均均方速度，然后根据多模态辐射效率给出混响场的辐射声功率。

作用于无限板的均匀线力的时间平均能量输入为

$$\overline{P}_{\mathrm{in}} = \frac{1}{2} \mid \widetilde{F}' \mid^2 \times \frac{l}{4D^{1/4}\omega^{1/2}m^{3/4}} \tag{6-9-32}$$

式中：l 是板的长度，也是集中线力的作用范围。

平板的空间平均均方速度为

$$\langle \overline{v}^2 \rangle = \frac{1}{2} \mid \widetilde{F}' \mid^2 \frac{l}{4D^{1/4}\omega^{3/2}m^{7/4}\eta S} \tag{6-9-33}$$

平板混响场的多模态平均辐射声功率是

$$\overline{P}_s = \frac{1}{2}\rho_0 c\sigma \mid \widetilde{F}' \mid^2 \frac{l}{4D^{1/4}\omega^{3/2}m^{7/4}\eta} \tag{6-9-34}$$

近场辐射声功率和混响场的辐射声功率之比为

$$\frac{\overline{P}}{\overline{P}_s} = 2\left(\frac{\omega}{\omega_c}\right)^{1/2}\left(\frac{\eta}{\sigma}\right) \tag{6-9-35}$$

该结果的结论与平板受集中点力激励的结果也是类似的。

6.9.3 集中点力及其他类型的激励输入引起的平板声辐射

近场对声功率的贡献还可用激振点的速度来表达，这可由在前述公式中将激振力用速度与阻抗的乘积替换获得。如，对集中点力激振情形，式(6-9-20)可表达为：

$$\overline{P} = \frac{16\rho_0 \mid \widetilde{v}_0 \mid^2 D}{\pi cm} = \frac{16\rho_0 \mid \widetilde{v}_0 \mid^2 c^3}{\pi\omega_c^2} \tag{6-9-36}$$

该式表明，辐射声功率随着弯曲刚度的增加而线性增加，并与板的质量成反比。当结构为轻结构式（如胶合板），弯曲近场对声功率的贡献十分可观。

对以线速度为输入的激振情形，可类似给出近场对声功率的贡献：

$$\overline{P} = \frac{2\rho_0 D^{1/2} \mid \widetilde{v}_0 \mid^2}{m^{1/2}} = \frac{2\rho_0 c^2 \mid \widetilde{v}_0 \mid^2}{\omega_c} \tag{6-9-37}$$

在实际工程中，激振力可能由约束边界而产生。例如，当平板受到约束时，如果平板中具有弯曲行进波入射，则约束附近会存在弯曲近场。我们需要估计约束所导致的近场辐射。

该场景如图 6-9-2 所示，入射弯曲波的速度幅值为 $\widetilde{v}_i$；由于支撑约束的存在，平板中必然存在反射波和透射波，它们在支撑约束处的速度幅值分别为 $\widetilde{v}_r$ 和 $\widetilde{v}_t$，并满足：

$$\widetilde{v}_0 = \widetilde{v}_i + \widetilde{v}_r = \widetilde{v}_t \tag{6-9-38}$$

式中：$\widetilde{v}_0$ 是约束处的实际速度。约束处之所以存在速度，是因为该处并非完全限制约束，支撑具有阻抗 $\widetilde{Z}_c$。这样，支撑对板的约束点具有约束反力，为：

$$\tilde{F} = -\tilde{Z}_c \tilde{v}_0 \tag{6-9-39}$$

如果该力直接作用于无行进波的无限平板，则将产生行进波，该行进波正是反射波的来源，因此有

$$\tilde{v}_r = \frac{\tilde{F}}{\tilde{Z}_p} \tag{6-9-40}$$

式中：$\tilde{Z}_p$ 为无限平板的点阻抗。

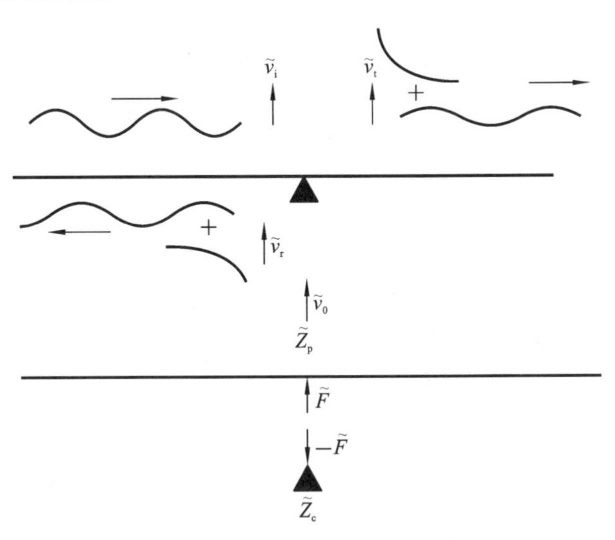

图 6-9-2 平板弯曲波被板中的约束散射

结合式(6-9-38)、式(6-9-39)和式(6-9-40)，我们可以得到：

$$\tilde{F} = -\tilde{v}_i \times \frac{\tilde{Z}_p \tilde{Z}_c}{\tilde{Z}_p + \tilde{Z}_c} \tag{6-9-41}$$

则

$$\tilde{v}_0 = \tilde{v}_i [\tilde{Z}_p / (\tilde{Z}_p + \tilde{Z}_c)] \tag{6-9-42}$$

在式(6-9-41)和式(6-9-42)中，如果 $|\tilde{Z}_p/\tilde{Z}_c| \gg 1$，则有 $\tilde{v}_0 \approx \tilde{v}_i$ 和 $\tilde{F} \approx -\tilde{v}_i \tilde{Z}_c$，即反射波几乎未产生，入射波被弱散射。另一方面，如果 $|\tilde{Z}_p/\tilde{Z}_c| \ll 1$，则 $|\tilde{v}_0| \ll |\tilde{v}_i|$，且 $\tilde{F} \approx -\tilde{v}_i \tilde{Z}_p$，即入射波被强散射。

在获得反抗力后，反抗力就可被视作点(线)激振力，我们就可以利用前面的相关结果估计约束存在而引起的附加声辐射。

以上针对近场对声辐射贡献的分析，是针对激振力频率低于临界频率情形所给出的，所得出的结论表明，当激振力频率低于临界频率时，简单地增大结构阻尼相当于增加了近场对声辐射的贡献，因而对结构辐射噪声进行控制应当持审慎态度。但当激振力频率高于临界频率时，板中的行进波波长将大于流体声波长，整个板的混响场具有很高的辐射效率，近场对声功率的贡献也就不重要了，这时通过增大阻尼减少振动级将更有效。

6.10 圆柱壳的声辐射

曲度是圆柱壳不同于平板的主要特征，曲度对声辐射规律的影响来源于曲度对弯曲波数色

散关系的影响。在环频率以下，曲度将通过膜应变来增大弯曲波的相速度，进而增大圆柱壳的辐射效率，在增加圆柱壳相速度的同时，曲度还将降低模态密度。

本节将重点比较平板弯曲波数和圆柱壳中弯曲波数的差别，据此定性讨论两者声辐射的差别。

6.10.1 圆柱壳辐射效率与圆柱壳行进波波数之间的关系

考虑无限长的圆柱壳及其对应的圆柱坐标系，如图 6-10-1，其径向速度波动场表达为

$$v_n(z,\phi) = \tilde{v}_n \cos n\phi \cdot e^{-jk_z z} \tag{6-10-1}$$

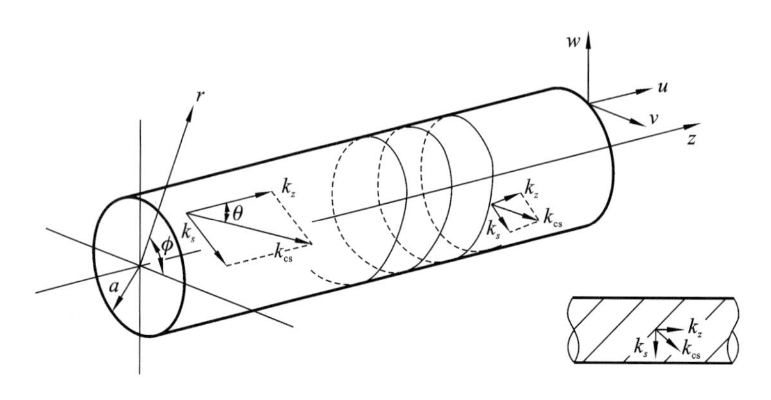

图 6-10-1 研究圆柱壳辐射噪声所使用的圆柱坐标系

采取解析分析可给出其辐射效率，表达为：

$$\sigma_n(k_r) = \begin{cases} 0 & |k_z| > k \\ \dfrac{2k}{\pi a k_r^2 \mid H_n'(k_r a) \mid^2} & |k_z| \leqslant k \end{cases} \tag{6-10-2}$$

式中：n 是周向振动模式阶数，满足 $k_s = n/a$，a 是圆柱壳半径；$H_n(z)$ 为第二类 n 阶 Hankel 函数，$H_n'(z)$ 为第二类 n 阶 Hankel 函数的一阶导数，它们与周向振动模式阶数 n 相对应。

$$k_r = \sqrt{k^2 + k_z^2} \tag{6-10-3}$$

式中：k 为流体声波数。

该式表明，只有当轴向波数小于流体声波数，即 $|k_z| < k$ 时，无限长圆柱壳才会辐射噪声。这是它与无限平板不同的地方：无限平板只有在 $k_b = (k_x^2 + k_y^2)^{1/2} < k$ 时才能辐射噪声。

前面我们看到，圆柱壳中沿轴向传播的波是波导波，因而圆柱壳中存在截止频率，只有在截止频率以上时才会有实数的轴向波数。因此，只有当圆柱壳具有实数轴向波数，并同时满足 $|k_z| < k$ 时，圆柱壳才能有效辐射噪声，具体的辐射效率与频率和周向振动模式具有密切关系。

图 6-10-2 给出了当 $|k_z| < k$ 时的模态辐射效率 $10\lg(\sigma k_r/k)$ 随无因次频率 $k_r a$ 和周向振动模式阶数 n 的变化关系。由图可知：在 $k_r a$ 很小时，n 越大，辐射效率越低，即对于具有相同频率和轴向波数的两个圆柱壳，低阶周向振动具有更大的辐射效率。

特别地，当 $ka \ll 1$ 且 $k_z \ll k$ 时，可给出 $n=0,1,2$ 时单位长度圆柱壳所辐射的声功率：

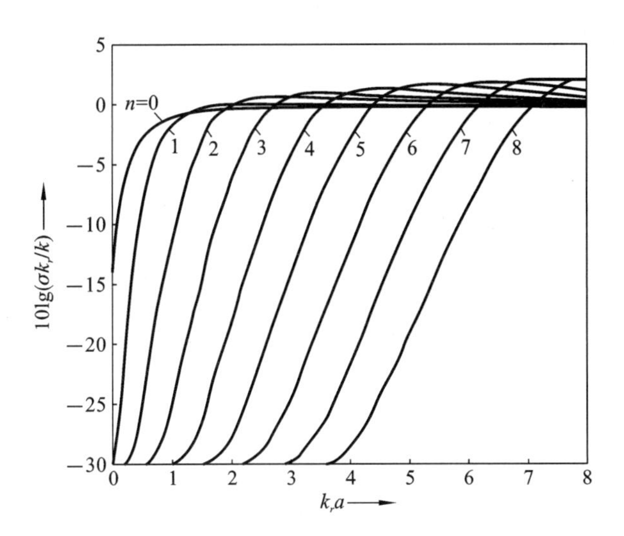

图 6-10-2 圆柱壳以不同模式振动的辐射效率随无因次频率的变化

$$
\begin{aligned}
\overline{P}_{n=0} &= \frac{1}{2}\pi^2\rho_0 ca(ka)\,|\,\tilde{v}_0\,|^2 \\
\overline{P}_{n=1} &= \frac{1}{4}\pi^2\rho_0 ca(ka)^3\,|\,\tilde{v}_1\,|^2 \\
\overline{P}_{n=2} &= \frac{1}{64}\pi^2\rho_0 ca(ka)^5\,|\,\tilde{v}_2\,|^2
\end{aligned}
\tag{6-10-4}
$$

可见，对圆柱壳低频轴向长波振动，随着模态阶数 n 的增加，辐射声功率急速减小。其中，$n=0$ 对应于圆柱壳的呼吸模态，辐射如同线单极子源；$n=1$ 对应于圆柱壳的弯曲模态，辐射如同线偶极子源；$n=2$ 对应于圆柱壳的卵形模态，辐射如同线四极子源。

辐射效率的最大值在 $k_r a\approx n$ 附近($n\neq 0$)，该条件对应于 $k_z^2+k_s^2\approx k^2$，因为 $k_s=n/a$。

根据对图 6-10-2 的分析可知，在 $|k_z|<k$ 的前提下，根据 n 和无因次频率 $k_r a$ 的取值不同，有两种情形：

(1) 当 $(k_z^2+k_s^2)^{1/2}>k$ 时，辐射效率非常低，不过随着频率的增长，辐射效率增长较快，这对应于图中 $k_r a$ 较小、曲线斜率较大的区域。该特征同平板不同，对平板，只要 $(k_z^2+k_x^2)^{1/2}>k$ 就完全不能辐射噪声，即使仍然满足 $|k_z|<k$ 的条件。

(2) 当 $(k_z^2+k_s^2)^{1/2}<k$ 时，辐射效率较高，这对应于图中 $k_r a$ 较大的区域，此时无因次辐射效率接近于 1。这种情况通常在高频或大直径圆柱壳中容易产生，此时圆柱壳表面不能形成辐射相互抵消的区域，单位面积的辐射阻为 $\rho_0 c$。

综上所述，圆柱壳的辐射效率和无限平板的辐射效率的显著差别在于：圆柱壳的辐射效率具有高辐射、低辐射和零辐射三种情况；而无限平板辐射只有辐射和零辐射两种情形。

6.10.2 圆柱壳色散关系与圆柱壳辐射效率

无限平板在临界频率时的弯曲波长等于声波长，只有当频率高于临界频率时，平板才能辐射噪声。具体的临界频率则由平板和流体的色散关系给出。

类似于无限平板的临界频率，圆柱壳也具有临界频率，但不同的周向振动模式具有不同的临界频率。

$n=1$ 时，圆柱壳周向振动为弯曲振动模式，其弯曲轴向波数与频率的关系为：

$$k_z = \left(2\,\frac{\rho\omega^2}{a^2 E}\right)^{1/4} \tag{6-10-5}$$

根据轴向波数和声波数的关系，可以确定两个频率：

当满足由不等式

$$\left(\frac{2\rho\omega^2}{a^2 E}\right)^{1/2} + \frac{1}{a^2} < \frac{\omega^2}{c^2} \tag{6-10-6}$$

所确定的频率时，圆柱壳可以高效率地辐射噪声，因为该不等式是由 $(k_z^2 + k_s^2)^{1/2} < k$ 关系给出的。

当满足由不等式

$$\left(\frac{2\rho\omega^2}{a^2 E}\right)^{1/2} < \frac{\omega^2}{c^2} \tag{6-10-7}$$

所确定的频率，且不满足由不等式(6-10-6)所确定的频率时，圆柱壳可以辐射噪声，但辐射效率很低。

对与圆柱壳厚度相等的无限平板，只有满足 $(\omega^2 m/D)^{1/4} < \omega/c$ 时，平板才能辐射噪声。因此，圆柱壳要高效率辐射噪声不一定必须满足频率高于平板的临界频率。

图 6-10-3 给出了具有等轴向波数的圆柱壳对应于 $n=0,1,2$ 的辐射效率随无因次频率的变化曲线，由曲线可知，呼吸模式和弯曲模式的辐射效率最为显著，所以在实际工程中，低频高阶壳体截面变形振动的辐射噪声都被忽略，只有在高频时，这些截面变形振动的辐射噪声才被考虑。

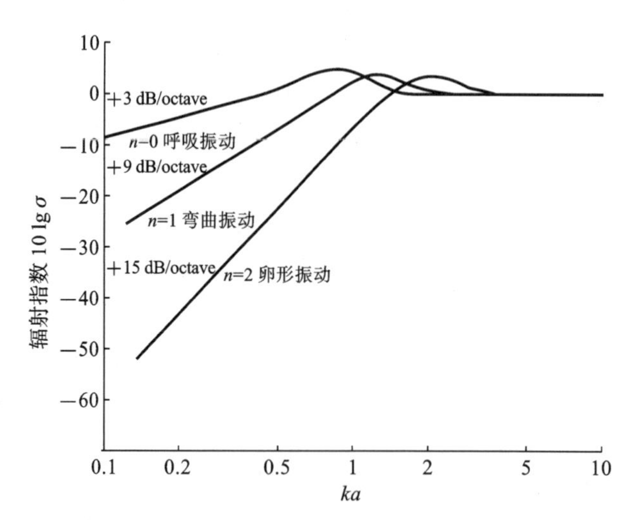

图 6-10-3　对应于 $n=0,1,2$ 的辐射效率曲线

对 $n\neq1$ 的周向振动模式，还可借助类似图 6-8-1 的二维色散关系图来识别高效辐射的频率。图 6-10-4 给出了圆柱壳的二维色散关系图：由于圆柱壳的曲度效应，径向、轴向和周向运动具有耦合作用，这种耦合作用在环频率以下更为显著，耦合作用增加了径向波的轴向相速度，因此，在平板临界频率以下，圆柱壳的相速度可以比声速度更大。在环频率以上，曲度效应消失，壳体振动特征和平板类似。图中的垂线和水平线代表了圆柱壳中弯曲波具有不同的等周向波数和等轴向波数，网格节点则与特定的振动模式相关。

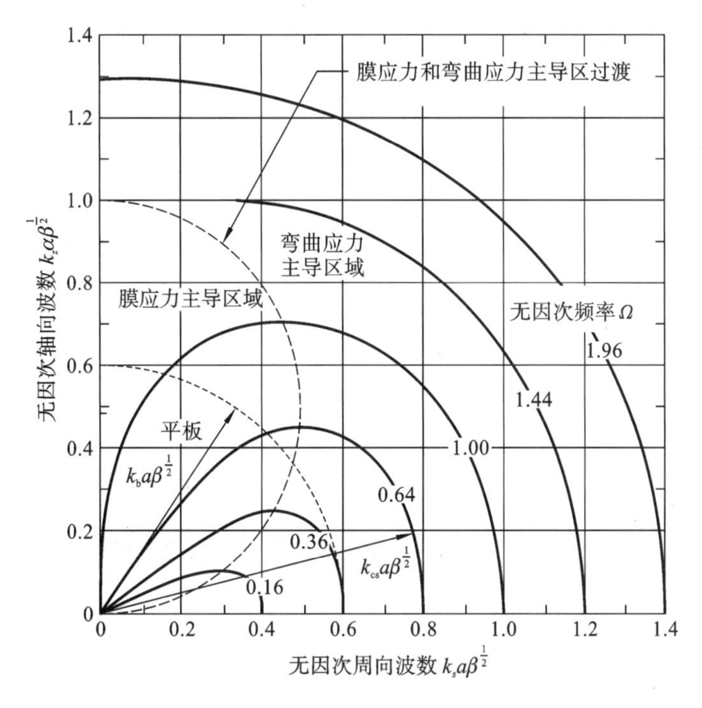

图 6-10-4 圆柱壳的二维色散关系图

从图 6-10-4 可见，在 $0<\Omega<0.5$ 的区域，曲度效应更为显著。曲度效应导致具有相同轴向波长、不同周向模式的螺旋波可以在同一频率沿圆柱壳传播；低阶周向模式具有更大的膜应变能。如果将声波数的流体色散关系等频圆叠加于图 6-10-4 中，利用网格节点与流体色散关系等频圆的位置关系可以识别圆柱壳弯曲波波数同流体声波数的大小关系，只有满足 $k_z^2+k_s^2<k^2$ 条件时圆柱壳振动模式才是高效率辐射模式。

对有限长简支圆柱壳，其自然模态在图 6-10-5 中由满足 $k_s=n/a$、$k_z=m\pi/L$ 的垂直、水平线相交的网格点表征。如果某个网格点所代表的模态满足 $k_z^2+k_s^2>k^2$、$k_z^2>k^2$ 且 $k_s^2<k^2$，则这种模态的辐射类似于平板边辐射模式：圆柱表面的格子振动相互抵消，但端部抵消不完全，形成端辐射模式。具体的有限圆柱壳的辐射阻在图 6-10-6 中给出了。

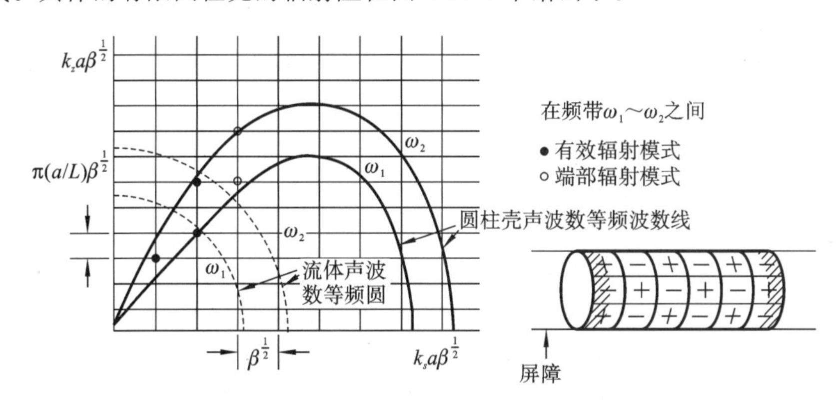

图 6-10-5 圆柱壳的端辐射模式

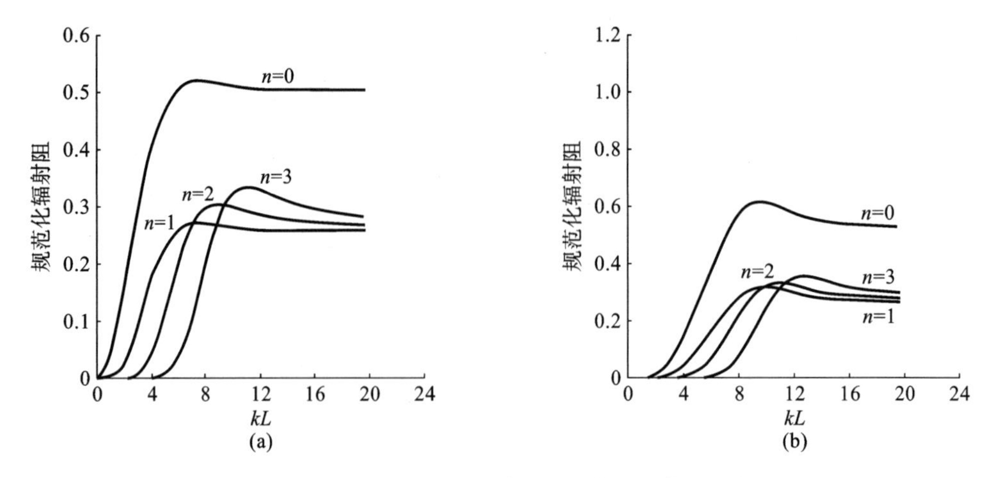

图 6-10-6　有限长圆柱壳的典型周向模式规范化辐射阻

6.11　不规则形体的声辐射

前面针对平板和圆柱壳等规则结构给出了声辐射的有关规律，探讨了一些主要的辐射控制参数，但是平板和圆柱壳在形状上与实际工程结构相距甚远。本节将给出无限流域中一般形状结构的声辐射公式。

6.11.1　一般不规则结构辐射噪声问题所满足的方程

1. 流体中的声场应满足的条件

流体中的简谐振动体在无限流域中产生的声场应满足齐次 Helmholtz 方程：

$$\nabla^2 \tilde{p}(\boldsymbol{r}) + k^2 \tilde{p}(\boldsymbol{r}) = 0 \tag{6-11-1}$$

同时在流固耦合面上满足一定的边界条件。主要的边界条件包括以下三种：

(1) Neuman 边界条件：即在边界上给定法向速度。法向速度可以是流体的法向速度（如图 6-11-1 中的 S_v 部分有 $\tilde{v}_n(\boldsymbol{r}_v) = \tilde{v}_v(\boldsymbol{r}_v)$），也可以是弹性结构的振动速度（如图 6-11-1 中的 S_s 部分有 $\tilde{v}_n(\boldsymbol{r}_v) = \tilde{v}_s(\boldsymbol{r}_v)$）。

(2) Dirichlet 边界条件：即在边界上给定压力分布（如图 6-11-1 中的 S_p 部分有 $\tilde{p}(\boldsymbol{r}_p) = \tilde{p}_p(\boldsymbol{r}_p)$）。

(3) 混合边界条件：即在边界上给定声阻抗（如图 6-11-1 中的 S_z 部分有 $\tilde{p}(\boldsymbol{r}_z)/\tilde{v}_n(\boldsymbol{r}_z) = \tilde{z}(\boldsymbol{r}_z)$）。

法向速度与压力梯度具有如下关系：

$$\tilde{v}_n(\boldsymbol{r}_{S_a}) = \frac{\mathrm{j}}{\omega\rho_0}\left(\frac{\partial \tilde{p}}{\partial \boldsymbol{n}}\right)_{r=r_{S_a}} \tag{6-11-2}$$

式中：$\boldsymbol{r}_{S_a}$ 表示辐射面 S_a 上的位置矢量；$\boldsymbol{n}$ 表示 S_a 的法向矢量。

2. 考虑一般边界条件的流体声波动方程

当固体在理想流体中振动时，它将在边界推动流体，施加给流体法向力，该力的大小对应于

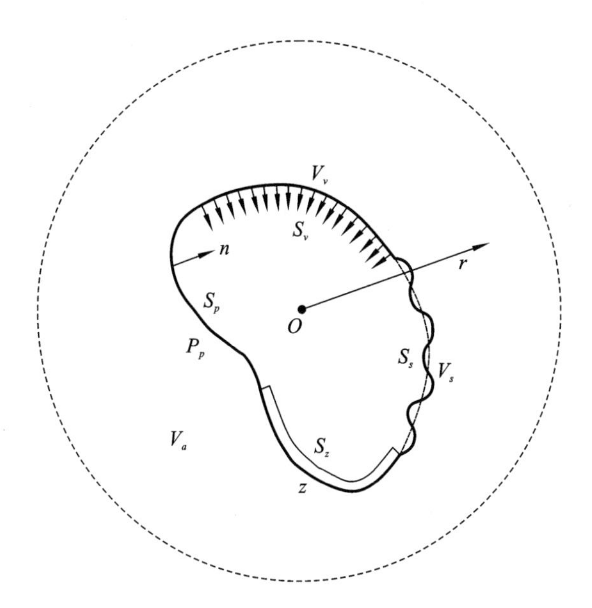

图 6-11-1 振动噪声问题边界条件分类

流体在耦合面上的动量改变。如果流体中具有任意的流体体积位移分布 q，同时具有单位体积的外力分布 $\boldsymbol{f}$，那么根据连续性方程(1-2-1)和动量方程(1-2-2)，就可以得到非齐次的波动方程：

$$\nabla^2 p(\boldsymbol{r},t) - \frac{1}{c^2} p(\boldsymbol{r},t) = \nabla \cdot \boldsymbol{f}(\boldsymbol{r},t) - \rho_0 \frac{\partial q(\boldsymbol{r},t)}{\partial t} \tag{6-11-3}$$

对简谐问题，上式变为：

$$\nabla^2 \tilde{p}(\boldsymbol{r}) + k^2 \tilde{p}(\boldsymbol{r}) = -\tilde{Q}(\boldsymbol{r}) \tag{6-11-4}$$

其中

$$\tilde{Q}(\boldsymbol{r}) = \mathrm{j}\rho_0 \omega \tilde{q}(\boldsymbol{r}) - \nabla \cdot \tilde{\boldsymbol{f}}(\boldsymbol{r}) \tag{6-11-5}$$

6.11.2 格林函数与边界积分方程

1. 格林函数

为了给出式(6-11-4)的解，需要构造这样一个压力场模型：在流体中布置一些单极子源，它们满足式(6-11-4)，并且 $Q(\boldsymbol{r})=\delta(\boldsymbol{r}-\boldsymbol{r}_0)$，即求解如下形式的 Helmholtz 方程：

$$\nabla^2 \tilde{G}(\boldsymbol{r},\boldsymbol{r}_0,\omega) + k^2 \tilde{G}(\boldsymbol{r},\boldsymbol{r}_0,\omega) = -\delta(\boldsymbol{r}-\boldsymbol{r}_0) \tag{6-11-6}$$

相应的解 $\tilde{G}(\boldsymbol{r},\boldsymbol{r}_0,\omega)$ 被称为格林函数。

在无限流体媒质中，格林函数还要满足 Sommerfeld 辐射条件：

$$\lim_{|\boldsymbol{r}-\boldsymbol{r}_0|\to\infty} |\boldsymbol{r}-\boldsymbol{r}_0| \left[\frac{\partial}{\partial |\boldsymbol{r}-\boldsymbol{r}_0|} + \mathrm{j}k\tilde{G}(\boldsymbol{r},\boldsymbol{r}_0,\omega)\right] = 0 \tag{6-11-7}$$

该式表达了两层意思：一是波以外传波的形式向远离源的方向传播；二是在距离无穷远处，函数值为零。

可以验证，满足波动方程和远场条件的格林函数为：

$$\tilde{G}(\boldsymbol{r},\boldsymbol{r}_0,\omega) = \frac{\mathrm{e}^{-\mathrm{j}k|\boldsymbol{r}-\boldsymbol{r}_0|}}{4\pi |\boldsymbol{r}-\boldsymbol{r}_0|} \tag{6-11-8}$$

该函数实际上是脉动球在自由空间产生的声场。

2. Kirchhoff-Helmholtz 边界积分方程

格林第二定理告诉我们，两个光滑的、在由封闭边界 S 所包围的域 V 内非奇异的函数 φ 和 ψ，它们满足：

$$\int_S \left(\varphi \frac{\partial \psi}{\partial \boldsymbol{n}} - \psi \frac{\partial \varphi}{\partial \boldsymbol{n}}\right) \mathrm{d}S = \int_V (\varphi \nabla^2 \psi - \psi \nabla^2 \varphi) \mathrm{d}V \tag{6-11-9}$$

式中：$\partial/\partial \boldsymbol{n}$ 表示沿边界外法线方向 $\boldsymbol{n}$ 求偏导数，即 $\partial/\partial \boldsymbol{n} = \nabla \cdot \boldsymbol{n}$。

现在令 $\psi = \widetilde{G}(\boldsymbol{r}, \boldsymbol{r}_a)$，$\varphi = \widetilde{p}(\boldsymbol{r}_a)$，其中 $\boldsymbol{r}_a$ 处于 S 上；$S = S_a \cup S_{R_1} \cup S_{R_2}$，其中，$S_a = S_v \cup S_s \cup S_z \cup S_p$，$S_{R_2}$ 是包围振动体的一个球形边界，中心点置于 $\boldsymbol{r}$ 处，S_{R_1} 是包围 $\boldsymbol{r}$ 的边界，当 $\boldsymbol{r}$ 与 $\boldsymbol{r}_a$ 相同时，在 S_{R_1} 内部，格林函数具有奇异性；V_a 是由上述边界所包围的流体区域。则格林第二定理表达为：

$$\int_{S_a + S_{R_1} + S_{R_2}} \left[\widetilde{p}(\boldsymbol{r}_a) \frac{\partial \widetilde{G}(\boldsymbol{r}, \boldsymbol{r}_a)}{\partial \boldsymbol{n}} - \widetilde{G}(\boldsymbol{r}, \boldsymbol{r}_a) \frac{\partial \widetilde{p}(\boldsymbol{r}_a)}{\partial \boldsymbol{n}}\right] \mathrm{d}S = 0 \tag{6-11-10}$$

即格林第二定理的体积积分项为零，因为 $\widetilde{G}(\boldsymbol{r}, \boldsymbol{r}_a)$ 和 $\widetilde{p}(\boldsymbol{r}_a)$ 都在 V_a 内满足式(6-11-1)，这样，被积函数满足：

$$\varphi \nabla^2 \psi - \psi \nabla^2 \varphi = -k^2 \widetilde{G}(\boldsymbol{r}, \boldsymbol{r}_a) \widetilde{p}(\boldsymbol{r}_a) - [-k^2 \widetilde{G}(\boldsymbol{r}, \boldsymbol{r}_a) \widetilde{p}(\boldsymbol{r}_a)] = 0 \tag{6-11-11}$$

现在分三种情况考虑式(6-11-10)中积分项的结果：

(1) 首先考虑 $\boldsymbol{r}$ 在振动体外(如图 6-11-2)时的情形。

对 S_{R_1} 部分的积分为：

$$\begin{aligned} &\int_{S_{R_1}} \left[\widetilde{p}(\boldsymbol{r}_a) \frac{\partial \widetilde{G}(\boldsymbol{r}, \boldsymbol{r}_a)}{\partial \boldsymbol{n}} - \widetilde{G}(\boldsymbol{r}, \boldsymbol{r}_a) \frac{\partial \widetilde{p}(\boldsymbol{r}_a)}{\partial \boldsymbol{n}}\right] \mathrm{d}S_{R_1} \\ &= \int_0^{2\pi} \int_0^{\pi} \left[-\widetilde{p}(R_1, \phi, \theta) \frac{\partial}{\partial R_1}\left(\frac{\mathrm{e}^{-\mathrm{j}kR_1}}{4\pi R_1}\right) + \frac{\mathrm{e}^{-\mathrm{j}kR_1}}{4\pi R_1} \frac{\partial \widetilde{p}(R_1, \phi, \theta)}{\partial R_1}\right] R_1^2 \sin\theta \mathrm{d}\theta \mathrm{d}\phi \\ &= \int_0^{2\pi} \int_0^{\pi} \left[\widetilde{p}(R_1, \phi, \theta)(1 + \mathrm{j}kR_1) \frac{\mathrm{e}^{-\mathrm{j}kR_1}}{4\pi} + \frac{R_1 \mathrm{e}^{-\mathrm{j}kR_1}}{4\pi} \frac{\partial \widetilde{p}(R_1, \phi, \theta)}{\partial R_1}\right] \sin\theta \mathrm{d}\theta \mathrm{d}\phi \end{aligned} \tag{6-11-12}$$

式中：$|\boldsymbol{r} - \boldsymbol{r}_a| = R_1$。由于当 $R_1 \to 0$ 时，$\widetilde{p}(\boldsymbol{r}_a) \to \widetilde{p}(\boldsymbol{r})$，因而由式(6-11-12)得到：

$$\lim_{R_1 \to \infty} \int_{S_{R_1}} \left[\widetilde{p}(\boldsymbol{r}_a) \frac{\partial \widetilde{G}(\boldsymbol{r}, \boldsymbol{r}_a)}{\partial \boldsymbol{n}} - \widetilde{G}(\boldsymbol{r}, \boldsymbol{r}_a) \frac{\partial \widetilde{p}(\boldsymbol{r}_a)}{\partial \boldsymbol{n}}\right] \mathrm{d}S_{R_1} = \widetilde{p}(\boldsymbol{r}) \int_0^{2\pi} \int_0^{\pi} \frac{\sin\theta}{4\pi} \mathrm{d}\theta \mathrm{d}\phi = \widetilde{p}(\boldsymbol{r}) \tag{6-11-13}$$

对 S_{R_2} 部分的积分为：

$$\begin{aligned} &\int_{S_{R_2}} \left[\widetilde{p}(\boldsymbol{r}_a) \frac{\partial \widetilde{G}(\boldsymbol{r}, \boldsymbol{r}_a)}{\partial \boldsymbol{n}} - \widetilde{G}(\boldsymbol{r}, \boldsymbol{r}_a) \frac{\partial \widetilde{p}(\boldsymbol{r}_a)}{\partial \boldsymbol{n}}\right] \mathrm{d}S_{R_2} \\ &= \int_0^{2\pi} \int_0^{\pi} \left[-\widetilde{p}(R_2, \phi, \theta) \frac{\partial}{\partial R_2}\left(\frac{\mathrm{e}^{-\mathrm{j}kR_2}}{4\pi R_2}\right) + \frac{\mathrm{e}^{-\mathrm{j}kR_2}}{4\pi R_2} \frac{\partial \widetilde{p}(R_2, \phi, \theta)}{\partial R_2}\right] R_2^2 \sin\theta \mathrm{d}\theta \mathrm{d}\phi \\ &= \int_0^{2\pi} \int_0^{\pi} \left[\widetilde{p}(R_2, \phi, \theta)(1 + \mathrm{j}kR_2) \frac{\mathrm{e}^{-\mathrm{j}kR_2}}{4\pi} + \frac{R_2 \mathrm{e}^{-\mathrm{j}kR_2}}{4\pi} \frac{\partial \widetilde{p}(R_2, \phi, \theta)}{\partial R_2}\right] \sin\theta \mathrm{d}\theta \mathrm{d}\phi \end{aligned} \tag{6-11-14}$$

根据 Sommerfeld 辐射条件即式(6-11-7)，并假定当 $R_2 \to \infty$ 时，有

$$\lim_{R_2 \to \infty} \int_{S_{R_2}} \left[\widetilde{p}(\boldsymbol{r}_a) \frac{\partial \widetilde{G}(\boldsymbol{r}, \boldsymbol{r}_a)}{\partial \boldsymbol{n}} - \widetilde{G}(\boldsymbol{r}, \boldsymbol{r}_a) \frac{\partial \widetilde{p}(\boldsymbol{r}_a)}{\partial \boldsymbol{n}}\right] \mathrm{d}S_{R_2} = 0 \tag{6-11-15}$$

则式(6-11-10)最终表达为：

$$\int_{S_a} \left[\widetilde{p}(\boldsymbol{r}_a) \frac{\partial \widetilde{G}(\boldsymbol{r}, \boldsymbol{r}_a)}{\partial \boldsymbol{n}} - \widetilde{G}(\boldsymbol{r}, \boldsymbol{r}_a) \frac{\partial \widetilde{p}(\boldsymbol{r}_a)}{\partial \boldsymbol{n}}\right] \mathrm{d}S = -\widetilde{p}(\boldsymbol{r}) \tag{6-11-16}$$

(2) 然后考虑 $\boldsymbol{r}$ 在振动体表面 S_a 上(如图 6-11-3)时的情形。

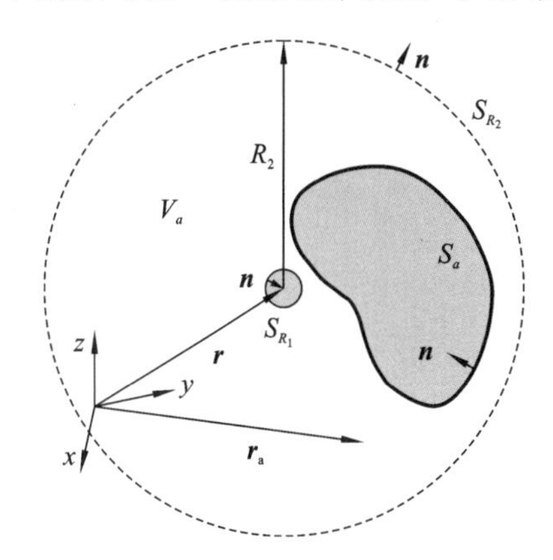

图 6-11-2　声压计算点 r 处于振动体外的流体中

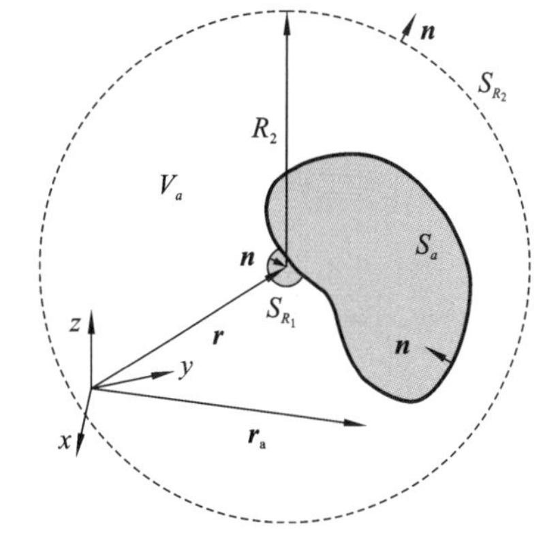

图 6-11-3　声压计算点 r 处于振动体表面上

对 S_{R_1} 部分的积分为:

$$\lim_{R_1\to 0}\int_{S_{R_1}}\left[\tilde{p}(\boldsymbol{r}_a)\frac{\partial\tilde{G}(\boldsymbol{r},\boldsymbol{r}_a)}{\partial\boldsymbol{n}}-\tilde{G}(\boldsymbol{r},\boldsymbol{r}_a)\frac{\partial\tilde{p}(\boldsymbol{r}_a)}{\partial\boldsymbol{n}}\right]\mathrm{d}S_{R_1}=\int_0^{2\pi}\int_0^{\frac{\pi}{2}}\frac{\sin\theta}{4\pi}\mathrm{d}\theta\mathrm{d}\phi=\frac{1}{2}\tilde{p}(\boldsymbol{r})\tag{6-11-17}$$

这里与式(6-11-12)不同的地方在于:这里假定 S_a 足够光滑,以至于 S_a 上任意位置的法向能唯一确定,这样,当 $R_1\to 0$ 时,S_{R_1} 就成为半球面,因而积分限发生了变化。

对 S_{R_2} 部分的积分依然为零,因而式(6-11-10)最终表达为:

$$\int_{S_a}\left[\tilde{p}(\boldsymbol{r}_a)\frac{\partial\tilde{G}(\boldsymbol{r},\boldsymbol{r}_a)}{\partial\boldsymbol{n}}-\tilde{G}(\boldsymbol{r},\boldsymbol{r}_a)\frac{\partial\tilde{p}(\boldsymbol{r}_a)}{\partial\boldsymbol{n}}\right]\mathrm{d}S=-\frac{1}{2}\tilde{p}(\boldsymbol{r})\tag{6-11-18}$$

(3) 最后考虑 $\boldsymbol{r}$ 在振动体表面 S_a 包围区域内(如图 6-11-4)时的情形。

由于 $\boldsymbol{r}$ 在振动体表面 S_a 包围的范围内,因而位置 $\boldsymbol{r}$ 不在流体所在区域 V_a 以内,必然有 $\tilde{p}(\boldsymbol{r})=0$;同时包围位置 $\boldsymbol{r}$ 的球面上的点 $\boldsymbol{r}_a$ 也不在流体所在区域 V_a 以内,因而式(6-11-10)中关于 S_{R_1} 的面积积分项也为零;由式(6-11-15)也可知,关于 S_{R_2} 的面积积分项也为零,因而式(6-11-10)最终表达为:

$$\int_{S_a}\left[\tilde{p}(\boldsymbol{r}_a)\frac{\partial\tilde{G}(\boldsymbol{r},\boldsymbol{r}_a)}{\partial\boldsymbol{n}}-\tilde{G}(\boldsymbol{r},\boldsymbol{r}_a)\frac{\partial\tilde{p}(\boldsymbol{r}_a)}{\partial\boldsymbol{n}}\right]\mathrm{d}S=0\tag{6-11-19}$$

综合上述三种情况,结合式(6-11-2),最终给出 Kirchhoff-Helmholtz 边界积分方程:

$$c(\boldsymbol{r})\tilde{p}(\boldsymbol{r})=\int_{S_a}\left[\tilde{p}(\boldsymbol{r}_a)\frac{\partial\tilde{G}(\boldsymbol{r},\boldsymbol{r}_a)}{\partial\boldsymbol{n}}+\mathrm{j}\rho_0\omega\tilde{G}(\boldsymbol{r},\boldsymbol{r}_a)\tilde{v}_n(\boldsymbol{r}_a)\right]\mathrm{d}S_a\tag{6-11-20}$$

其中

$$c(\boldsymbol{r})=\begin{cases}-1 & \boldsymbol{r}\in \mathrm{V}_a\\ 0 & \boldsymbol{r}\notin V_a\\ -\dfrac{1}{2} & \boldsymbol{r}\in \mathrm{S}_a\end{cases}\tag{6-11-21}$$

式(6-11-20)表明,对任意简谐脉动的声压场,如果既满足 Helmholtz 波动方程,又满足 Sommerfeld 辐射边界条件,则任意一点 $\boldsymbol{r}$ 处的声压 $\tilde{p}(\boldsymbol{r})$ 由封闭的边界曲面 S_a 上的压力分布 $\tilde{p}(\boldsymbol{r}_a)$ 和法向速度分布 $\tilde{v}_n(\boldsymbol{r}_a)$ 决定。

更一般地,对于图 6-11-5 所示的非光滑封闭曲面,$\boldsymbol{r}_a$ 处于曲面的角点处,该处的法向不能确定，那么有：

$$c(\boldsymbol{r}) = 1 + \frac{1}{4\pi}\int_{S_a} \frac{\partial}{\partial \boldsymbol{n}}\left(\frac{1}{|\boldsymbol{r} - \boldsymbol{r}_a|}\right)\mathrm{d}S_a \tag{6-11-22}$$

该式定义了边界 S_a 在 $\boldsymbol{r}_a$ 处外表面的立体角，它小于光滑表面的立体角 4π。

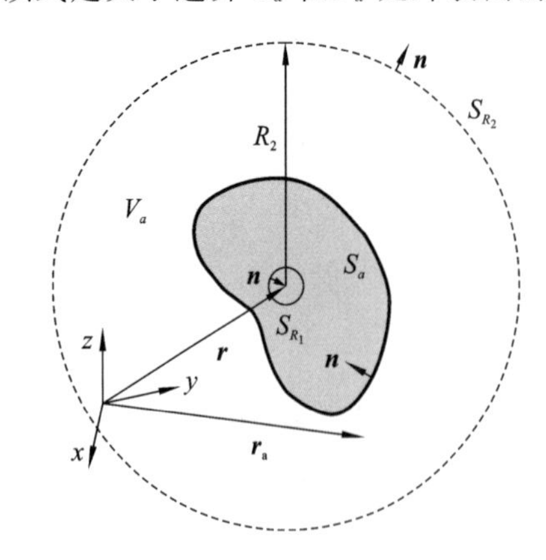

图 6-11-4　声压计算点 r 处于振动体内

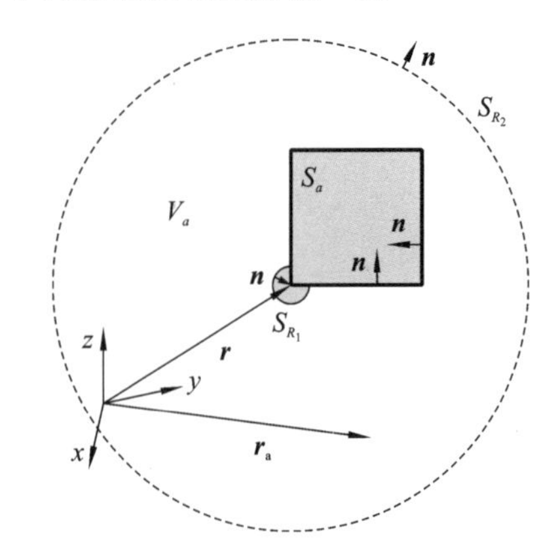

图 6-11-5　声压计算点 r 处于具有立体角的振动体表面

3. 利用 Kirchhoff-Helmholtz 积分方程解决的问题与推广使用

(1) 直接使用 Kirchhoff-Helmholtz 积分方程预报声辐射问题。

对一个振动体，如果振动速度给定了，那么它所产生的声场也随之确定。然而，直接使用 Kirchhoff-Helmholtz 积分方程(6-11-20)时会发现，边界积分方程中同时存在边界压力分布项 $\tilde{p}(\boldsymbol{r}_a)$和振动速度分布项 $\tilde{v}_n(\boldsymbol{r}_a)$，这似乎与前述的结论相矛盾。实际上，边界压力分布与边界速度分布是相关的，边界压力分布是特定边界速度分布作用的结果。从物理意义上看，就是边界上的系列点声源在边界上散射形成了与点声源强度分布相对应的压力分布。这样，在利用直接边界积分方程(6-11-20)计算振动边界引起的声压场时必须分两步：首先，已知给定的边界速度分布 $\tilde{v}_n(\boldsymbol{r}_a)$或压力分布 $\tilde{p}(\boldsymbol{r}_a)$之一，利用 Kirchhoff-Helmholtz 边界积分方程(6-11-20)并取 $c(\boldsymbol{r})=-1/2$来计算另一个量的分布；然后再由已知的边界速度分布 $\tilde{v}_n(\boldsymbol{r}_a)$和压力分布 $\tilde{p}(\boldsymbol{r}_a)$，利用 Kirchhoff-Helmholtz 边界积分方程(6-11-20)并取 $c(\boldsymbol{r})=-1$ 来计算声场中的压力分布$\tilde{p}(\boldsymbol{r})$。

(2) 声散射问题及直接边界积分公式。

Kirchhoff-Helmholtz 边界积分方程还可以拓展于解决散射问题。如图 6-11-6，在声场中除了某个物体(散射体)外，还具有噪声源，则具有散射体的声场为独立声源所产生的声压场与反射声压场的叠加，用公式表达为：

$$\tilde{p}(\boldsymbol{r}) = \frac{1}{c(\boldsymbol{r})}\int_{S_a}\left[\tilde{p}(\boldsymbol{r}_a)\frac{\partial\tilde{G}(\boldsymbol{r},\boldsymbol{r}_a)}{\partial \boldsymbol{n}} - \tilde{G}(\boldsymbol{r},\boldsymbol{r}_a)\frac{\partial\tilde{p}(\boldsymbol{r}_a)}{\partial \boldsymbol{n}}\right]\mathrm{d}S_a + \int_{S_a}\tilde{Q}(\boldsymbol{r}_s)\tilde{G}(\boldsymbol{r},\boldsymbol{r}_s)\mathrm{d}V_s \tag{6-11-23}$$

该公式常被称为直接边界积分公式，因为公式中的物理量都具有直接的物理含义。计算步骤也是分为两步：首先利用 $c(\boldsymbol{r})=-1/2$ 定义的边界积分方程得出边界的速度分布 $\tilde{v}_n(\boldsymbol{r}_a)$或压力分布 $\tilde{p}(\boldsymbol{r}_a)$，然后再由 $c(\boldsymbol{r})=-1$ 定义的边界积分方程得出声场中的散射声压。如果散射体没有运动，则该问题是纯散射问题，边界上的速度为零，即 $\tilde{v}_n(\boldsymbol{r}_a)=0$；如果散射体是弹性的，则边界积分方程还要同散射体结构的动力方程联立求解，这类问题称为全耦合声弹性问题。

(3) 非直接边界积分公式。

非直接边界积分公式主要用于解决开放边界问题，如图 6-11-7 所示，振动边界 S_a 是开放的，则在边界的两侧具有压力差，则利用 Kirchhoff-Helmholtz 边界积分方程时，需要对 S_a 的两个面进行积分，相关的结果为：

$$\tilde{p}(\boldsymbol{r}) = \int_{S_a} \left[\tilde{\mu}(\boldsymbol{r}_a) \frac{\partial \tilde{G}(\boldsymbol{r}, \boldsymbol{r}_a)}{\partial \boldsymbol{n}} - \tilde{\sigma}(\boldsymbol{r}_a) \tilde{G}(\boldsymbol{r}, \boldsymbol{r}_a) \right] \mathrm{d}S_a \tag{6-11-24}$$

式中：单层势函数 $\tilde{\sigma}(\boldsymbol{r}_a)$ 代表 S_a 两侧沿各自法向的梯度差，表达为

$$\tilde{\sigma}(\boldsymbol{r}_a) = \frac{\partial \tilde{p}(\boldsymbol{r}_a^+)}{\partial \boldsymbol{n}} - \frac{\partial \tilde{p}(\boldsymbol{r}_a^-)}{\partial \boldsymbol{n}} \tag{6-11-25}$$

双层势函数 $\tilde{\mu}(\boldsymbol{r}_a)$ 代表 S_a 两侧的压力差，表达为

$$\tilde{\mu}(\boldsymbol{r}_a) = \tilde{p}(\boldsymbol{r}_a^+) - \tilde{p}(\boldsymbol{r}_a^-) \tag{6-11-26}$$

其中：$\boldsymbol{r}_a^+$ 和 $\boldsymbol{r}_a^-$ 分别表示 S_a 两个侧面上的点。

非直接边界积分方程的物理意义是：用布置于非封闭曲面中面上的偶极子源来叠加出声压场，因为在 S_a 的两个面上布置的单极子源是无限接近的，它们具有相位相反的性质，所以对应 S_a 中面上的每点等效为偶极子源。

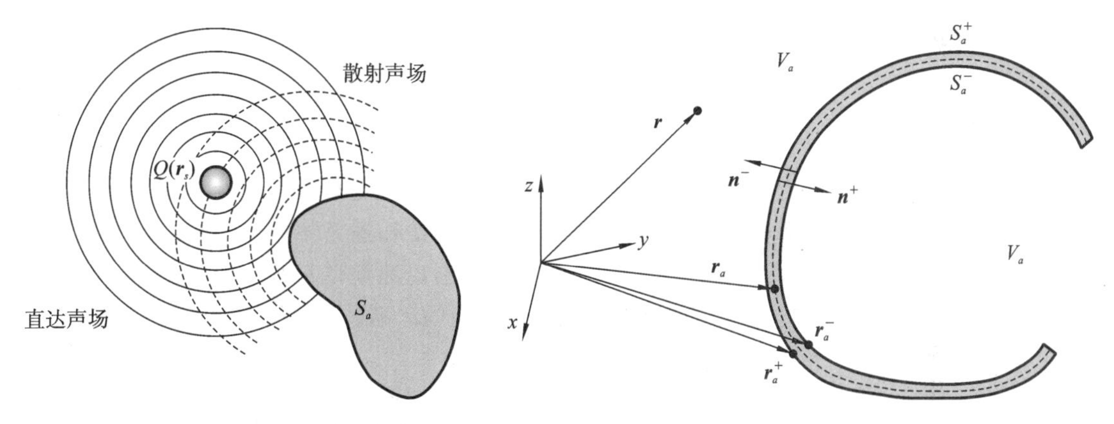

图 6-11-6 同时具有散射体和辐射噪声源的声学问题

图 6-11-7 具有开放边界的声学问题

6.11.3 边界积分方程在工程中的应用

边界积分方程在工程中被开发为软件，形成了可供具体操作的数值方法，相应的方法就是边界单元法(BEM)。数值操作的主要思想是将边界离散为若干个单元(边界单元)，每个边界单元上的物理量分布形式是已知的，如均布或线性分布。不过，利用该方法计算复杂结构的多模态振动辐射噪声问题十分困难，因为需要较长的计算时间和大量的内存，而声学分析通常需要对非常宽的频带进行分析，因而导致了工程应用困难。

在式(6-11-20)中，如果能够找到某个格林函数 $\partial g(\boldsymbol{r}, \boldsymbol{r}_a)$ 满足在边界上的法向导数为零，即 $\partial g(\boldsymbol{r}, \boldsymbol{r}_a)/\partial \boldsymbol{n} = 0$，那么式(6-11-20)中的压力积分项就不存在，只需对包含速度分布的项进行积分，这将大大简化表达式。满足上述条件的格林函数可以这样给出：对一系列声场点分别布置单位强度的单极子声源，逐一获得振动体不振动时的表面压力分布，该表面压力分布同时也是单极子源布置位置的函数，等于 $\mathrm{j}\omega\rho_0 g(\boldsymbol{r}, \boldsymbol{r}_a)$，它满足在物体表面的法向速度为零的条件。这样做的基本原理是声互易性原理：声源与声场点的位置可互换——满足物面法向导数为零的声源

所产生的声场如同声场中的声源在刚性物面所产生的压力分布。

这种格林函数可通过试验的方法(见图 6-11-8)获得:将无指向性的已知体积加速度的声源置于声场某点,测量某个物体表面的声压分布,获得声压分布与体积加速度间的比例关系;变换体积声源的位置,获得一系列声压分布与体积加速度间的比例关系,由这些关系可以获得每个物面点的单位体积速度对声场各点的声压贡献。这样,在已知任意物面速度分布后,就可给出上述声场点的声压:

$$\tilde{p}(\boldsymbol{r}) = \sum_{i=1}^{N} \widetilde{H}_i(\boldsymbol{r} \mid \boldsymbol{r}_s)\widetilde{A}_i(\boldsymbol{r}_s) \tag{6-11-27}$$

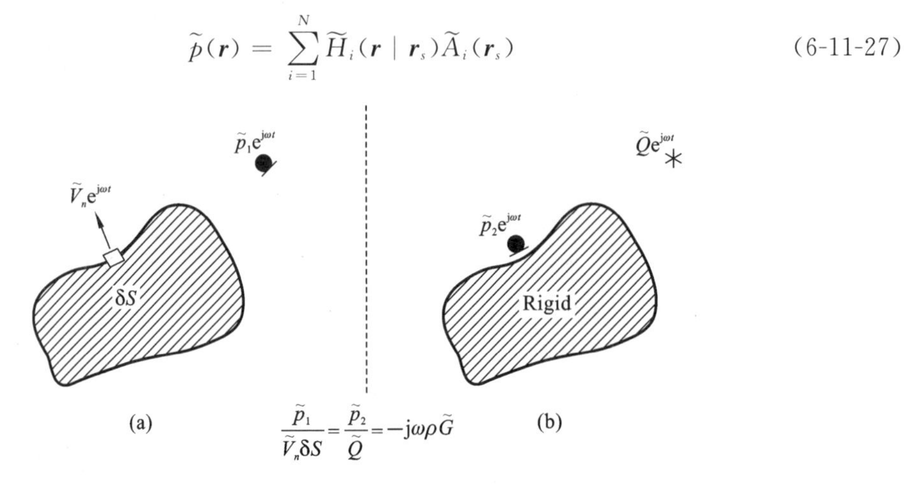

图 6-11-8 采用试验确定物体表面具有零法向速度的格林函数

这种试验技术存在两方面的实际问题:首先,对一般结构而言,难以确定物面的离散方式,如需要测量声场点与物面哪些点之间的关系,因为一般的结构通常不规则,物面测点的选择需要具有典型性和较大的贡献性;其次,许多结构工作时,会以非简谐形式振动,而且是多模态的振动,如果物面测点间距离偏远,它们可能呈现出非协同的运动。

第7章

振动结构的流体载荷

7.1 振动结构的流体载荷问题概述

流体载荷是流体施加于振动结构的力场，这里重点探讨它所引起的结构振动与噪声行为。

工程中的许多结构处于流体中，如海洋平台、管道、船舶、潜艇等，振动结构和流体之间具有显著的相互作用，流体中不仅存在结构振动所引起的响应，而且还会反作用于结构，从而改变结构的自然频率、模态等振动特征。由于本书是基于小幅振动情形进行讨论，因此可认为流体和结构的相互作用是被动的，流体载荷的存在不会改变作用于结构上的机械激振力特征。

为考虑流体的载荷作用，通常假定流体是不可压理想流体。数学上，这种假定就是认为流体中各处满足拉普拉斯方程：

$$\frac{\partial^2 p}{\partial x^2}+\frac{\partial^2 p}{\partial y^2}+\frac{\partial^2 p}{\partial z^2}=0 \tag{7-1-1}$$

虽然不可压流体假定和真实流体具有差别，但这一做法已经实践表明具有足够的精度，其原因在于压力是所关注的量，而且振动频率很低，真实流体的声波长很长。更一般的解释为：结构尺度 l 相较于流体声波长 λ 很小，满足 $kl=2\pi l/\lambda\ll 1$。从物理上理解就是：小尺度结构振动不能有效压缩流体，不能产生强声场，因而结构振动中，仅仅振动体附近的流体因被扰动而振动，物体表面的流体压力与等效的不可压流体动量变化相关。

但当频率较高时，如扬声器工作时，声波长不满足比结构尺度长很多的条件，这时不可压流体模型不能适用，流体载荷的估计必须通过解算声波动方程得到，同时还要考虑振动体与流体耦合面上的边界条件。当结构包含液体或结构处于具有液体的封闭空间中时，结构振动所引起的波会因反射作用而产生流体载荷，除非封闭空间的边界具有吸声材料，而且能有效削弱波反射和声共振模态才无须考虑流体载荷作用。流体载荷对振动结构的影响是改变了结构的自然频率和阻尼，其中自然频率是通过惯性力和弹性力来改变的，阻尼则通过声功率的辐射来改变。这样，结构受激振动的响应特性和噪声辐射特性都被改变了。一般而言，重密度流体的载荷作用会更强，因为流体载荷一般同平均流体密度成比例。此外，流体的压缩刚度也对结构的振动响应具有显著的影响

本章将给出分析流体载荷作用的数学方法和有关理论，讨论流体载荷对平板结构和圆柱壳结构振动和声辐射的影响。

7.2 施加于振动结构的压力场

许多实际的声源都是由物体表面的振动形成的。虽然多数情况下，这些振动的面都在空间外形和振动时历上较为复杂，不过，针对无反射自由场条件，在一定近似下可用数学解析给出辐射场。主要近似包括：自由场中流体对声的吸收作用可被忽略，通过包围声源封闭面的声功率

是保守的;需预报的声场位置距离声源很远,从而距离相对于声源尺度很大,可使用远场条件确定声源的声功率。

但是,当需要评估流体对振动面的载荷时,就需要针对振动表面的声压场进行预报,由于远场近似条件不适用,预报就要大得多。为解释流体载荷作用的基本原理,本节针对一些简单、理想的几何面模型给出它们振动时受到的流体载荷分析过程和结果,用于定性分析流体载荷作用效果。

7.2.1 振动平面所受到的流体载荷

Rayleigh 积分严格适用于无限延伸的平面。对有限振动平面,当平面尺度大于声波长时,Rayleigh 积分也能给出较好的估计,除非在自由边的位置,如未被嵌入的扬声器边缘处。

若振动面是无限平面,那么它所产生的声压场可通过 Rayleigh 积分给出:

$$p(\boldsymbol{r})\mathrm{e}^{\mathrm{j}\omega t} = \frac{\mathrm{j}\omega\rho_0}{4\pi}\mathrm{e}^{\mathrm{j}\omega t}\int_S 2\tilde{v}_n(\boldsymbol{r}_s)\frac{\mathrm{e}^{-\mathrm{j}kR}}{R}\mathrm{d}S \tag{7-2-1}$$

对仅有某个小面元 δS 以法向速度 $\tilde{v}_n$ 振动的情况,如果小面元的尺度远小于声波长,那么它将如同强度为 $\widetilde{Q} = 2\tilde{v}_n\delta S$ 的点声源在自由空间辐射噪声。平板除振动小面元外的其他部分不会影响球面扩散的声压场,因为在那些地方没有垂直于法向的流体速度。这样,距离该面元 $\boldsymbol{r}$ 处的声压为所有面元在该处声压的叠加。

为计算平板受到的流体载荷作用,需要计算 $p(\boldsymbol{r})$,其中 $\boldsymbol{r}$ 在平面上。在使用式(7-2-1)积分时,将会遇到积分奇异性问题:当 $kR=k|\boldsymbol{r}-\boldsymbol{r}_s|\to 0$ 时,被积函数中的项 $\mathrm{e}^{-\mathrm{j}kR}/R\to\infty$。不过,对该无穷项的积分却是有限的,这是由于当 $kR\to 0$ 时,$\mathrm{d}S/R$ 是有限的。

考虑环形振动面上的一个面元 δS,它对其中心位置产生的声压为:

$$\begin{aligned}\tilde{p}(\boldsymbol{r}) &= \frac{\mathrm{j}\omega\rho_0}{2\pi}\tilde{v}_n\frac{\mathrm{e}^{-\mathrm{j}kR}}{R}\delta S = \frac{\omega\rho_0}{2\pi R}\tilde{v}_n\delta S\left[\frac{\sin(kR)}{R} + \mathrm{j}\frac{\cos(kR)}{R}\right] \\ &\approx \frac{\omega\rho_0}{2\pi R}\tilde{v}_n\delta S\left(k + \mathrm{j}\frac{1}{R}\right)\end{aligned} \tag{7-2-2}$$

可见,当 kR 很小时,面元所产生的声压包括两个部分:一部分来源于 $\sin kR$,当声波长相对于面元尺度很长($2\pi R/\lambda\ll 1$)时,声压与法向速度同相,大小与距离无关,声压主要贡献于单元体积速度;另一部分来源于 $\cos kR$,声压与法向速度具有相差,声压随着距离的减小而增大,被称为近场分量。

在式(7-2-2)中,考虑平板上某点 $\boldsymbol{r}$ 的声压由包围该点的环形面振动所贡献,若环形面的法向速度为 $\tilde{v}_n$,环形面的外半径为 a,内半径为 R,则该环形面对环形中心的声压贡献为:

$$\tilde{p}(0) = \frac{\mathrm{j}\omega\rho_0}{2\pi}\tilde{v}_n\int_R^{R+a}\frac{\mathrm{e}^{-\mathrm{j}kR}}{R}\times 2\pi R\mathrm{d}R = \rho_0 c\tilde{v}_n\left[\mathrm{e}^{-\mathrm{j}kR} - \mathrm{e}^{-\mathrm{j}k(R+a)}\right] \tag{7-2-3}$$

当 $R\to 0$ 时,式(7-2-3)为:

$$\tilde{p}(0) = \rho_0 c\tilde{v}_n(1 - \mathrm{e}^{-\mathrm{j}ka}) \tag{7-2-4}$$

此即圆盘振动时,圆盘中心的压力。

当 $ka\ll 1$ 时,式(7-2-4)变为:

$$\tilde{p}(0) = \rho_0 c\tilde{v}_n\left[\frac{(ka)^2}{2} + \mathrm{j}ka\right] \tag{7-2-5}$$

此即圆盘以低频振动时,圆盘中心的压力。

至于圆盘以低频振动时圆盘上其他点的压力分布问题，计算较为困难，不过在圆盘上的分布是不均匀的，对圆盘上的压力分布进行积分，就可得出圆盘受到的流体反作用力：

$$\widetilde{F}=\rho_0 c\widetilde{v}_n\pi a^2\left[\frac{(ka)^2}{2}+\mathrm{j}\left(\frac{8}{3\pi}\right)ka\right] \tag{7-2-6}$$

声阻抗定义为压力与推动流体的体积速度之比：

$$\widetilde{Z}_{\mathrm{rad}}=\frac{\widetilde{F}}{(\pi a^2)^2\widetilde{v}_n}=\frac{c\rho_0}{\pi a^2}\left[\frac{(ka)^2}{2}+\mathrm{j}\left(\frac{8}{3\pi}\right)ka\right] \tag{7-2-7}$$

式中：$\widetilde{Z}_{\mathrm{rad}}$的实部为声辐射阻，虚部为声辐射抗。从声辐射抗可以看到，流体的反抗作用代表质量惯性，大小为$(8/3)\rho_0 a^3$，它与临近活塞的流体动能相关。声阻部分与能量辐射相关，产生了辐射阻尼。

如果活塞与阻尼弹簧固连，并且受到激振力的作用，则真空中该机械系统的阻抗为：

$$\widetilde{Z}=\mathrm{j}\left(\omega M-\frac{S}{\omega}\right)+B \tag{7-2-8}$$

式中：M是活塞质量；S和B分别是弹簧刚度和黏性阻尼系数。若该系统在水中，则在外部机械力和流体载荷的共同作用下，有

$$\widetilde{Z}\widetilde{v}_n=\widetilde{F}_0-(\pi a^2)^2\widetilde{Z}_{\mathrm{rad}}\widetilde{v}_n \tag{7-2-9}$$

由式(7-2-9)可得出具有流体载荷结构的动力响应：

$$\widetilde{v}_n=\frac{\widetilde{F}_0}{\widetilde{Z}+(\pi a^2)^2\widetilde{Z}_{\mathrm{rad}}} \tag{7-2-10}$$

还可得出，具有流体载荷的系统所具有的等效质量为$M+(8/3)\rho_0 a^3$，所具有的等效阻尼系数为$B+(1/2)\rho_0 c\pi a^2(ka)^2$。

对一般具有辐射阻抗的机械系统和模态，也可得到类似的表达。

镶嵌于无限刚性平面中的活塞，在低频的声阻比声抗小得多；但对管中的活塞而言，它就具有较大的声阻，这是由于管中被活塞压缩的流体不能向两侧逃逸。

如果在活塞周围是一圈沿活塞振动速度反向振动的环状区(如图7-2-1)，那么活塞中心的压力为

$$\widetilde{p}(0)=\mathrm{j}\omega\rho_0\widetilde{v}_n\left(\int_0^{a_1}\mathrm{e}^{-\mathrm{j}kR}\,\mathrm{d}R-\int_0^{a_2}\mathrm{e}^{-\mathrm{j}kR}\,\mathrm{d}R\right)=\rho_0 c\widetilde{v}_n(1-2\mathrm{e}^{-\mathrm{j}ka_1}+\mathrm{e}^{\mathrm{j}ka_2}) \tag{7-2-11}$$

当$ka_2\ll 1$，该表达式近似为：

$$\widetilde{p}(0)=\rho_0 c\widetilde{v}_n\left[(ka_1)^2-\frac{(ka_2)^2}{2}+\mathrm{j}k(2a_1-a_2)\right] \tag{7-2-12}$$

如果活塞的面积和圆环的面积相等，那么体积速度$\widetilde{p}(0)=\int\widetilde{v}_n\mathrm{d}S$为零，式(7-2-12)变为：

$$\widetilde{p}(0)=\mathrm{j}\rho_0 c\widetilde{v}_n ka_2(\sqrt{2}-1) \tag{7-2-13}$$

该式说明，$\widetilde{p}(0)$的阻部分是可忽略的。实际上，整个活塞-环系统的辐射阻在$ka_2\ll 1$时都可忽略，而辐射抗与a_2具有同阶量级。

上述的两个例子用来说明振动面的声辐射所具有的两个方面的特征：

(1) 振动面声阻是振动面压力之实部，也就是对声功率有贡献的部分，它是振动面振动幅值、振动相位的函数；振动面声抗则与振动面局部振动相关，与局部流体的动能相联系。

(2) 当声波长远大于振子的尺度时，辐射声功率主要由体积速度所决定，对振动面法向速度的空间分布细节不敏感。

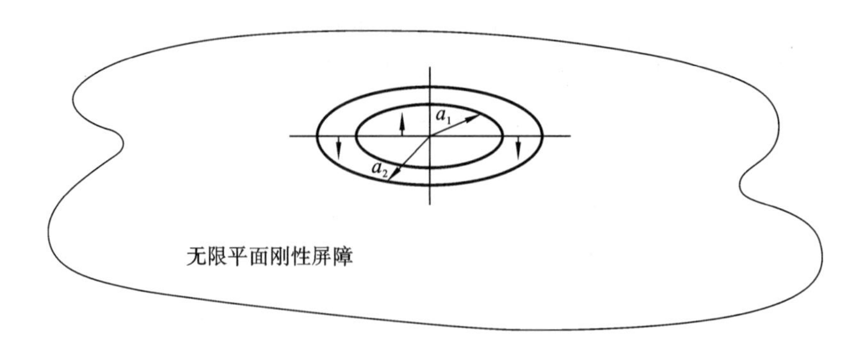

图 7-2-1　活塞周围具有沿活塞振动速度反向振动的环状区

任意 ka 条件下活塞的声辐射阻抗问题也是声学领域中的普遍问题。例如，具有圆形截面的导管在出口处的低频辐射阻抗被近似为活塞阻抗；再如，扬声器的低频特性也可用活塞的阻抗特性近似。以式(7-2-1)作为出发点，可以给出：

$$\widetilde{Z}_{\mathrm{rad}} = R_{\mathrm{rad}} + \mathrm{j}X_{\mathrm{rad}} \tag{7-2-14}$$

式中

$$R_{\mathrm{rad}} = \frac{\rho_0 c}{\pi a^2}\left[1 - \frac{2J_1(2ka)}{2ka}\right],\quad X_{\mathrm{rad}} = \frac{\rho_0 c}{\pi a^2}\left[\frac{2H_1(2ka)}{2ka}\right] \tag{7-2-15}$$

其中：J_1 是第一类一阶 Bessel 函数，H_1 是第一类 Struve 函数。它们的无因次形式被称为阻抗比，$R'_{\mathrm{rad}} = R_{\mathrm{rad}}(\pi a^2/\rho_0 c)$，$X'_{\mathrm{rad}} = X_{\mathrm{rad}}(\pi a^2/\rho_0 c)$。

图 7-2-2 给出了阻抗比随无因次频率 ka 的变化关系，其中，当声波长等于活塞直径时，$ka=\pi$。由图可见，在低频，曲线是以 $(ka)^2$ 规律增长的，此后，辐射阻随 ka 线性增长，然后在声波长等于直径附近发生转变，并以振荡方式向平面波阻抗值渐近。辐射抗分量具有惯性性质，在声波长等于直径频率的一半处达到峰值，此后在 ka 很大处渐近为零。作为对比，图 7-2-2 中还给出了孤立活塞的辐射阻抗，该结果是孤立扬声器声学特性的近似。

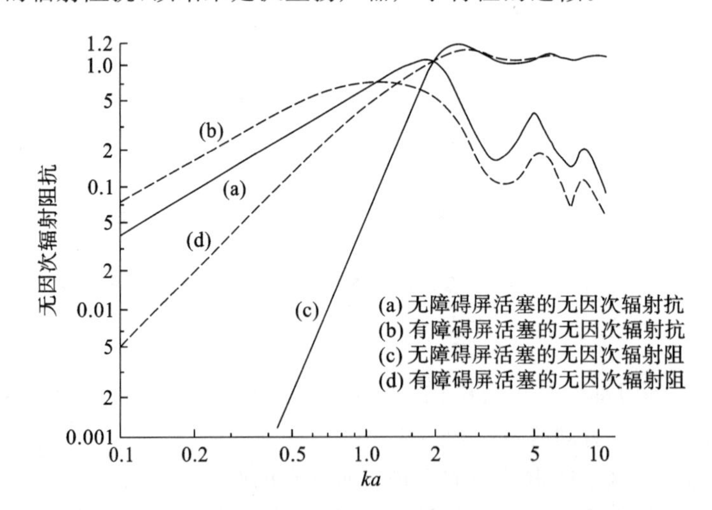

图 7-2-2　圆形活塞的无因次辐射阻抗比随无因次频率的变化曲线

需要注意的是，这里讨论的都是镶嵌于无限刚性平面中的振动面所具有的声阻抗特性。实际上无限刚性平面对辐射阻也有影响，无限刚性平面对辐射阻的影响远大于对辐射抗的影响。

7.2.2 振动的圆柱面受到的流体载荷

在实际工程中，采用解析的、精确积分方法通过计算式(7-2-1)给出流体载荷并不现实，因为一般物体的物面几何和运动形式过于复杂，这就需要发展数值积分技术。不过，当物面形状在特定坐标系中的表达具有常数坐标时，例如矩形、柱形和球形面等，声波动方程中的变量就可分离处理，从而可解析地给出结果。因为在这类特殊面上，格林函数的法向导数为零，从而只有物面法向速度存在；因而在积分时不需要提前知道物面压力。

例如，考虑作用于无限长圆柱的流体载荷，在圆柱坐标中的 Helmholtz 方程表达为：

$$\frac{\partial^2 \tilde{p}}{\partial r^2}+\frac{1}{r}\frac{\partial \tilde{p}}{\partial r}+\frac{1}{r^2}\frac{\partial^2 \tilde{p}}{\partial \phi^2}+\frac{\partial^2 \tilde{p}}{\partial z^2}+k^2\tilde{p}=0 \tag{7-2-16}$$

假定该方程的解具有分离空间变量的形式：

$$\tilde{p}(r,\phi,z)=\tilde{p}_1(r)\tilde{p}_2(\phi)\tilde{p}_3(z) \tag{7-2-17}$$

如果圆柱面的法向速度分布无论在轴向还是在周向都是按照余弦规律变化的，那么圆柱面上的法向速度分布表达为：

$$v_n(z,\phi,t)=\tilde{v}_n\cos(n\phi)\cdot\cos(k_z z)\cdot e^{j\omega t} \tag{7-2-18}$$

式中：k_z 是轴向波数。若 a 是圆柱壳半径，则 n/a 为周向波数。

这样径向流体质点速度 u_r 就可由动量方程和边界条件给出：

$$\frac{\partial \tilde{p}}{\partial r}=-\rho_0\frac{\partial u_r}{\partial t}=-j\omega\rho_0 u_r \tag{7-2-19}$$

从而，声场中的空间分布规律也必须在轴向和周向具有同圆柱面法向速度相同的空间周期分布规律，即 $\tilde{p}_3(z)=\cos k_z z$，$\tilde{p}_2(\phi)=\cos n\phi$。这样，方程(7-2-16)变形为：

$$\frac{\partial^2 \tilde{p}_1(r)}{\partial r^2}+\frac{1}{r}\frac{\partial \tilde{p}_1(r)}{\partial r}+\left[k^2-k_z^2-\left(\frac{n}{r}\right)^2\right]\tilde{p}_1(r)=0 \tag{7-2-20}$$

该方程是 Bessel 方程，它的解是第一类 Bessel 函数和第二类 Bessel 函数的叠加：

$$\tilde{p}_1(r)=\tilde{A}J_n[(k^2-k_z^2)^{\frac{1}{2}}r]+\tilde{B}Y_n[(k^2-k_z^2)^{\frac{1}{2}}r] \tag{7-2-21}$$

比值 $\tilde{B}/\tilde{A}$ 可由 $r\to\infty$ 时需满足的辐射边界条件确定。将 $(k^2-k_z^2)^{1/2}$ 记为 x，有：

$$\begin{aligned}&\lim_{x\to\infty}J_n(x)\to\left(\frac{2}{\pi x}\right)^{\frac{1}{2}}\cos\left[x-\frac{(2n+1)\pi}{4}\right]\\&\lim_{x\to\infty}Y_n(x)\to\left(\frac{2}{\pi x}\right)^{\frac{1}{2}}\sin\left[x-\frac{(2n+1)\pi}{4}\right]\end{aligned} \tag{7-2-22}$$

可见，在距离圆柱轴心足够远的径向位置处，当 $k_z\neq k$ 时，辐射声场必定趋近于平面波的形式：

$$\tilde{p}(r)\to\tilde{A}e^{-jkr}=\tilde{A}[\cos(kr)-j\sin(kr)],\quad 当\ r\to\infty\ 时 \tag{7-2-23}$$

如果将式(7-2-23)同式(7-2-21)类比，可以看到，当 $kr\to\infty$ 时，$\tilde{B}=-j\tilde{A}$，进而有：

$$\tilde{p}(r,\phi,z)=\tilde{A}\{J_n[(k^2-k_z^2)^{\frac{1}{2}}r]-jY_n[(k^2-k_z^2)^{\frac{1}{2}}r]\}\cos(n\phi)\cos(k_z z) \tag{7-2-24}$$

在式(7-2-24)中，“{ }”中的项 J_n-jY_n 被定义为第一类 Hankel 函数，记作 H_n。

在圆柱壳表面($r=a$ 处)，式(7-2-18)、式(7-2-19)和式(7-2-24)通过式(7-2-25)建立了圆柱壳表面的压力分布和法向速度：

$$-j\omega\rho_0\tilde{v}_n=\tilde{A}(k^2-k_z^2)^{\frac{1}{2}}\frac{dH_n[x]}{dx}\bigg|_{x=(k^2-k_z^2)^{\frac{1}{2}}a} \tag{7-2-25}$$

如果记

$$H'_n[(k^2-k_z^2)^{\frac{1}{2}}a]=\left.\frac{\mathrm{d}H_n[x]}{\mathrm{d}x}\right|_{x=(k^2-k_z^2)^{\frac{1}{2}}a} \tag{7-2-26}$$

则

$$\widetilde{A}=\frac{-\mathrm{j}\omega\rho_0\tilde{v}_n}{(k^2-k_z^2)^{\frac{1}{2}}H'_n[(k^2-k_z^2)^{\frac{1}{2}}a]} \tag{7-2-27}$$

在上述各式中，$(k^2-k_z^2)^{1/2}$ 代表声压沿径向的波数值，它可能是实数，也可能是纯虚数；n 代表 Hankel 函数的阶数，与周向波数相关。如果圆柱面的振动轴向波数 k_z 大于声波数 $k=\omega/c$，则 Hankel 函数的变量就是纯虚数，具有虚变量的 Hankel 函数将表达为修正的 Hankel 函数，修正的 Hankel 函数具有实变量：

$$K_n(x)=\left(\frac{\pi}{2}\right)\mathrm{j}^{n+1}H_n(\mathrm{j}x) \tag{7-2-28}$$

最终，径向压力场表达为：

$$\tilde{p}_1(r)=\frac{-\mathrm{j}\omega\rho_0\tilde{v}_nH_n[(k^2-k_z^2)^{\frac{1}{2}}r]}{(k^2-k_z^2)^{\frac{1}{2}}H'_n[(k^2-k_z^2)^{\frac{1}{2}}a]} \tag{7-2-29}$$

这样，圆柱壳表面的辐射噪声阻抗为：

$$\tilde{z}_{\mathrm{rad}}=\frac{\tilde{p}_1(a)}{\tilde{v}_n}=\frac{-\mathrm{j}\omega\rho_0H_n[(k^2-k_z^2)^{\frac{1}{2}}a]}{(k^2-k_z^2)^{\frac{1}{2}}H'_n[(k^2-k_z^2)^{\frac{1}{2}}a]} \tag{7-2-30}$$

其中，当 $k_z>k$ 时，$H_n(x)$要使用 $K_n(x)$取代。需注意，式(7-2-30)是针对特定振动模式给出的声阻抗，表征了产生单位幅值的特定模式振动时圆柱面受到的流体载荷作用。除该类特定模式振动之外的声阻抗及其随参数的变化将在后续给出。

对轴向波数远大于声波数情形，辐射噪声阻抗将是纯虚数，代表着流体惯性载荷，可近似表达为：

$$\left.\begin{aligned}\tilde{z}_{\mathrm{rad}}&\approx-\mathrm{j}\omega\rho_0a\ln[|k^2-k_z^2|^{\frac{1}{2}}a] & n=0\\ \tilde{z}_{\mathrm{rad}}&\approx-\frac{\mathrm{j}\omega\rho_0a}{n} & n\geqslant1\end{aligned}\right\},\quad 当(k^2-k_z^2)a^2\leqslant(2n+1)时 \tag{7-2-31}$$

$$\tilde{z}_{\mathrm{rad}}\approx\frac{-\mathrm{j}\omega\rho_0}{(k^2-k_z^2)^{\frac{1}{2}}},\quad 当(k^2-k_z^2)^{\frac{1}{2}}a\geqslant n^2+1时 \tag{7-2-32}$$

很显然，在轴对称模式(即 $n=0$，又称呼吸模式)时，流体惯性载荷最大，并随着周向模式阶数 n 的增长而减小。由此可以预期，当圆柱壳周向速度分布满足 $k_z>k$ 时，低阶周向模式的自然频率更容易为流体载荷所影响。该结论可从图 7-2-3 得到验证，图中所示是针对两端具有封盖的铝制圆柱壳给出的流体载荷对自然频率的影响曲线。

当圆柱壳振动的轴向波数小于声波数(即振动轴向波长比声波长更大)时，辐射声阻抗是复数，既具有实部，又具有虚部，此时，$(k^2-k_z^2)^{1/2}a\ll1$。当振动模式为呼吸模式时，声阻部分将主导声阻抗的幅值，辐射阻将超过 ρ_0c；当振动模式为高阶周向模式时，声阻会在$(k^2-k_z^2)^{1/2}a\approx n$ 处取峰值，近似为 $2\rho_0c$，而后再减少并趋近于 ρ_0c(见图 6-8-3)，随着$(k^2-k_z^2)^{1/2}a$ 继续增大，当$(k^2-k_z^2)^{1/2}a\gg n^2+1$ 后，声阻抗近似为 $\mathrm{j}\omega\rho_0a/2(k^2-k_z^2)a$。

工程中，有时还需评估具有横向振动的细长结构所受到的流体载荷大小，如导线、管材、梁等。细长体横向振动的特征是截面没有扭曲变形，当声波长远大于细长体截面尺度时，也可视

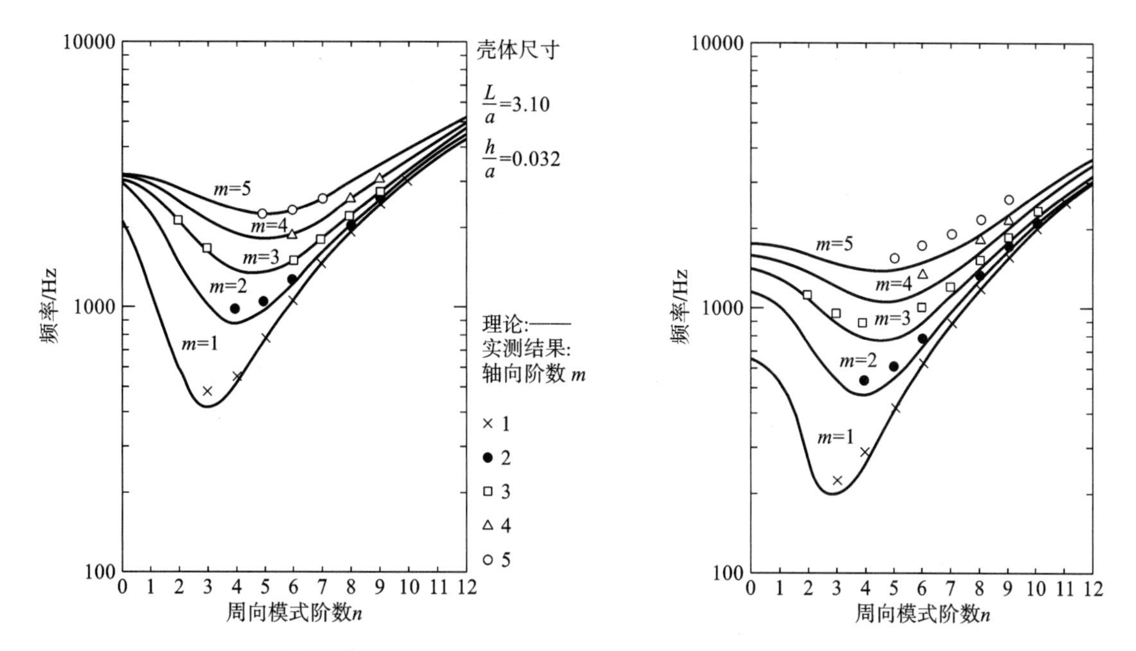

图 7-2-3 两端具有封盖的铝制圆柱壳在空气和流体中以不同振动模式振动的自然频率对比

作这种模型。特别地，对刚性圆柱体做横向振动，$k_z=0$，$n=1$。当$(k^2-k_z^2)^{1/2}r\to 0$ 时，可对式(7-2-24)采取 ka 的一阶近似，表达为：

$$\widetilde{p}(r,\phi,z)=\frac{\mathrm{j}2\widetilde{A}}{(k^2-k_z^2)^{\frac{1}{2}}r}\cos(n\phi)\cos(k_z z) \tag{7-2-33}$$

再由式(7-2-19)，有

$$-\mathrm{j}\omega\rho_0\tilde{v}_1=\frac{\mathrm{j}2\widetilde{A}}{(k^2-k_z^2)^{\frac{1}{2}}a^2} \tag{7-2-34}$$

这样，

$$\widetilde{p}(a,\phi,z)=\mathrm{j}\omega\rho_0 a\tilde{v}_1\cos(n\phi)\cos(k_z z) \tag{7-2-35}$$

该结果正是对式(7-2-31)取 $n=1$ 的特例。作用于细长体的单位长度横向流体反力为：

$$\widetilde{F}(z)=a\int_0^{2\pi}\widetilde{p}(a,\phi,z)\cos\phi\mathrm{d}\phi=\mathrm{j}\omega\pi a^2\rho_0\tilde{v}_1\cos(k_z z) \tag{7-2-36}$$

由流体载荷引起的单位长度机械阻抗就是：

$$\widetilde{Z}=\frac{\widetilde{F}(z)}{\tilde{v}_1\cos(k_z z)}=\mathrm{j}\omega\pi a^2\rho_0=\mathrm{j}\rho_0 c\pi a(ka) \tag{7-2-37}$$

可见，它是纯虚数，流体载荷具有惯性特征，它给出了半径为 a 的单位长度圆柱壳所受到的质量惯性载荷，例如，充满水的薄壁管在水中低频振动就会受到外部的质量惯性载荷，数值上就等于内部充水质量。此外，阻抗的纯虚数特性还表明，细长体不会向外辐射声功率。不过，当对式(7-2-24)采用 ka 的三阶近似后，阻抗将表达为

$$\widetilde{Z}=\rho_0 c\left[\mathrm{j}\pi a(ka)+\frac{1}{2}\pi^2 a(ka)^3\right] \tag{7-2-38}$$

即实际的细长体可以向外辐射声功率，因为声阻抗具有实部。不过，当 $ka\ll 1$ 时，代表声阻的实部项比代表惯性的虚部项要小得多，说明声辐射非常低效。

7.3 结构和流体的波阻抗

对沿平面变化的空间变量的波数谱分析表明:沿平面变化的空间变量可视作系列沿平面具有正弦分布形式的变量的叠加。对结构流体耦合系统,在流固耦合界面上,压力和法向速度的分布形式是相同的,因而压力波数谱和速度波数谱也是相同的。这样,对某一波数分量,压力与速度幅值之比就定义为与该波数相对应的波阻抗。

我们将给出无限延伸的、无阻尼均匀平板受到简谐横向力作用的波阻抗。该横向力是动态的、行进波形式的激振力。根据一维弯曲波动方程,有:

$$D\frac{\partial^4\eta}{\partial x^4}+m\frac{\partial^2\eta}{\partial t^2}=\tilde{f}e^{j(\omega t-kx)} \tag{7-3-1}$$

式中,$D=Eh^3/[12(1-\upsilon^2)]$。因为平板是均匀无限的,其解具有如下形式:

$$\eta(x,t)=\tilde{\eta}e^{j(\omega t-kx)} \tag{7-3-2}$$

代入式(7-3-1)可得:

$$(Dk^4-m\omega^2)\tilde{\eta}=\tilde{f} \tag{7-3-3}$$

这样,平板的波阻抗为:

$$\tilde{z}_{wp}=\frac{\tilde{f}}{j\omega\tilde{\eta}}=\frac{-j(Dk^4-m\omega^2)}{\omega} \tag{7-3-4}$$

对自由弯曲波而言,当波数为 $k=k_b=(m\omega^2/D)^{1/4}$ 时,$\tilde{z}_{wp}=0$。行进形式的力波作用于平板的模型如同在自然频率下激振的无阻尼振子模型:无限小的力产生无限大的响应。式(7-3-4)揭示了平板的波阻抗特性:当 $k\gg k_b$ 时,平板如同弹簧;当 $k\ll k_b$ 时,平板如同质量块。

如果平板具有阻尼,根据复弹性模数的概念 $E'=(1+j\eta)E$,阻尼平板的波阻抗为:

$$\tilde{z}_{wp}=\frac{-j(Dk^4-m\omega^2)}{\omega}+\frac{Dk^4\eta}{\omega} \tag{7-3-5}$$

这样,$\tilde{z}_{wp}$就不可能为零,但当 $k=k_b=(m\omega^2/D)^{1/4}$ 时,它是纯实数,即 $\tilde{z}_{wp}=Dk_b^4\eta/\omega$。由于 η 为 10^{-2} 量级,阻抗的实部仅仅在激振力波数接近 k_b 时才对结果具有主导作用。

如果平板的一侧与半无限流体接触,我们可以假定平板中的弯曲波数 k_x 产生于作用于平板另一侧的力场,如图 7-3-1。根据波动方程(1-2-6)可给出流体声压场,根据流体动量方程(1-2-2)可给出流固耦合界面条件,其中沿 x 方向的声变量必须满足力和位移的协调条件。根据式(1-2-10),有 $k_y=\pm(k^2-k_x^2)^{1/2}$。其中,当 $k_x<k$ 时,取"+"号,代表平面声波从平板表面向远离平板方向传播,见式(1-2-9),由于波不能由远处向着平板传播,因而不能取"−"号;当 $k_x>k$ 时,k_y 是纯虚数,扰动将沿着平板法向衰减,此时只能取"−"号,即 $k_y=-j(k_x^2-k^2)^{1/2}$。

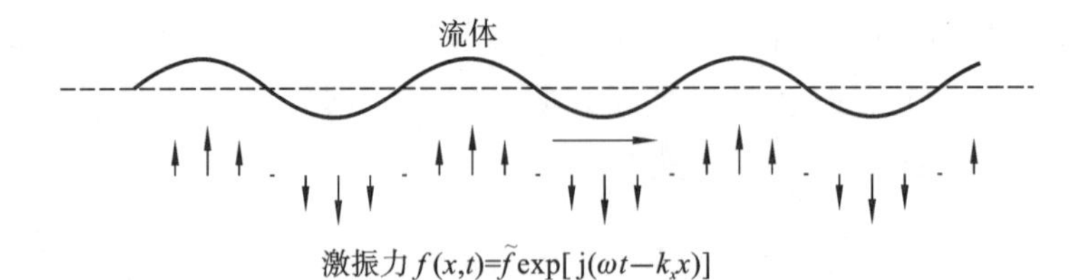

图 7-3-1　具有行进波形式的力场作用于平板

使用垂直于平板法向的动量方程，可以给出在平板表面 $y=0$ 处的声压：

$$p(x,0,t)=\tilde{p}\mathrm{e}^{[\mathrm{j}(\omega t-k_x x)]}=\frac{\omega\rho_0\tilde{v}}{\pm(k^2-k_x^2)^{\frac{1}{2}}}\mathrm{e}^{[\mathrm{j}(\omega t-k_x x)]} \tag{7-3-6}$$

式中，$\tilde{v}=\mathrm{j}\omega\tilde{\eta}$ 是平板速度的复数幅值。这样，流体空间的波阻抗为

$$\tilde{z}_{\mathrm{wf}}=\frac{(\tilde{p})_{y=0}}{\tilde{v}}=\pm\frac{\omega\rho_0}{(k^2-k_x^2)^{\frac{1}{2}}} \tag{7-3-7}$$

对式(7-3-7)做进一步分析可知：

当 $k_x<k$ 时，

$$\tilde{z}_{\mathrm{wf}}=\frac{\rho_0 c}{\left(1-\dfrac{k_x^2}{k^2}\right)^{\frac{1}{2}}} \tag{7-3-8}$$

此时的阻抗是正的纯实数，表明振动平板对流体做功，能量不断地以声平面波的形式向远处辐射，平面波波数矢量与平板平面夹角为 $\arccos(k_x/k)$，流体载荷以阻尼力的形式作用于平板。特别地，当 k_x 接近零时，阻抗渐近于 $\rho_0 c$。

当 $k_x>k$ 时，

$$\tilde{z}_{\mathrm{wf}}=\frac{\mathrm{j}\omega\rho_0}{(k_x^2-k^2)^{\frac{1}{2}}}=\frac{\mathrm{j}\rho_0 c}{\left(\dfrac{k_x^2}{k^2}-1\right)^{\frac{1}{2}}} \tag{7-3-9}$$

式(7-3-9)说明，当力场的相速度小于流体的声速度时，阻抗是纯抗性的，流体载荷属惯性载荷，这就如同一层厚度为 $(k_x^2-k^2)^{-1/2}$ 的流体以等于平板横向速度的速度运动。

当 $k_x\approx k$ 时，阻抗趋近于无穷大，此时，惯性和阻尼载荷效应非常大。对该结果的物理解释是：当力场的相速度与声速度之比接近时(或平板波长接近于声波长时)，流体阻抗就趋近于沿 y 方向行进的平面波阻抗。$k_x=k$ 的情形在实际中不会出现，因为实际的结构都是有限结构，阻抗不可能为无穷大。

当考虑流固耦合系统的激振时，需要将流体和结构两种形式的阻抗相结合。这可通过参考具有流体载荷的运动方程导出，对平板而言就是：

$$D\frac{\partial^4\eta}{\partial x^4}+m\frac{\partial^2\eta}{\partial t^2}=\tilde{f}\mathrm{e}^{\mathrm{j}(\omega t-kx)}-p(x,0,t) \tag{7-3-10}$$

式中最后一项代表由于流体运动而产生的声压载荷。根据阻抗结果，方程(7-3-10)写为：

$$\tilde{v}\tilde{z}_{\mathrm{wp}}=\tilde{f}-\tilde{v}\tilde{z}_{\mathrm{wf}} \tag{7-3-11}$$

或

$$\frac{\tilde{f}}{\tilde{v}}=\tilde{z}_{\mathrm{wp}}+\tilde{z}_{\mathrm{wf}} \tag{7-3-12}$$

可见，耦合系统的波阻抗等于两个波阻抗的和。

流体对结构振动的反抗作用还会影响结构中自由波的传递。在无阻尼含波系统中，根据波阻抗为零的条件求解波动方程可以得出自由波数与频率的关系——色散关系，即令激振力为零求解波动方程(7-3-10)。在具有流体载荷时，无阻尼平板的阻抗由式(7-3-12)给出，我们不能提前预期流体阻抗是否是纯抗性的，因为定性来看，这依赖于波数 k。图 1-8-1 表明，在临界频率以下，平板在真空中的弯曲波数大于流体声波数。如果在临界频率以上，平板波数将超过声波数，此时的声阻抗是质量类型的，由于在真空中平板的自由弯曲波数为 $k_{\mathrm{b}}=(m\omega^2/D)^{1/4}$，因而流体的附加质量作用将会增大 k_{b}，进而降低平板中自由波的相速度。这样，假定 $k_{\mathrm{b}}'\gg k$，可给出

低频、具有流体载荷效果的波数近似解：

$$\tilde{z}_{\mathrm{wf}} \approx \frac{\mathrm{j}\omega\rho_0}{k_{\mathrm{b}}'} \tag{7-3-13}$$

然后将式(7-3-4)和式(7-3-13)代入式(7-3-12)，有：

$$Dk_{\mathrm{b}}'^4 - \omega^2\left(m + \frac{\rho_0}{k_{\mathrm{b}}'}\right) = 0 \tag{7-3-14}$$

该式很难显式地解出 k_{b}'，因为它是关于 k_{b}'的四次方程，但是注意到 ρ_0/k_{b}'代表了平板单位面积质量 m 的附加项，正如活塞振子中的 $8\rho_0 a^3/3$ 项一样，其贡献随着 k_{b}'的降低而增加。因为在真空中，$Dk_{\mathrm{b}}^4=\omega^2 m$，流体质量载荷将会降低相速度，增加弯曲波数，因而我们可以假定当 $Dk_{\mathrm{b}}^4 \gg \omega^2 m$ 时有

$$k_{\mathrm{b}}' \approx \left(\frac{\omega^2\rho_0}{D}\right)^{\frac{1}{5}} \tag{7-3-15}$$

该结果说明，在重流体中，当频率远低于临界频率时，平板的质量对平板自由弯曲波数没有影响，因为惯性载荷才是平板自由弯曲波数的主导因素，此时，相应的相速度为：

$$c_{\mathrm{ph}} \approx \left(\frac{\omega^3 D}{\rho_0}\right)^{\frac{1}{5}} \tag{7-3-16}$$

对具有流体载荷的无限薄板中的弯曲波还可给出一些定性结论，如：薄板中一定不可能存在波数等于声波数的自由行进波，因为流体阻抗是无穷大的。

7.4 振动板的流体载荷

从前面可以看到，对具有正弦平面波的无限平板而言，当平板相速度高于流体声速度时，流体载荷是阻尼性质的；当平板相速度低于流体声速度时，流体载荷是质量性质的。然而实际的结构是有限结构，因而本节重点讨论有限平板的流体载荷问题，用来说明有限水下振动结构所受到流体载荷的机理。

如果有限振动面是无限大的刚性面中的一部分，那么可利用边界条件给出有限振动面所受到的流体载荷。特别地，当无限大刚性面的几何形状是规则的，那么就可解析给出结果，因为此时的波动方程是可分离的，主要的例子包括：置于无限刚性平面中的平板振动问题，置于无限刚性圆柱面中的一段圆柱面振动问题。虽然这类模型同实际模型还有距离，如实际不存在无限扩展的、规则的刚性面，但是流体的惯性载荷通常同流体的局部动能相关，因而流体载荷仅作用于结构局部，对距离较远点的振动不敏感。

前述空间波数谱分析方法仍将用于分析置于无限刚性屏障中的二维平板，如图 7-4-1 所示。假定平板被简支，并以某种真空模式振动，其法向速度分布表达为：

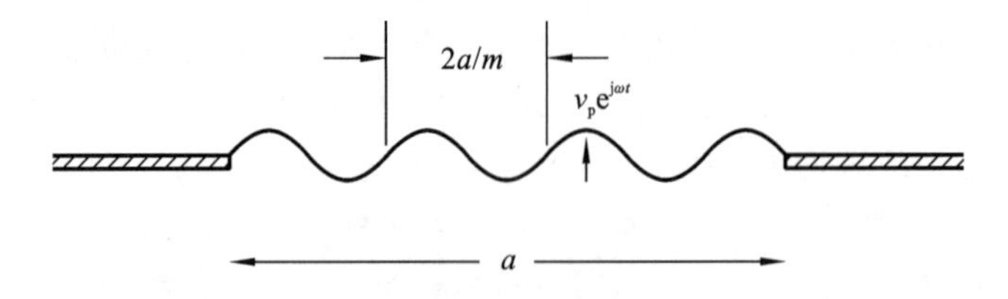

图 7-4-1 置于无限刚性屏障中的二维平板

$$v(x,t)=\begin{cases}\tilde{v}_{\mathrm{p}}\sin\left(\dfrac{m\pi x}{l}\right)\mathrm{e}^{\mathrm{j}\omega t} & 0<x<l\\ 0 & 0>x>l\end{cases} \tag{7-4-1}$$

对速度场进行波数变换后有：

$$\tilde{v}(k_x)=\tilde{v}_{\mathrm{p}}\int_0^l \sin\left(\frac{m\pi x}{l}\right)\mathrm{e}^{-\mathrm{j}k_x x}\,\mathrm{d}x \tag{7-4-2}$$

接下来，可以通过将驻波表达为两列行进波的方式简化积分。令 $k_m=m\pi/l$，则

$$\begin{aligned}\tilde{v}(k_x)&=-\frac{\mathrm{j}}{2}\tilde{v}_{\mathrm{p}}\int_0^l(\mathrm{e}^{\mathrm{j}k_m x}-\mathrm{e}^{-\mathrm{j}k_m x})\mathrm{e}^{-\mathrm{j}k_x x}\,\mathrm{d}x\\ &=-\frac{1}{2}\tilde{v}_{\mathrm{p}}\left(\frac{\mathrm{e}^{\mathrm{j}(k_m-k_x)x}}{k_m-k_x}+\frac{\mathrm{e}^{-\mathrm{j}(k_m+k_x)x}}{k_m+k_x}\right)_0^l\\ &=-\frac{1}{2}\tilde{v}_{\mathrm{p}}\left(\frac{\mathrm{e}^{\mathrm{j}(k_m-k_x)l}}{k_m-k_x}+\frac{\mathrm{e}^{-\mathrm{j}(k_m+k_x)l}}{k_m+k_x}-\frac{2k_m}{k_m^2-k_x^2}\right)\end{aligned} \tag{7-4-3}$$

速度变换的模为：

$$|\tilde{v}(k_x)|=|\tilde{v}_{\mathrm{p}}|\left[\frac{2\pi ml}{(k_x l)^2-(m\pi)^2}\right]\sin\left(\frac{k_x l-m\pi}{2}\right) \tag{7-4-4}$$

图 7-4-2 中给出了波数谱，即 $|\tilde{v}(k_x)|^2\sim k_x$。

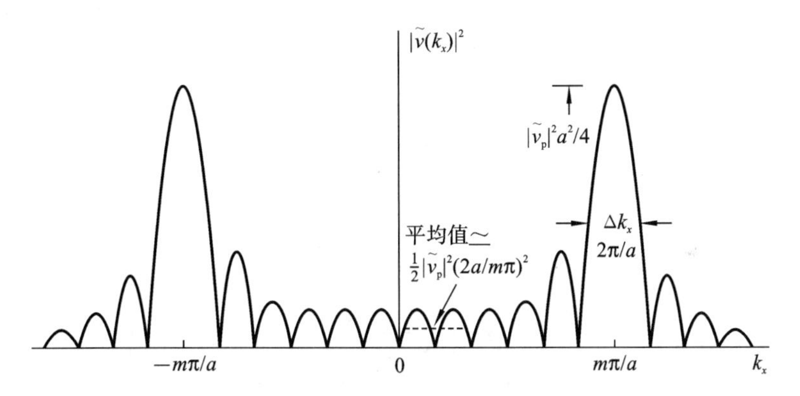

图 7-4-2 平板振动功率波数谱

由式(6-7-21)和式(7-3-7)还可给出平板表面声压波数谱：

$$[\tilde{P}(k_x)]_{y=0}=\tilde{v}(k_x)\tilde{z}_{\mathrm{wf}}(k_x) \tag{7-4-5}$$

至此，波数谱分析仅仅考虑了变量 v 随 x 的变化关系，没有考虑振动频率。一旦平板以特定频率振动，噪声场的频率就是振动频率，从而声波数 k 可随之确定，流体载荷的形式(表达为 $\tilde{z}_{\mathrm{wf}}(k_x)$)也就能确定。但流体载荷的形式又是同特定的波数谱相关的，例如：对 $|k_x|>k$，流体载荷的形式 $\tilde{z}_{\mathrm{wf}}(k_x)$ 是纯虚数，由式(7-3-9)给出；对 $|k_x|<k$，$\tilde{z}_{\mathrm{wf}}(k_x)$ 是纯实数，由式(7-3-8)给出。在这里，使用了 k_x 的模，因为有界板包括了向两个方向传播的行进波。这些条件在图 7-4-2 中给予了说明：因为对波长为 λ 正弦波的“加窗”或“截断”都将使波数谱沿 $2\pi/\lambda$ 分散，流体载荷在所有频率既包括阻分量，也包括抗分量。

式(7-4-5)表达了物面压力的波数谱分解，实际的物面压力幅值分布 $\tilde{p}(x)$ 通过对 $\tilde{P}(k_x)$ 进行逆傅里叶变换给出：

$$\tilde{p}(x,0)=\frac{1}{2\pi}\int_{-\infty}^{\infty}[\tilde{P}(k_x)]_{y=0}\mathrm{e}^{\mathrm{j}k_x x}\,\mathrm{d}k_x \tag{7-4-6}$$

积分被分为三个部分：

$$\widetilde{p}(x,0)=\frac{\rho_0 c}{2\pi}\int_{-k}^{k}\tilde{v}(k_x)\left(1-\frac{k_x^2}{k^2}\right)^{-\frac{1}{2}}\mathrm{e}^{\mathrm{j}k_x x}\mathrm{d}k_x + \frac{\mathrm{j}\rho_0 c}{2\pi}\int_{k}^{\infty}\tilde{v}(k_x)\left(\frac{k_x^2}{k^2}-1\right)^{-\frac{1}{2}}\mathrm{e}^{\mathrm{j}k_x x}\mathrm{d}k_x + \frac{\mathrm{j}\rho_0 c}{2\pi}\int_{-\infty}^{-k}\tilde{v}(k_x)\left(\frac{k_x^2}{k^2}-1\right)^{-\frac{1}{2}}\mathrm{e}^{\mathrm{j}k_x x}\mathrm{d}k_x \tag{7-4-7}$$

第一个积分代表了流体载荷的阻分量，另外两个积分代表流体载荷的抗分量。这些积分不具备解析结果，不过物面声压的空间分布并非必须要知道，工程中一般会对辐射声功率和施加于平板的等效质量更感兴趣，等效质量需要通过流体载荷的抗分量获知。

流体抗功率产生于振动的平板，它被转换并形成近场流体的动能：在二分之一周期中，流体动能因平板做功而增加，在另外二分之一周期中，流体动能减少，能量返回给平板。图 7-4-3 给出了流体功率的时历曲线。与近场相关的单位面积的有效质量可通过复数压力和法向速度乘积的虚部得出：

$$\frac{1}{4}m_{\mathrm{e}}lv_{\mathrm{p}}^2=\frac{1}{2\omega}\mathrm{Im}\int_0^l[\widetilde{p}(x,0)\tilde{v}(x)]\mathrm{d}x \tag{7-4-8}$$

对一维振动场，$\tilde{v}_{\mathrm{p}}$ 被假定为纯实数。由于变量 v 随空间 x 变化，因而乘积中具有 1/2 的系数。

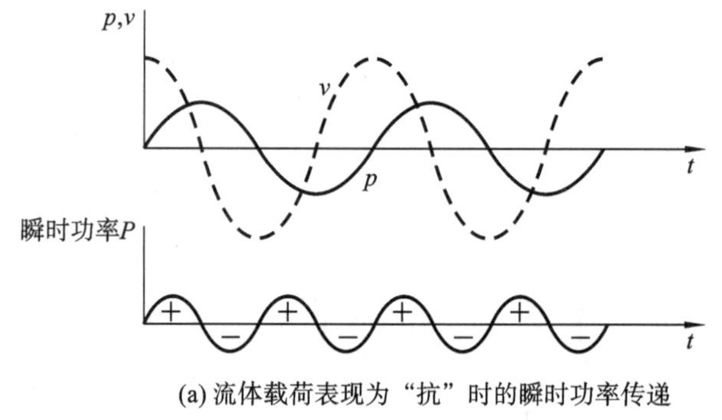

(a) 流体载荷表现为“抗”时的瞬时功率传递

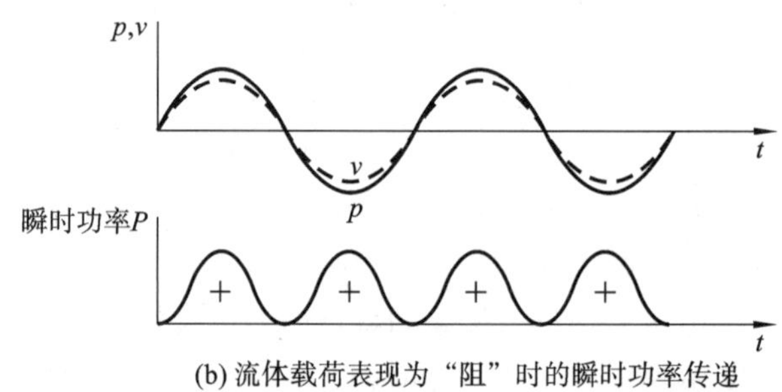

(b) 流体载荷表现为“阻”时的瞬时功率传递

图 7-4-3　由平板传递给流体的瞬时功率时历曲线

在 $\widetilde{p}(x,0)$ 和 $\tilde{v}(x)$ 中用波数变换进行替换后，得到的沿板的长度的积分结果类似于式(6-7-15)至式(6-7-29)，进而可以得到平板单位面积质量的表达式：

$$m_{\mathrm{e}}=\frac{2\rho_0}{\pi l v_{\mathrm{p}}^2}\int_k^{\infty}\frac{|\tilde{v}(k_x)|^2\mathrm{d}k_x}{(k_x^2-k^2)^{\frac{1}{2}}} \tag{7-4-9}$$

图 7-4-2 给出了波数谱曲线，即 $|\tilde{v}(k_x)|^2\sim k_x$，它表明，主要的积分贡献与波数 $k_x=m\pi/l$

附近的分量相关。同 $k_x \approx k$ 区域的贡献结果比较可知，前者一般更大，除了当 m 为 1 或 2 之外，所有的 $m\pi/l$ 接近于 k。由此，我们可以计算当 $m\pi/l \gg k$ 时的 m_e，这可以通过用 $m\pi/l$ 替换 k_x 得出：

$$m_e \approx \frac{\rho_0}{\dfrac{m\pi}{l}} = \frac{\rho_0}{k_m} \tag{7-4-10}$$

该式与平面弯曲波传播于无限平板的结果等效，见式(7-3-13)。该结果指出，在低于临界频率时，近场惯性载荷对平板的边界条件不敏感，这不同于辐射阻载荷。该结论强化了我们前面的结论：流体阻抗载荷与局部振动相关。对自然频率低于临界频率的模态，流体惯性载荷比式(7-4-10)给出的结果大得多，因为模态波数谱峰值同式(7-4-7)的分母趋于零。物理解释是：更为深广的流体以反抗振子的模式被推动。对具有高于临界频率的模态而言，流体惯性载荷比式(7-4-10)给出的结果小得多，因为积分限(由 k 到∞)包含了模态波数谱的峰值。

式(7-4-10)给出了具有(p,q)模态的二维平板在刚好低于临界频率时的惯性载荷，此时 $k_m = [(p\pi/a)^2 + (q\pi/b)^2]^{1/2}$。流体惯性载荷的局部性质让我们可以估计可应用于圆柱壳的类似表达式，前提是当轴向波数超过声波数时。该结论是符合实际的，因为式(7-2-31)针对 $k < k_z \ll n/a$ 给出的结果和预期相符。若由式(7-4-10)针对平板低阶模态进行惯性载荷态计算，则给出的结果不精确，因为模态波数谱的主峰宽度以波数 $m\pi/l$ 为中心扩展到$\pm 2\pi/l$ 的范围，当 $m=2$ 时，可以扩展到 $k_x=0$，由此包括了 $k \approx k_x$ 的范围，因而由式(7-4-10)给出的载荷是不确定的。对 $m=1$ 的基本模态，其波数谱在 $k_x \approx 0$ 具有最大值。该特征除了使该模态在次声频率下的辐射效率比其他模态的更高外，还会导致该模态受到更大的惯性载荷，这可以通过将平板视为具有等效体积速度的活塞振子进行估计，相关阻抗表达式采用振子的辐射阻抗表达式。

7.5 具有流体载荷的平板自然频率

许多结构都会具有流体载荷，从而改变了它的自然频率，这些结构包括：船舶、声呐、充满流体的管道、具有流体冷却的核反应堆等。当需要确定具有流体载荷的结构的自然频率时，首先需要区分是流体包含在有界空间内，还是结构处于无限流体中。这两者的差别在于：

有界流体具有自然频率和模态，具体和流体边界的几何外形及流体属性相关，能量以模态的驻波分量形式存储。当结构不是纯刚性的，结构和流体应视作流固耦合系统进行考虑。由结构振动而产生的声波在流体边界会反射，从而对结构产生惯性或弹性力。流体载荷的阻分量也会被流体容器所影响。

当结构处于无限流体中，只有近场会存储能量，流体载荷的反抗力仅和近场压力相关，而且是惯性载荷。

对强流固耦合的系统，自然频率同非耦合的两个系统的自然频率差别会很大。即便这样，一般也会将强耦合系统分为两类：一类振动能量主要存储在流体中，另一类能量主要存储在结构中。值得庆幸的是，当能量存储于某个系统中时，耦合模态形状同不耦合模态形状差别很小，除非流体在某一个或两个主方向上具有狭小的限制。这种模态对形状的不敏感性在流体无界时体现得更为显著，此时结构模态振型几乎不变，与之对应的自然频率低于真空条件下的自然频率，并且正比于具有流体载荷和不具有流体载荷的质量比之平方根。对平板弯曲波的抗性载荷分析表明，当平板波数远大于声波数时，单位面积的有效附加质量为 ρ_0/k_m，其中 k_m 是振动的等效主波数。由此，我们可以近似给出具有流体载荷的结构的自然频率表达式：

$$\omega'_{me}\approx\omega_m\left(1+\frac{\rho_0}{mk_m}\right)^{-\frac{1}{2}} \tag{7-5-1}$$

式中：ω_m 是平板在真空中的自然频率；k_m 是平板主模态波数分量；m 是平板单位面积的平均质量。该结果所代表的重要结论是：只有平板的低阶模态的自然频率为流体载荷显著影响。必须注意的是：当平板或壳体被无限流体包围时，它们的自然模态不具备正交性，因为此时能量将向无限远处辐射。

7.6 流体载荷对点激励平板的声辐射影响

研究与水接触的平板和壳体结构在点激励作用下的振动具有重要的实际意义，而准确考虑流体载荷的作用对解决该类振动问题具有关键性意义。本节不打算给出对该类问题的数学分析过程，因为需要用到一些数值技术。本节仅给出一些定性结果。

7.6.1 简谐激振力作用的结果

在刚好低于临界频率的频段，简谐激振力作用下的薄平板对半无限流体所辐射的声功率为：

$$\overline{P}=\frac{k^2\beta^2\mid\widetilde{F}\mid^2}{4\pi\rho_0 c} \tag{7-6-1}$$

当流体载荷参数 $\beta=\rho_0 c/m\omega$ 远小于 1 时，除在靠近平板的位置外，声压分布不存在指向性。$\beta=\rho_0 c/m\omega$ 远小于 1 可视作轻流体载荷的度量指标，因为此时流体载荷对平板的振动几乎没有影响。

当流体载荷参数 $\beta\gg1$ 时，辐射声功率为：

$$\overline{P}=\frac{k^2\mid\widetilde{F}\mid^2}{12\pi\rho_0 c} \tag{7-6-2}$$

其指向性如同偶极子，在与激振力同方向的轴向具有极大值。注意到式(7-6-2)中没有出现平板参数，即平板质量不影响自由波数。

7.6.2 集中线力作用的结果

对受集中线力激振的平板，其单位长度平板所辐射的声功率表达为：

$$\overline{P}=\begin{cases}\dfrac{k^2\mid\widetilde{F}\mid^2\beta^2}{4\rho_0 c} & \beta\ll1\\[2ex]\dfrac{k^2\mid\widetilde{F}\mid^2\beta^2}{8\rho_0 c} & \beta\gg1\end{cases} \tag{7-6-3}$$

如同点激励，流体载荷的增加导致平板辐射的指向性由线单极子变为线偶极子。流体载荷对点力和线力阻抗的影响计算要比辐射声功率的计算困难得多。表 7-6-1 给出了主要的结果：

表 7-6-1　流体载荷对平板的低频力导纳公式

载　荷	公　式
线力	$\widetilde{Y}_F=\dfrac{\omega\left[1-\mathrm{j}\tan\left(\dfrac{\pi}{10}\right)\right]}{5Dk_b^3\sigma^3}$ $\widetilde{Y}_{F_0}=\dfrac{\omega(1-\mathrm{j})}{4Dk_b^3}\quad\sigma=\left(\dfrac{\rho_0}{mk_b}\right)^{\frac{1}{5}}$
线力矩	$\widetilde{Y}_M=\dfrac{k_b^3\left[1+\cot\left(\dfrac{\pi}{5}\right)\right]}{5m\omega\sigma}$ $\widetilde{Y}_{M_0}=\dfrac{k_b^3(1+\mathrm{j})}{4m\omega}$
点力	$\widetilde{Y}_F=\dfrac{1}{8(Dm)^{\frac{1}{2}}}\dfrac{4}{5}\left(\dfrac{k}{vk_b}\right)^{\frac{2}{5}}\left(1+\mathrm{j}\tan\dfrac{\pi}{10}\right)$ $\widetilde{Y}_{F_0}=\dfrac{1}{8(Dm)^{\frac{1}{2}}}\quad v=\dfrac{\rho_0 k}{mk_b^2}$

7.7　具有流体载荷的薄壁圆柱壳自然频率

对无限长、均匀圆柱壳的流体载荷分析在前面已经给出，相关的波阻抗由式(7-2-30)给出。如同对有界平板的波阻抗分析一样，利用波数分解技术也可给出有限圆柱壳处于半无限圆柱障屏中的模态流体载荷。具有流体载荷的模态是耦合的，因为所有模态的轴向波数在主轴向波数附近分散展开并重叠，这样一来，给定轴向波数分量的物面压力可以在不同模态中存在，不过这一因素一般并不明显。

在圆柱壳高、低频辐射的近似表达方面，一般只能通过数值技术分析。例如图 7-7-1 和图 7-7-2 给出了长-半径比为 3.0 的圆柱壳流体载荷抗。图中，M_{mnf}是附加于真空模态质量的附加模态质量，其值由真空自然频率 ω_{mn} 处的抗比参数乘以 $\rho_0 c2\pi La/\omega_{mn}$ 获得，由于增加了附加质量，自然频率将会减小，减小因子为$(1+M_{mnf}/M_{mn})^{1/2}$。交叉模态抗一般足够小，对 M_{mnf}的贡献不显著。在前面，从图 7-2-3 也可看出水对圆柱壳的作用效果，流体载荷对低阶模态的自然频率影响较为剧烈。

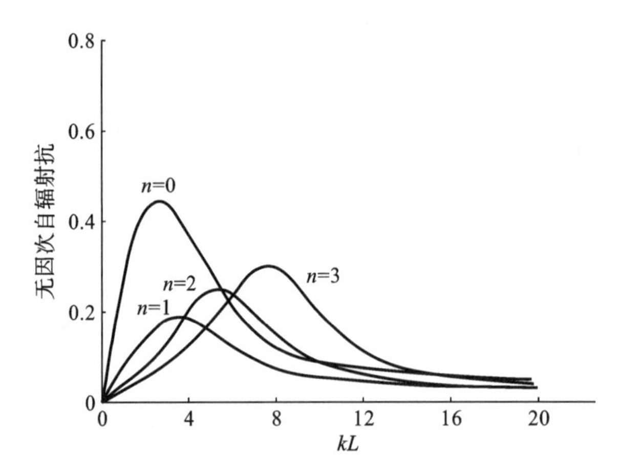

图 7-7-1 长-半径比为 3.0 的圆柱壳规范化辐射抗随无因次频率的变化(轴向阶数 $m=1$)

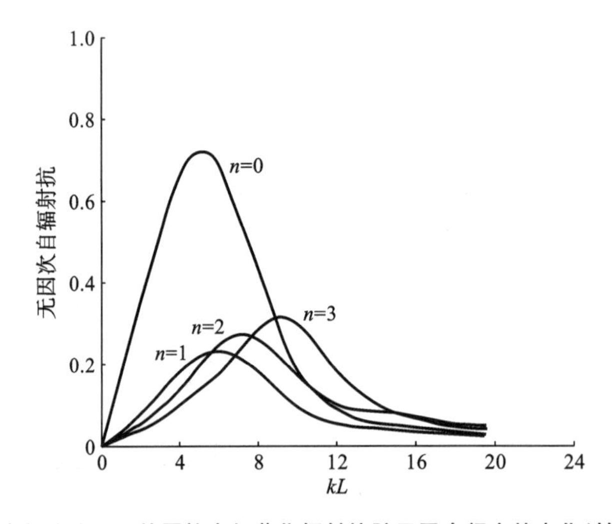

图 7-7-2 长-半径比为 3.0 的圆柱壳规范化辐射抗随无因次频率的变化(轴向阶数 $m=2$)

7.8 流体载荷对薄壁圆柱壳声辐射的影响

为研究流体载荷对点激励下薄壁圆柱壳振动与声辐射的影响，将圆柱壳的振动场展开为真空模态的叠加，并计算辐射声场。假定长度为 L 的圆柱壳两端简支，并且处于两个刚性的半无限长同心同直径圆柱障屏中，则径向位移是沿轴向正弦变化的函数叠加，用于叠加的基函数表达为：$\sin(m\pi z/L)\sin(n\phi)$。然后针对不同模态的辐射声功率进行独立计算，计算中忽略交叉辐射耦合项，由各模态辐射声功率求和获得总声功率。

由(m,n)阶模态所辐射的时间平均的声功率可表达为：

$$\overline{P} = \left(\frac{\omega^2}{2}\right) R_{mn} \mid \widetilde{w}_{mn} \mid^2 \tag{7-8-1}$$

式中：$\widetilde{w}_{mn}$ 为单位模态力引起的模态径向位移复数幅值；R_{mn} 是模态阻抗复数幅值 $\widetilde{Z}_{mn}$ 的实部。

单位模态力引起的模态径向位移复数幅值表达为：

$$\tilde{w}_{mn}=\frac{1}{M_{mn}\left[\omega_{mn}^{2}(1+\mathrm{j}\eta_{mn\mathrm{s}})-\omega^{2}\right]+\mathrm{j}\omega\tilde{Z}_{mn}} \tag{7-8-2}$$

式中：M_{mn} 为模态质量；ω_{mn} 为该模态在真空中的自然频率；$\eta_{mn\mathrm{s}}$ 为模态结构丧失因子。特别地，在具有流体载荷的模态共振频率 $\omega_{mn\mathrm{fl}}$ 处，总的模态阻抗（结构阻抗加上流体惯性阻抗）的虚部为零。

单位模态力引起的时间平均的辐射声功率表达为：

$$\frac{\overline{W}_{mn}}{|\tilde{F}_{mn}|^{2}}=\frac{\omega_{mn\mathrm{fl}}^{2}R_{mn}}{2(\eta M_{mn}\omega_{mn}^{2}+\omega_{mn\mathrm{fl}}R_{mn})} \tag{7-8-3}$$

该式也可采用模态结构和辐射丧失因子 $\eta_{mn\mathrm{s}}$ 和 $\eta_{mn\mathrm{r}}$ 表达为：

$$\frac{\overline{W}_{mn}}{|\tilde{F}_{mn}|^{2}}=\left[\frac{\eta_{mn\mathrm{r}}}{2(\eta_{mn\mathrm{s}}+\eta_{mn\mathrm{r}})^{2}}\right]\left(\frac{\omega_{mn\mathrm{fl}}}{M_{mn}\omega_{mn}^{2}}\right) \tag{7-8-4}$$

可见，在具有流体载荷的共振频率 $\omega_{mn\mathrm{fl}}$ 处，辐射声功率正比于模态辐射丧失因子，反比于结构和辐射丧失因子和的平方。对一般的耦合动力系统，耦合功率（此时指单位模态力的声功率）在两个丧失因子分量相等时取最大，最大值为：

$$\left(\frac{\overline{W}_{mn}}{|\tilde{F}_{mn}|^{2}}\right)_{\max}=\frac{\omega_{mn\mathrm{fl}}}{8M_{mn}\eta_{mn\mathrm{s}}\omega_{mn}^{2}} \tag{7-8-5}$$

上述方法虽然忽略了交叉辐射耦合影响，但针对半径为 0.4 m、长度为 1.2 m、厚度为 3 mm 的钢制圆柱壳的数值分析表明，辐射声功率谱峰值误差将产生 3 dB 的误差，壳体振动能量误差可以忽略。图 7-8-1 给出了该圆柱壳在水中和空气中受单位激振力作用时的辐射声功率随频率的变化，计算中，圆柱壳环频率为 2 kHz，其等效平板在真空中的临界频率和水中的临界频率分别为 4.1 Hz 和 78.1 Hz，并假定结构丧失因子为 10^{-2}。

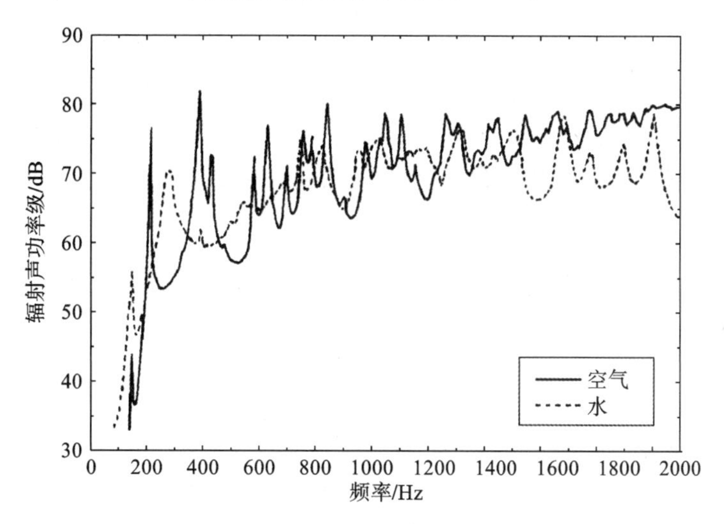

图 7-8-1 水中和空气中的圆柱壳在单位激振力作用下的辐射声功率随频率的变化

结合图 7-8-1，可根据辐射丧失因子与结构丧失因子的大小关系将圆柱壳模态分为三类：辐射丧失因子远小于结构丧失因子时的模态（SD 模态），辐射声功率由结构阻尼控制；结构丧失因子远小于辐射丧失因子时的模态（RD 模态），辐射声功率由辐射阻尼控制；结构阻尼近似等于辐射阻尼的模态（ED 模态）。

辐射丧失因子主要依赖于结构轴向与周向波数同声波数的比值。此外，辐射丧失因子线性正比于流体密度。在空气中，当振动频率略低于环频率时，只有少数独立模态具有同结构丧失因子同阶的辐射丧失因子，多数属于 SD 模态。ED 模态主要在共振频率处控制声辐射，不多的 ED 模态主控着共振辐射峰值，当达到环频率时，更多的 ED 模态发挥作用，单位力作用下的辐射声功率增加。根据上述分析可知，要控制圆柱壳辐射声功率峰值，可通过增加结构阻尼的方式实现，但每增加一倍阻尼，峰值减小少于 6 dB，即辐射声功率减小量少于 50%。这是因为结构阻尼和辐射阻尼两者都贡献于式(7-8-4)中的分母部分（即 $\eta_{mns}+\eta_{mnr}$），单纯地倍增结构丧失因子无法实现系数 $\eta_{mnr}/(\eta_{mns}+\eta_{mnr})^2$ 减半。

特别地，将圆柱壳在水中的声辐射同其在空气中的声辐射对比可知，由于同频率下空气中的声波数是水中声波数的 4.3 倍，因此在给定频率下，给定模态在水中的辐射效率远小于在空气中的辐射效率。由于水与空气的密度比为 775，补偿了强辐射模态辐射效率低的缺陷，因而结构在水中的辐射丧失因子大于结构丧失因子，其模态成为 RD 模态。与空气中的情形不同，水中具有高辐射效率的模态不能控制共振辐射，因此，不太有效的 ED 模态在共振频率处也对辐射声功率有贡献。虽然式(7-8-4)表明，某个 RD 模态在共振频率处的声功率随着辐射丧失因子的增加而降低，但实际上辐射丧失因子的增加也会导致声功率的降低，因而在水中增加圆柱壳的结构阻尼对共振辐射功率的影响并不像空气中那样明确，因为 RD 模态可以转换为 ED 模态，ED 模态也可以转换为 SD 模态，总的效果依赖于模态的混合。

至此，我们仅仅考虑了共振频率下的模态辐射问题。现在考虑某个模态在谱密度为 $G_F(\omega)$ 的广谱激振力作用下所辐射的总声功率问题。根据式(7-8-4)，有：

$$\frac{\overline{W}_{mn}}{G_F(\omega)}=\left[\frac{\eta_{mnr}\pi}{4(\eta_{mns}+\eta_{mnr})}\right]\left(\frac{\omega_{mnfl}}{M_{mn}\omega_{mn}}\right) \tag{7-8-6}$$

注意到模态丧失因子的分母没有平方，因为这是模态共振辐射。式(7-8-6)同式(7-8-4)的差别是显著的，特别是当辐射丧失因子大大超过结构丧失因子时，声功率接近于上限，此时，RD 模态辐射到水中的量将远超过 ED 模态的辐射量，增加结构阻尼对广谱声功率的影响将小于对共振辐射声功率的影响。在空气中增加结构阻尼比水中的作用大，但对共振模态辐射影响小。

点激励作用下的结构辐射于空气中和水中的规范化声功率具有同阶幅值，如图 7-8-1 所示。然而，从频谱峰值的差别可以看到，两种情形的辐射是由不同模态主控的，至少和共振模态辐射相关。

最后必须强调的是，上述讨论是针对特定形式的结构模型和特定的激励所给出的，有关结论不具备一般性。特别地，当壁厚参数增加时，可能会产生不同的结论。然而，分析方法和模态分类策略具有通用性，其价值在于辅助理解声辐射的行为。

参考文献 CANKAOWENXIAN

[1] FAHY F. Sound and structural vibration radiation, transmission and response[M]. 2nd edition. Netherlands: Elsevier Publishing, 2007.

[2] 芬恩·B. 延森,等. 计算海洋声学[M]. 周利生,等译. 北京:国防工业出版社,2017.

[3] URICK R J. Principles of underwater sound[M]. 3rd edition. Westport: Peninsula Publishing, 1983.

[4] 杜功焕,朱哲民,龚秀芬. 声学基础[M]. 2 版. 南京:南京大学出版社,2004.

[5] 张海澜. 理论声学[M]. 2 版. 北京:高等教育出版社,2012.

[6] 王之程,陈宗歧,于沨,等. 舰船噪声测量与分析[M]. 北京:国防工业出版社,2004.

[7] 尤立克 R. J. 水声原理[M]. 3 版. 洪申,译. 哈尔滨:哈尔滨船舶工程学院出版社,1990.

[8] EVERSTINE G C, HENDERSON F M. Coupled finite element/boundary element approach for fluid-structure interaction[J]. The Journal of the Acoustical Society of America, 1990, 87(5): 1938-1947.